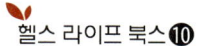

체질에 맞는
식생활 길들이기

방주연 지음

예신 Books

　방씨(方氏)는 중국(中國) 하남성(河南省) 낙양현(洛陽縣)에서 계출(系出)된 성씨(姓氏)이며, 주(周)나라 때 대부(大夫) 방숙(方叔)의 후예로 온양 방씨(溫陽方氏)는 중국 산동(山東) 사람인 방지(方智)로부터 시작되었다.

　방지 선생은 당(唐)나라 황실의 명을 받고 서기 669년(당고종 총장 2, 신라 문무왕 9)에 한림학사(翰林學士)로서 나당동맹(羅唐同盟)의 문화사절(文化史節)로 동래(東來)하여 설총(薛聰)과 함께 『구경(九經)』의 〈회통(會統)〉을 국역(國譯)하여 불교의 전성시대인 신라에서 유학(儒學)의 체계(體)를 수립하였다.

　그 후 방지 선생은 장씨(張氏)와 혼인해 가유현(嘉酉縣 ; 지금의 경상북도 상주)에 뿌리를 내렸다. 명나라 말기의 대표적인 유학자 효유(孝孺), 상락부원군 방신우(臣祐)는 충렬왕 때 원나라에 들어가 평장정사(平章政事) 등의 요직을 지내고, 그 뒤에도 원나라를 왕래하며 외교에 공헌했다. 광록대부파의 파조 신제(臣悌)도 원나라에 가서 금자광록대부평장사(金紫光祿大夫平章事)를 지내고 중국에 귀화하였다.

　고려시대의 대표적 인물은 공민왕 때 온양 부원군에 봉해진 방절(節), 고려 말기의 방절신(節臣) 방순(恂) 등이다. 조선시대는 문과급제자 14명을 배출하였는데, 대표적인 인물로는 중종반정 뒤에 대사헌·이조참판·경상도 관찰사를 지낸 방유령(有寧)이 있다.

고려 60여 년간 온양 방씨가 나라에 충성하고 후백제를 정벌하는데 공을 세운 상(食邑 ; 대대로 지어먹을 땅)으로 온양, 아산, 신창 등 3읍을 하사 받았고, '배방산(온양군 팔동리 과안산)'이라 하여 '방씨를 우러러 보는 산'이라는 뜻의 온양 방씨를 기리는 산도 있다.

강감찬 장군과 협공하여 무공을 세운 방휴, 대 재상(宰相) 방재, 대제학(大提學) 방희진, 방유영, 조선조 병조참판 등, 무신(武臣 ; 방판칠, 방효복 장군, 삼성장군)과 학자(學者)와 명창(名唱) 등의 인물 중 평생을 어린이를 위해 헌신한 방정환 선생과 덕수 이씨인 이순신 장군의 부인 역시 온양 방씨 손으로 지금도 덕수 이 씨네는 방씨 할머니를 위한 제를 올리고 있다. 그래서인지 나는 언제부터인가 '나는 학자의 후손이므로 반드시 많은 이들에게 봉사하며 살아야 된다'라고 마음에 새기게 되었다.

인간은 가정이라는 울타리와 사회의 범주 속에서 끊임없이 훈육 받는다. 그리고 끼니마다 대하는 밥상머리 교육과 먹는 밥에서 육신의 에너지를 제공 받는다. 밥상머리 교육은 곧 뿌리에 대한 자부심과 혈통에 대한 소명의식을 갖게 하고, 그 소중함을 지켜나가기 위한 인간다움을 가르치는 가정교육의 산실일 것이다.

성수대교가 무너지던 1994년 10월 21일 아침 8시쯤에 나는 압구정동에 있는 대형식당의 조찬간담회 참석을 위해 가는 길이었다. 성수대교 입구 삼거리에 달했는데 정체가 너무 심해 짜증이 날 지경이었다. 성수대교를 반드시 건너야 하는 상황이었지만, 나는 할 수 없이 가까운 길을 포기하고, 다리를 건널 생각으로 핸들을 돌리고 있었다. 그때 뉴스가 터져 나왔다. 정말 아찔한 순간이었다. 간발의 차이로 성수대교가 무너지는 순간을 면한 것이었다. 사망자 502명, 실종자 6명, 부상자 937명의 대형 참사였다.

그날 중학생이 된 아들이 청바지와 학용품을 사달라며 피곤하고 바쁜 나에게 백화점에 가자고 조르기 시작했다. 대충 외출 준비를 하고 며칠 전에 사두었던 옷을 교환할 겸, 삼풍백화점을 향해 집을 나섰다.

　백화점에 도착한 시간이 오후 4시쯤이었는데 왠지 후덥지근한 것이 여느 때의 백화점 분위기가 아니었다. 의류점의 여직원이 잠깐 자리를 비워 기다리는 사이 아이가 덥다며 진땀을 흘리기 시작했다. 짜증을 내는 아이를 달랠 겸 지하에 있는 아이스크림 가게에 들러 음료수를 사서 먹이고는 다시 3층으로 올라가려는데 에스컬레이터 입구에서 반가운 지인(知人)을 만나게 되었다. 우리는 마땅히 대화를 나눌 장소가 필요했다. 다시 지하로 내려갈까 아니면 밖으로 나갈까 두리번거리다가 밖으로 나가는 것으로 의견을 모았다. 그리고 약 30 여분 뒤, 우리가 대화를 나누고 있는 사이 삼풍백화점은 무너져 내렸다. 내가 사고를 피한 것은 천운이었다. 그것은 하늘이 내린 절대적인 어떤 필연의 깊은 뜻으로 나는 생각한다.

　이 책을 쓰게 된 동기와 컬러쌀을 개발하고 혈액형별 식단제공시스템 특허를 받을 수 있었던 것도 사회에 헌신할 수 있는 길을 나름대로 모색하다가 나온 발상이었다. 하늘이 내게 주신 사명, 그것은 내가 살면서 고통 받는 이들에게 헌신하고 봉사하라는 뜻임을 나는 생각한다. 그리고 그 일의 우선순위는 올바른 밥상을 통해 진실을 알리는 것이다.

 쌀의 시

 방주연

쌀, 너는 본래 순수한 몸이었지
너의 땅은 뜸부기의 집터요, 오리의 놀이터였지
추수기가 오면 너는 신비의 갑옷을 벗고,
오미(五味)의 맛을 인간에게 전하기 위해
주저 없이 정미소 도정기에 들어가지
너는 도의 근본이요, 어머니의 품이요, 건강의 근본이라
정묘한 파동에너지로
이제 나는 너의 그 오묘한 인류애에 동참하기로 결심했네
홍색 쌀, 너는 움츠려 드는 A형 인간을 위해 먹을거리가 되어주게
녹색 쌀, 너는 산만한 B형 인간을 위해 먹을거리가 되어주게
흑색 쌀, 너는 불 같은 O형 인간을 위해 먹을거리가 되어주게
핑크빛 쌀, 너는 갈등하는 AB형 인간을 위해 먹을거리가 되어주게
황토색 쌀, 너는 소화기가 약한 인간을 위해 먹을거리가 되어주게
적색 쌀, 너는 콩팥이 약한 인간을 위해 먹을거리가 되어주게
연두색 쌀, 너는 갑상선 샘의 부실함을 채워주는 먹을거리가 되어주게
베이지 색 밀크 쌀, 너는 기관지가 약한 인간을 위해 먹을거리가 되어주게
그리고 쌀눈을 잃어버린 흰쌀, 너는 얼룩이 콩, 노란콩, 검은 쥐눈이 콩과,
붉은 수수와 녹색의 좁쌀과 밤, 대추의 힘을 빌려 인간의 밥상에 오르거라

그리고 나는 너희들을 위해 기꺼이 음악을 들려주리라
그것은 어찌 보면 우리 인간을 위한 이기심의 노래로 들릴지 모르지만
그렇게 하지 않으면
너희들이 머금고 있는 농약의 기운을 흩어내기가 어렵다네
너를 괴롭히는 벌레들을 순하게 달래기 위해 꾕과리를 울리리라
사랑가를 들은 너를 먹고 순수한 사랑을 하리라
행복한 음악을 들은 너를
희망의 노래를 들은 너를
건강의 노래를 들은 너를
승리의 노래를 들은 너를
하루 세 번 밥상을 차리리라
아니, 두 번도 감사한 마음으로 밥상을 차리리라
아니, 한 번의 밥상이라도 차리리라
죽어 무덤에 가서도 하늘에 바치는 밥상을 차리리라

차 례

차 례

10. 빌 클린턴의 체질은 암 체질일까?

11. Y 선생은 휴가 중입니다

차 례

체질은 환경에 의해
길들여진다

체질에 맞는 식생활 길들이기

164 체질론

최초에 인간의 몸은 정자와 난자가 만나 세포 분열하여 성장하다
가 교체되는 세포와 영구 보존되는 세포로 나뉘어 특수한
기능을 갖추거나 핵심을 이루는 세포로 각각 그 기능을 갖추게 된다. 이렇
게 기능을 갖춘 태아는 약 10달 동안 성장하다가 세상에 태어나는데 사람이
태어나는 계절의 운기현상과 부모로부터 물려받은 내재된 유전자의 정보
체계에 따른 선천성과 후천성을 결합하여 164 체질론이 정립되었다.

일부 체질연구가들은 인간의 체질이 선천적으로 타고 나는 것이기 때문
에 체질이 만고불변하다고 고집하기도 하는데 이것은 우주의 운기 파동을
세밀하게 연구하지 않았거나 체험의 부족에서 오는 무지와 착각이다. 그들
의 주장대로라면 한 부모에게서 태어난 형제는 유전자 정보가 같으므로 체
질이 같다는(쌍둥이는 예외일 수 있다) 논리가 성립된다. 그러나 모든 사람
들은 각각 고유한 체질을 가지고 있으며, 후천적으로 그 체질은 수시로 변
화한다.

언제(절기) 태어나서(시간), 어디에서(방위) 무엇을 먹으며(식습관), 어
떻게(생활환경) 누구와(배우자, 가족관계)살며, 무슨 생각(의식세계)을 하

는가에 따라 시시각각 변하는 것이 체질이다. 흡사 같은 체질의 쌍둥이라 하더라도 식습관과 생활환경에 따라 이들의 체질도 달라질 수 있다는 것을 인식해야 한다.

각 개인의 체질과 기질은 인생을 운영하는 방법에 따라 차이가 있고, 그 방법에 따라 체질 또한 그때그때 달라질 수밖에 없다. 결국 왕기 선생이 주장한 "체질은 선천에서 받아 후천에서 양성된다." 는 결론이 성립되는 것이다. 중국의 중의 체질학이 지금 우리의 체질연구와 부합되는 점이 많다고 본다.

일 본	중 국
체질과 발병의 관계 강조	체질과 변증 (병이 나기 전 증상의 추이)
• 체질과 발병의 종류 • 체질 진단법(O링 테스트) • 체질별 치료 방법 • 처방약	• 체질의 차이 • 질병의 변증 • 치료, 처방약 • 성별 • 연령 • 생활습관 • 생활환경 • 생활조건 등이 체질과 질병에 미치는 영향

『열자(列子)』에는 대화유사(大化有四)라고 하여 인간이 태어나서 죽을 때까지 크게 4번의 변화가 있음을 다음과 같이 설명하고 있다.

유년기-어린 음기와 어린 양기로 시작
청년기-기와 혈이 점차 융성해 짐

장년기 — 음기와 양기가 가득 차서 융성함

노년기 — 오장의 기운이 쇠약해짐

이 말을 다시 해석하면 개인의 체질 변화는 영원히 어떤 종류에 머물러 있지 않고, 생명 현상의 변화에 따라 일정 범위, 일정 시기, 일정 시간 동안 그에 상응하는 변화를 겪게 되며, 각 개인의 체질 변화는 상대적인 단계성이 반영된다는 것이다.

건강은 환경의 영향을 받는다

스트레스와 지구 환경적 요소

황제내경 (黃帝內徑)에서는 후세들에게 음양화평지인(陰陽和
平之人 ; 음과 양의 기운이 한쪽으로 치우치지 않고
조화를 이룬 사람)이라는 화두를 던졌다.

요즘의 병은 환경적인 요인이 매우 크다는 인식이 높다. 지구의 자연환
경을 온전히 지켜 대기전위와 환경전위를 높이는 일에 소홀하지 않아야
한다. 또한 유전자 변형식품 산업의 난립을 경계해야 하며, 생활 속에서의
스트레스를 줄여야 한다. 스트레스가 만병의 근원이라는 사실은 무수히 입
증되어 왔다. 스트레스가 수험생의 집중력을 저하시켜 학습 장애를 일으키
고, 노화를 촉진시키며, 심한 경우 여성의 폐경기를 20대로 앞당기게 하는
것으로도 알려져 있다. 동양사상에서는 이 같은 현상을 생활 속에서 분노,
긴장 등 스트레스가 반복되어 화기가 머리로 올라가는 현상이 지속돼 위쪽
장기의 불안정으로 자율신경의 균형이 깨지면서 나타나는 현상으로 설명
하기도 한다.

스트레스가

심하면 자율신경 중에 교감신경이 작동해 뇌신경이 흥분하고, 심장박동과 폐호흡이 빨라지는데 열에너지를 위쪽으로 뺏겨 허(냉)해진 아래쪽 장기(간, 위, 대·소장, 방광, 생식기 등)의 기능이 위축되고, 소화가 되지 않아 쉽게 피로를 느끼게 되는 것이다. 머리 쪽은 차게 하고, 배를 비롯한 하체는 따뜻해야 정상적인 몸이다. 즉, 두한족열(頭寒足熱 ; keeping the head cool and the feet warm)이 되어야 하는 것이다.

그러나 요즘 현대인들은 명예를 얻기 위해 또는 사업의 번창을 꿈꾸며 온갖 스트레스를 가중시킨다. 그런 가운데 가족 간의 불화가 생기고, 크고 작은 사고, 실연, 충격적인 사건 등의 여러 가지 일들로 애를 태우면 오장이 부실해져 기운이 쇠퇴하고, 피가 탁해져 뭉치며(어혈), 체질이 변해 그 결과 총체적인 질병의 원인과 결과를 초래하는 것이다.

두한족열의 현상으로 머리가 차고, 발이 따뜻해지면 위쪽 장기의 움직임이 안정되면서 열과 정상의 에너지를 얻은 아래쪽 장기의 움직임이 활발해지는데 이로 인해 소화가 잘 되고 마음이 편안해지는 것이다. 이러한 현상이 건강한 수승화강, 두한족열의 상태이며, 부교감신경과 모든 자율신경이 정상적으로 운용되고 있는 상태이다.

식약불이(食藥不二 ; 음식과 약은 두 가지가 아니다), 식약동본(食藥同本 ; 음식과 약은 그 본질이 같다), 의식동원(醫食同原 ; 의사가 못 고치는 병은 음식이 고친다)이라는 명언들이 공연히 생겨난 말이 아님을 상기하면 생활환경과 먹을거리가 얼마나 중요한 것인가는 두말할 나위가 없다.

사람은 물질이 넘치고 먹을거리가 넘치면 나태해지고 운동부족이 되기 쉽고, 좋다는 음식만 찾아 먹는 편중된 습관은 몸속에 물질을 과잉 정체하게 만들어 과부하와 편중으로 인한 체질 변화를 일으킨다. 또한 너무 생활이 궁색하고 비천하면 급박함이 기(氣)에너지의 왜곡을 부르고, 피를 탁하게 만들어 감정의 컨트롤이 쉽지 않아 장기간의 편식과 폭식(혼합된 곡류를 장기간 섭취), 과식, 야식, 기호식품(술, 담배, 인스턴트식품)의 악습관을 버리지 못해 체질 변화와 질병을 부른다.(소문(素問), 생기통천론(生氣通天論))

음식의 실조는 비단 유기체인 인체를 손상시킬 뿐만 아니라 죽음에 이르게 할 수도 있다. 특히 여성들은 출산 전후에 체질의 편차가 크기 때문에 더욱 심혈을 기울여야 한다.

불가구약(不可救藥)이라는 말을 되새겨 한약이든 양약이든 약이 곧 독임을 명심해야 한다. 잘 써야 본전이고, 잘못 쓰면 체질 악화를 일으키는 것은 물론 임산부의 약물 복용은 자신의 건강과 기형아 출산, 암 등의 발생을 부추기므로 특별한 상황이 아닌 경우에는 약물을 삼가하는 것이 좋다. 『중의 체질학』의 저자인 왕기 선생은 체질이 시시각각으로 달라진다는 가변성을 염두에 두어 체질의 발전과 변화 과정에 생활 요소들이 어떠한 영향을 미치는가를 강조했다.

체질 건강은 유전정보와
후천적 환경의 영향이 크다

4대 체액 병리설을 주창했던 히포크라테스는 우주를 구성하는 물(水)의 기운, 불(火)의 기운, 흙(土)의 기운, 공기(風)의 기운인 4가지 요소의 기운이 인체 내에서 혈액, 점액질, 황담즙질, 흑담즙질 등 4가지 체액이 되어 체액 상호 간에 조화를 일으켜 건강을 유지할 수도, 잃게 할 수도 있다고 하였다. 그 후 히포크라테스의 이론을 바탕으로 갈렌에 의해 '4대 기질설'이 서양의학을 지배했는데 그에 따르면 체액의 맛은 짜다. '짜다'는 말은 즉, 체액이 소금물이라는 것이다. 이 혈액의 염도는 0.9 내외로 아주 짠 편에 속한다.

사람이 죽으면 혈액의 염도가 떨어지면서 각 장기가 썩기 시작한다. 그래서 인체의 염도를 좋은 질로 만들기 위해서는 좋은 질의 소금을 먹어야 한다는 결론이 나오는 것이다. 소금을 선택할 때는 한여름 태양열을 받아 충분히 광합성을 한 정사각형(正方形)의 불순물이 없는 천일염을 사용하거나 잘 구워낸 죽염을 선택하는 것이 바람직하다.

한국인의 주식인 각종 김치, 조선간장, 시골 된장, 고추장 등은 우리 민족의 유산균 식품인 동시에 질 좋은 체액을 만드는 최고의 양생법이다.

수・목 체질인 음 체질은 식물의 뿌리를 이용한 김치와 고추장을, 화・금 체질인 양 체질은 식물의 잎사귀 김치와 된장에 맞춰 먹으면 알맞은 체질식의 양생법이 될 것이다.

만약 보건복지부가 나에게 제3의학의 행정업무를 의뢰한다면 나는 궁중이나 양반들의 음식을 담당해 온 '식의사 제도'를 다시 부활시킬 것이다. 식의사 제도의 부활을 통해 잘못 흘러가고 있는 국민들의 양생법을 지도하고 계몽하는 부서를 만들어 의료비 손실로 인한 국고를 알차게 꾸려 나갈 수 있기 때문이다.

우리의 몸에는 분할하거나 늙어가는 세포 외에도 영구히 변하지 않는 세포가 두 군데 있다. 뇌를 둘러싼 중추신경계와 림프구(임파 세포 중에도 분할하지 않는 임파 세포)라고 하는 면역계가 그곳이다. 분할하는 세포들은 이러한 영구 세포들을 위해 적게는 며칠, 몇 달, 몇 년(치아가 유치에서 영구치로 변하듯)을 봉사하다가 죽어간다. 그런데 이 세포들 중 중추신경계에 해당하는 뇌는 그 중요성에 대해 본능적으로 인식은 하고 있지만, 면역계에 해당하는 림프구를 보호하려는 본능과 인식은 갖고 있지 않다. 뇌세포처럼 림프구의 활동을 의식하지 못하기 때문이다.

영구 세포든 죽어가는 세포든 우리가 살아가는데 어느 것 하나 중요하지 않은 것은 없다. 몇 달을 살면서 과도적인 운명을 안고 죽어가는 혈액세포의 중요성(피를 맑게 유지하는 비결)을 인식하지 못하는 무지는 많은 어린이들과 성인들이 백혈병이라는 고질병을 안고 살아가게 하는 원인으로 작용한다.

중요한 것은 중추신경계 세포와 면역계 세포의 공통적인 특징이 조상에 대한 유전자 정보(DNA)를 가지고 있다는 사실이다. 조상을 잘 만나면 복(福) 있는 사람, 일이 잘못되면 조상 탓이라는 얘기가 나올 법한 것이다. 철저한 자기관리는 지금의 나를 위한 일이기도 하지만, 후세를 위한 일이기 때문에 아무렇게나 살아갈 수 없다는 결론에 이른다.

세포 보존의 영속성과 기억의 정보 장치들은 지각이라는 특성으로 세상 만물을 보고(視覺), 듣고(聽覺), 냄새 맡고(嗅覺), 맛을 느끼고(味覺), 접촉(觸覺)하면서 세상의 환경에 적응하면 하는 대로, 못하면 못하는 대로, 그 모양, 그 색깔, 그 체질로 살아가는 우주의 섭리가 깃들어 있다.

우리의 혈액형은 분류되어 발현된 A형, B형, AB형, O형이 전부가 아니며, 태음인, 태양인, 소양인, 소음인 또한 전부가 아니다. 내재된 조상의 유전 정보와 살면서 후천적으로 습득되어 중첩되는 여러 정황들이 합쳐져 그때그때 체질과 기질은 변화하고 달라진다. 그래서 지구상의 모든 사람들의 체질이 다르다는 결론을 얻게 된다.

우리의 삶(체질)은 흐르며 돌고 도는 물의 원리와 같다고 정의할 수 있다. 음악을 듣고 노래할 때, 좋은 그림과 시를 감상하고 분위기 좋은 곳에서 마음에 맞는, 즉 체질과 기분(기질)이 통하는 사람과 식사할 때, 출세와 욕심 때문에 누군가와 실랑이를 벌일 때, 유쾌하지 못한 무언가를 떠올릴 때, 공포 분위기에 닭살이 돋을 때, 이것저것 가리지 않고 허겁지겁 밥을 먹을 때, 유전자가 변형된 농산물을 섭취할 때 등의 횟수가 거듭 될수록 우리의 체질은 왜곡된다. 이것을 인식할 때 의식이 깨어나 참 자아를 발견하는 계기가 될 것이다.

사람의 생체 리듬은 다음과 같은 주기로 변화를 겪게 된다고 한다.

신체리듬 −23일 주기− 식욕, 재물욕

감성리듬 −28일 주기− 성욕, 예술

지성리듬 −33일 주기− 지식, 권력, 명예욕

세상을 살면서 우리의 몸과 마음 그리고 의식은 조상의 유전자 정보에 의해 온갖 풍상을 겪게 되므로 후천적 체질은 변하지 않을 수 없다. 나의 인생에는 내 조상이 겪고 살아온 것들이 잠재되어 있다. 그렇다면 내 안에 잠재된 또 다른 내가 가지고 있는 질병의 정보를 과연 누가, 어떤 약과 어떤 방법으로 고칠 수 있을까? 곰곰이 생각해 보면 나의 먹을거리와 나의 문제는 내 체질에 맞는 것을 내가 구하고, 해결할 수밖에 없다는 결론에 이른다. 아무리 사랑하는 애인과 아내, 남편과 자식이 있어도 그들은 그들일 뿐, 한 가족 그리고 인생의 동반자 이상의 기대는 욕심이다.

동양철학의 무상성(無常性)에 대한 충고가 있다. "이 세상의 모든 것은 머물러 있는 것이 하나도 없으며, 항상 같을 수 없다." 서양의 격언(헤라클레이토스) 중에 "같은 강물에 두 번 발을 담글 수 없다."는 것 또한 우리에게 시사하는 바가 크다.

우리는 자신의 꼴값을
알아야 한다

우리는 '꼴값 한다' 는 표현을 자주 쓰고 또 들어왔다. 이 말을 사용해 온 우리 조상들은 은연중에 꼴 에너지를 인식하고 있었던 것이다. 사람은 누구든 제각기 꼴(모습)을 하고 있다. 그리고 우리는 자신의 꼴값을 어떻게 이해하고 관리해 왔는가를 따져볼 필요가 있다.

형태장(形態場)이론 중에서 꼴의 값을 내는 논문에 대한 세미나에 참석한 적이 있다(1996년 '한국정신과학학회', 박병운, 김재수, 유상구, 김영태 교수팀). 우리가 흔히 볼 수 있는 2차원 평면 위에 있는 꼴(형상)뿐만 아니라 3차원에서의 특수한 동양의 삼태극(三太極) 같은 평면 도형과 피라미드 같은 입체 구조가 미생물의 생존이나 생장에 미치는 영향을 검사한 결과 꼴 에너지의 종류에 따라 상이한 영향을 준다는 사실을 확인한 것이다.

피라미드 내부에는 매우 강한 순도 높은 기가 모이고, 이로 인한 다양한 효과들이 나타난다. 음식의 맛이 순해지고, 몸에 해로운 성분이 이롭게 바뀐다. 특히 피라미드 에너지로 처리한 물은 인간과 애완동물, 식물의 생장 조건, 촉진 등에 강력한 영향을 미치는 것으로 알려져 있다.

2차원의 꼴 에너지를 활용한 예로는 부적과 얀트라(Yantra), 히란야(Hiranya) 등을 들 수 있다. 3차원 꼴 에너지인 피라미드 에너지는 이집트의 기자 지구에 있는 대(大)피라미드 혹은 각 종교(십자가, 만트라, 달마도 등)의 상징 도형 등을 일컫는 말인데 동양의 전통적인 천지인(天地人) 사상도 여기에 해당된다. 우주에 존재하는 그 어떤 것들도 닮은꼴로 도형을 따라 그리거나 만들면 공진(共振)의 원리에 의해 본래의 물체가 가진 에너지가 유도(誘導)된다고 보고 되었다. 예수의 사진이나 그림, 달마도가 좋은 예이다.

이러한 공진의 원리는 상당한 신빙성이 있는 것으로 알려져 있다. 백두산 천지를 촬영한 사진이나 그림에서는 백두산 천지의 맑은 기운이 방사되어 나오고, 사람을 찍은 사진에서는 그 사람의 기운이 방사되어 나오는 것 등을 들 수 있는데 죽은 사람의 사진이나 비품을 태우는 일은 물체의 형상과 색깔에 따라 독특한 에너지 장을 형성하고 있기 때문에 그것들이 가지고 있는 미세한 진동의 영향을 받지 않기 위한 선조들의 지혜가 깃든 생활 양식인 것이다.

원형을 본떠 만든 골조 피라미드의 내부나 특수 도형 주위에는 강력한 에너지, 즉 특수한 힘이 있다는 사실이 연구 결과 입증되었다. 그래서 언제부터인가 일본은 지형의 생김새에 따라 길흉화복을 예측하는 풍수사상을 풍수과학 차원으로 도입해 연구를 통해 실용화했으며, 예로부터 우리 선조들도 풍수사상을 중시해 왔다. 이러한 특수 꼴 에너지는 에너지의 강도가 아주 미약해서 지금까지의 과학 장비로는 측정되지 않았는데 최근 정신과학을 연구하는 과학자들에 의해 측정되기 시작했고, 이 에너지들이 지구의 에너지 고갈을 대체할 수 있는 힘을 지니고 있다는 것을 확인했다.

우리의 몸과 정신이 발을 내딛어 살고 있는 땅, 즉 대지는 그 지세와 지형에 따라 각각의 꼴 에너지를 지닌다. 이 꼴 에너지들은 큰 움직임이 없는 것으로 착각하거나 미동하지 않는 것으로 착각하기가 쉽다. 그러나 그것은 큰 오산이고 착각이다. 태풍전야가 더없이 평화로워 보이고 고요한 것은 미동(微動)하는 에너지의 발현 순서일 뿐이라는 얘기다. 비가 오고 눈이 오고, 바람이 불고 낮과 밤이 교차하는 등 지구와 우주는 한 치의 오차도 없이 미약한 점 에너지(subtle energy)를 시작으로 진동하고 있다. 물질뿐만 아니라 인간의 몸과 정신에도 영향을 미쳐 색이나 보이지 않는 소리, 눈으로 확인되지 않는 향(향기를 이용한 아로마 요법), 무생물과 같은 광물질, 금속 등에도 꼴 에너지의 영향과 존재를 확인할 수 있다.

여기에 착안해 나는 쌀의 꼴 에너지를 연구하기 시작했고, 쌀눈이 살아 있는 배아미에 인체에 유익한 생명력(행복감을 느끼게 하는 파동 입력)을 불어넣고, 신(新)농법으로 주문 · 생산하는 컬러쌀(일명 흑미, 홍미, 청미, 녹색미, 밀크미)을 각 체질별, 혈액형별로 배합해 각자의 체질에 맞는 맞춤쌀을 생산 · 보급하기 위해 A형, B형, O형, AB형의 혈액형별 쌀, 선식, 누룽지와 목 체질, 화 체질, 금 체질, 수 체질에 따른 쌀, 선식, 누룽지의 특허를 출원했다.

다시 자세히 설명하겠지만 쌀은 인간에게 없어서는 안 될 근본적인 먹을거리다. 그러나 많은 현대인들이 이 근본을 소홀하게 인식하고 다루고 있어 안타까운 마음이다. 나는 나쁜 식습관에 따라 백미를 선호하여 생기는 질병의 위험으로부터 사람들이 자유로워지기 어렵다는 것을 자각했고, 부드럽다는 이유로 정제되어 생명력을 잃은 죽은 쌀(백미)을 고집하는 밥상 자체를 개혁해야 한다는 사명감으로 자연요법 연구가인 '강순남' 원장과 우리의 밥상 살리기 운동을 전개하게 된 것이다. 성인병의 주 요인이 식습관에 의한 것이기에 짧고 가볍게 다룰 수 없어 뒤에서 다시 상세하게 소개하기로 한다.

다시 꼴 에너지의 얘기로 돌아가면 미세한 에너지들은 폭풍, 천둥, 벼락과 같은 강력한 에너지의 시발점으로 겉으로 조용하고 잔잔해 보인다고 해서 그 형태(모양)로만 존재하는 것이 아니다. 오히려 더욱 섬세한 각각의 진동과 주파수를 가지고 있으므로 더욱 무섭게 변화를 주도할 수 있다. 그 예로 쓰나미가 오기 전, 인간을 제외한 고양이, 개, 뱀, 쥐, 돌고래 등이 위험지역을 벗어난다는 사실을 들 수 있다. 이러한 위험을 미리 파악하지 못하는 인간을 만물의 영장이라는 표현하는 것이 과연 옳은 일인가는 좀 더 생각해 봐야 할 일이다.

사람은 다 똑같은 사람이 아니며 어떻게 사느냐에 따라 그 꼴의 값이 다르게 매겨진다. 언젠가 어떤 영(靈)적 능력을 가진 학자가 성형 수술을 많이 한 사람은 귀신도 헷갈려 한다는 말을 한 적이 있다. 자신의 꼴을 너무 보이는 세계로만 가꾸지 말라는 의미심장한 충고였다.

미국의 우주과학자이자 초능력자 바바라 브레넌이라는 여성은 내가 가장 닮고 싶은 사람의 하나이다. 그녀는 보통의 사람과는 확연히 다른 영(靈)적 능력을 가진 사람이다. 박사는 『기적의 손 치유』라는 저서에 자신이 어릴 때 생체오라(aura)를 보는 능력을 갖게 되면서 새롭게 인식한 세상에 대해 다음과 같이 묘사하고 있다.

"모든 생명체들은 각기 고유한 파장의 에너지를 방사하고 있고, 인체는 여러 층의 에너지가 겹겹이 감싸고 있는 형태로 되어 있다. 뿐만 아니라 무생물도 미약하나마 에너지를 갖고 있다."

밀교(密敎 ; 달라이라마 차원)학적 이론과 이에 따른 증언에 따르면, 인간은 보이는 육체와 보이지 않는 네 가지 층의 생명 에너지로 구성되어 있는데, 이 에너지 층은 육체에 가까운 순서대로 에테르체(ethereal body ; 해상도 600×400 이하), 아스트랄체(astral body ; 해상도 1600×1200 이상, 소리, 맛, 향으로 느낄 수 있음), 멘탈체(mental body), 정신체, 코잘체(causal body ; 원인체, 아주 높은 밀도 영혼체)로 불린다.

사람의 육체는 계란 모양의 에너지에 둘러싸여 있는데 인간의 감정에 따라 색깔이 달라진다고 한다. 제일 먼저 육체의 병은 에너지체 특히 에테르체 이상으로 나타나며, 일정 기간이 지나면 육체의 병으로 나타난다. 병을 치료할 때 수술이나 약이 육체의 증상을 임시방편으로는 없애는 것 같지만 각자의 꼴 에너지의 난조(亂調)를 바로잡지 않으면 재발할 위험이 크고, 에너지체가 바로 잡히면(두한족열의 원리도 포함) 육체의 병은 자연스럽게 치료된다.

현재 세계적으로 급속히 확산되고 있는 대체의학을 인간의 에너지체가 육체보다 더 근원적인 것에 접근하는 움직임으로 인식하면 바르게 이해하는 것이다. 에테르체는 몸 바로 바깥을 5~8cm 두께로 감싸고 있는 에너지 층으로 이곳에 이상이 생기면 곧바로 병으로 나타난다.

아스트랄체는 에테르체와 인접해 있으며(이곳은 현실과 관계된 정보를 투영시킨다), 멘탈체는 아스트랄체보다 더 미세하고 단계가 높은 생체 에너지로 사람의 생각에 따라 직접적인 영향(소리, 맛, 향, 느낌)을 받는 곳이다. 사람의 머리 부분에 나타나는 후광은 의식의 단계가 높아진 사람들에게 나타나는 멘탈체라고 하며, 코잘체는 맨 바깥에 있는 가장 미세한 에너지 층으로 시공을 초월해 존재하고, 근원적인 존재로서 수련(명상, 기도) 단계에 따라 그 품격이 엄청나게 달라지는 에너지 층이다. 소위 치유의 손을 가진 종교 지도자나 영 능력자들은 이 등급에 속하는 꼴 에너지를 형성하고 있음을 이해하면 된다.

전 세계에서 인체의 에너지 장을 눈으로 보는 가장 대표적인 사람으로 바바라 브레넌(Barbara Brennen)과 LA의 캐럴 드라이어(Carol Dryer)라는 심령가, 1800년대 미국의 에드가 케이시와 독일의 루돌프슈타이너가 있다.

일본(1980년대)에는 특수하게 고안되어 큰 에너지를 방출하는 히란야라는 도형을 만들어 낸 영 능력자도 있다. 종교계를 비롯해 각 나라마다 시대를 대표하는 영 능력자들은 그 역할을 다하고 있다. 특히 티벳의 '롭상라파'라고 하는 라마승의 능력은 말로 표현할 수 없을 정도라고 한다. 나의 스승인 러시아의 '보리스캄모브' 박사, 인도의 '아마치' 여사, 중국의 '손저림 여사' 역시 망진(望診)법의 대가로 손꼽힌다.

이들은 제3의 눈으로 인체의 에너지 층을 보고 몸에 병이 있는지 없는지를 알아내며, 인체의 에너지뿐만 아니라 모든 생물체, 나아가 무생물의 에너지까지 볼 수 있는 특별한 능력을 지닌 사람으로 육체를 둘러싼 에너지장의 난조를 바로잡고 치유함으로써 몸의 질병과 원인을 치료하는 탁월한 능력의 소유자들이다.

대부분의 심령가(신유(神癒)의 능력자)들이 인체를 둘러싼 한두 개의 에너지 층만을 식별할 수 있는데 반해 브레넌 박사와 손저림 여사, 아마치, 라마승은 지금까지 많은 사람들이 인식해 온 네 개의 인체 에너지 장을 보다 세분하여 인식하고, 그에 따라 대처하고 처리하는 것으로 알려져 있다. 그들은 일곱 개의 에너지 층을 모두 식별할 수 있다고 한다.

브레넌 박사의 『기적의 손 치유(Hands of Light)』라는 책에는 각 에너지 층의 위치와 색깔, 밝기, 형태, 밀도, 유동성과 기능 등을 자세한 도표로 심도 있게 설명하고 있는데 인체의 에너지 장을 요약하면 다음과 같다.

"모든 생명체는 마치 촛불의 불빛과도 같은 에너지 장으로 둘러싸여 있으며, 에너지 장이 펼쳐지지 않은 공간은 없다. 모든 사물은 이러한 에너지 장에 의해 에너지의 바다에 살고 있다. 인체의 경우, 육체에서 제일 가까운 에너지 층은 7단계의 층으로 나뉜다. 1, 3, 5, 7의 홀수 에너지 층은 빛의 파동 패턴들로 짜여있고, 2, 4, 6의 짝수 에너지 층은 쉴 새 없이 움직이는 액체처럼 유동성을 보인다."

　　　브레넌 박사는 자신의 눈으로 연구 결과를 확인했다. 어느 날 파란색의 온전한 잎사귀의 생체 오라의 변화를 관찰하기 위해 잎사귀의 일부를 잘라내자 뜻밖에도 잎 전체의 오라 에너지가 핏빛으로 변했다. 박사는 큰 충격을 받고 잎사귀에게 용서를 빌었다. 그랬더니 놀랍게도 몇 분 후 그 잎의 오라 에너지가 다시 본래의 파란색으로 돌아가더라는 것이다. 이것은 동물이 아닌 식물에도 의식이 존재한다는 것을 증명한 계기가 되었다.

　식물들의 의식을 깊이 있게 연구한 다그니 케르너(Dagny Kerner)와 임레 케르너(Imre Kerner)는 그들의 저서 『장미의 부름(Der ruf der Rose)』에 '식물들은 사람들의 생각을 받아들이고 읽어내는데 단, 진지한 생각에만 반응하며 건성으로 대충하는 생각에는 반응하지 않는다.' 고 밝히고 있다. 위험에 처한 식물은 유독 물질을 만들어 자신을 방어하며, 베어 낸 나무는 그 사실을 다른 나무들에게 알리기도 한다는 것이다. 연구 결과에 의하면 식물은 밤낮으로 발산하는 오라 에너지를 통해 그들끼리 교신하며, 동물 및 사람과도 교감하고 있다고 한다.

　백스터의 거짓말 탐지기도 이와 같은 파동학적 배경에서 식물의 의식세계를 실험한 후 개발되었다. 오랫동안 수련을 한 사람들은 무생물 특히 수정 등이 방사하는 에너지를 쉽게 감지할 수 있는데 바바라 브레넌 박사도 우리 눈에 생명력이 없어 보이는 무생물(광물질)들도 오라를 가지고 있다고 증언했다. 각종 보석과 수정은 층이 많고 패턴이 복잡한 흥미로운 오라를 뿜어낸다고 한다. 자수정은 금빛 오라 에너지를 지니고 있으며, 뾰족한 부분의 구조에서 금빛 광선을 내뿜는다고 한다. 이러한 이유로 어떤 물건의 소유자가 사망하면 물건에 깃든 소유자의 에너지를 깨끗하게 본래의 모습으로 돌려놓기 위해 물건을 불에 태워 강이나 땅에 뿌리는 것이다. 이러한 까닭에 훔친 보석과 물질은 가치가 없으며, 살심(殺心)으로 살생한 육식을 요리한 음식을 먹는 것도 아무런 가치가 없다. 오히려 인체에 살생의 파동이 옮겨가 중첩되는 결과로 해로울 수밖에 없다는 결론이다.

러시아의 키를리안(Semyon D. Kirlian, 1900~1980)이라는 사람은 1939년 소련의 과학자들에게 자신이 발명한 사진기로 찍은 인체 에너지 사진을 보여주었다. 이 사진기는 생명체의 에너지 상태를 촬영하는 장치로 현재 진단 예방 의료기기로 세계에서 널리 사용되고 있으며, 최근에는 한국에도 키를리안 사진기가 개발되어 보급되고 있다. 키를리안 사진은 인체를 포함한 전도성 있는 물체에 고주파, 고전압을 일시적으로 가하면 물체 주위에 방전현상이 생기는데, 이 코로나 방전을 필름에 감광시킨 것을 말한다.

키를리안은 외견상 비슷해 보이는 두 장의 잎사귀 사진을 찍었는데, 한 장에서는 밝고 선명한 빛이 나온 것에 반해 다른 잎에서는 군데군데 희미한 빛이 나타나는 것을 발견하였다. 나중에 보니 병균에 감염된 식물의 잎이었다. 키를리안은 자신의 손가락 주위에서 발광하는 에너지를 찍고, 자신이 독감에 걸렸을 때의 사진이 평소와 다르다는 것을 발견한다. 고유 생명체의 에너지 변화를 관측함으로써 생체의 이상과 육체 질병의 유무를 미리 발견할 수 있다는 사실을 알게 된 계기였다.

키를리안 사진기로 나뭇잎을 촬영한 결과 밝혀진 재미있는 사실은 잎사귀의 일부가 잘린 후에도 한동안은 잎이 잘리기 전 완전했던 잎 모양에서 나오던 에너지가 그대로 유지되어 빛으로 방사된다는 것이다. 물질적인 잎사귀의 일부가 잘려나가도 본래의 에너지체를 한동안 유지한다는 것이다.

미국과 일본 등에서 인체의 오라 에너지로 빛의 밝기가 증가하는 가에 관한 실험이 여러 차례 진행됐는데, 실험 결과 어두운 암실에 사람이 들어가면 미약하게나마 암실 내부의 빛의 밝기가 증가한다는 것을 밝혀냈다. 이것이 가능한 것은 바로 인체의 일곱 에너지체 때문이다.

인체의 경우 최초에는 물질적 부분보다는 에너지체(파동)가 더 근원적이라는 사실이다. 이것은 우주의 기운을 먹고 사는 지(地), 수(水), 화(火), 풍(風)의 우주적 환경 에너지 장 때문으로 그것은 식물이 자라는 모습을 보아도 쉽게 알 수 있는데 이는 육체의 생체 조직들이 그 형체를 유지할 수 있는 배경을 말해주는 것이다 (중절 수술을 한다고 해도 그 아이의 생체 에너지 장은 존재한다).

보통의 의식을 가진 일반인들은 도저히 믿기지 않는 생체 오라의 변화가 미국 우주 여성과학자인 바바라 브레넌 박사의 특별한 능력에 의해 밝혀진 것이다. 키를리안 사진을 통해 과학적으로 밝혀진 생명체의 에너지 장을 설명하면 다음과 같다.

제1층은 육체 기능이나 감각과 직접 연관되어 있다. 거미줄처럼 윤이 나고 미세한 에너지 선들로 이루어져 있으며, 밝은 푸른색을 비롯해 회색의 빛깔까지 다양한 색깔을 띠고 있다.

제2층은 감정체(emotional body)로 감정과 결부되어 있으며, 혼란스러운 감정은 어둡고 탁한 색깔로 나타난다. 사랑, 흥분, 분노, 기쁨 등 감정의 변화에 따라 밝고 선명한 색깔 또는 특정한 색깔로 변화한다.

제3층은 정신체(mental body)로 사고(思考)나 정신적인 영역을 담당하고, 삶의 차원에 따라 밝은 노란색을 띠거나 어둡게 나타나기도 한다. 집중하고 있을 때 더 밝아지고 확장된다.

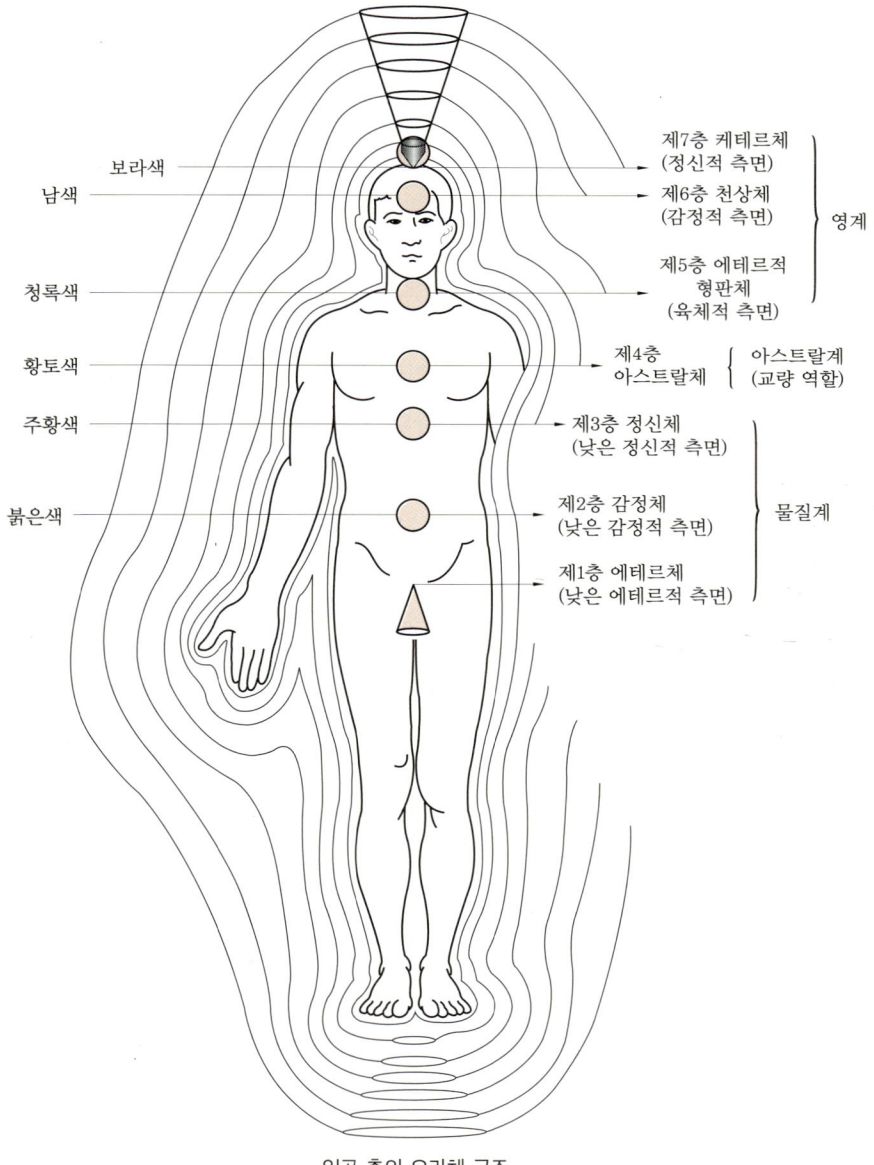

보라색 —————————— 제7층 케테르체
                     (정신적 측면)
남색 ——————————   영계
                     제6층 천상체
                     (감정적 측면)

청록색 ——————————   제5층 에테르적
                        형판체
                     (육체적 측면)

황토색 ——————————   제4층   아스트랄계
                     아스트랄체   (교량 역할)

주황색 ——————————   제3층 정신체
                     (낮은 정신적 측면)

붉은색 ——————————   제2층 감정체   물질계
                     (낮은 감정적 측면)

                     제1층 에테르체
                     (낮은 에테르적 측면)

일곱 층의 오라체 구조

이상에서 설명한 1, 2, 3층은 물질세계와 관련된 에너지들과 연관되어 있고 중간에 위치해 있다.

제4층 아스트랄체는 물질 에너지가 영적 에너지 혹은 영적 에너지가 물질 에너지로 변형될 때 반드시 거쳐야 하는 관문으로 사랑방 역할을 한다.

반면 5, 6, 7층은 영적(靈的)에너지 세계와 관련되어 있는데, 이 에너지 층은 심장의 중심점이나 중단전과 직접적으로 연결되어 있으며, 아름다운 색의 솜사탕 같은 형태로 존재한다. 장밋빛의 에너지로 채워져 있다.

제5층은 에테르 형판(型板)체(etheric template body)이다. 에테르 층의 형태가 붕괴되면 그 형태를 다시 찍어낼 수 있는 원판과도 같은 구실을 한다. 육체에서 40~60 cm 정도 뻗어 나와 있고, 소리로 물질을 만들어 내는 역할을 수행하며, 기도 소리, 명상, 불법, 찬양 등 소리에 따른 수련 효과를 주는 에너지 층이다. 질병에 걸리면 흩어졌다가 마치 금형(金型) 상태처럼 원판에 의해 복원된다.

제6층은 천상체(celestial body)로 영적 차원의 감정과 관련되어 있으며, 고운 아지랑이 같은 빛을 띠고 있다. 육체에서 60~80 cm 정도 뻗어 나와 있으며, 기도나 명상과 같은 영적 체험을 통해 영적 응답이나 황홀감을 느끼게 하는 에너지 층으로 이해하면 된다.

제7층은 원인체로 케테르 형판체(ketheric template body)라고 불린다. 달걀 껍데기 모양의 에너지 층으로 육체에서 80~110 cm 정도 뻗어 나와 있다. 이 에너지 층은 아주 높은 수준의 정신영역 또는 마음과 연결되어 있으며, 우주의 어떤 존재와 교감을 느끼게 해준다. 이 층에는 색채를 띤 빛의 띠 모양으로 전생의 기록들이 간직되어 있다고 보고된다. 현실의 상황과 관련된 기록들은 머리와 목 부근에 존재하는데 이것을 아카식레코드의 세계라고 한다.

에너지 공간으로 볼 때 우리의 육체가 존재하는 공간에는 육체뿐만 아니라 그보다 진동수가 높은 여러 에너지체가 동시에 존재하고 있으며, 에테르체가 있는 공간에는 육체를 제외한 모든 진동수의 에너지가 함께 존재하고 있음을 뜻한다.

이들 각 에너지 층은 양파 껍질처럼 차곡차곡 쌓여 있는 것이 아니라 바깥에 있는 층이 그 안쪽 층들을 감싸는 동시에 인체가 에너지 안쪽에 담겨 있는 형태로 구성되어 있다. 이러한 에너지 층들 중 몸에서 떨어져 있는 에너지 층일수록 더욱 옅고 높은 진동수를 가지고 있으며, 보다 근원적이고 영적이라고 보고된다. 그러므로 좀 더 근원적이고, 빠른 진동수를 가진 바깥의 에너지 층은 그것보다 느린 진동수를 가진 안쪽의 에너지 층이나 육체에 상당한 영향을 미친다.

인체의 에너지 장과 관련된 다양한 과학적 연구들이 행해졌는데, 그 가운데서도 가장 흥미로운 과학적 발견은 아마도 발레리 헌트(Valerie Hunt) 박사의 연구 결과일 것이다.

물리요법가인 미국 UCLA대학 신체 운동학의 헌트 박사는 근육의 전기적 활동을 측정하는 근전도계를 이용해 인체의 에너지 장이 전기적으로 존재한다는 사실을 증명했다. 근육은 초당 225 사이클까지, 심장은 250 사이클까지 파동이 올라가고, 뇌는 초당 0~30 사이클, 최고 100 사이클의 파동이 감지된다고 한다. 그는 인체의 고유 파동 외에도 인체에서 방사되는 다른 에너지 장이 있음을 감지했다. 이 에너지 장은 신체의 전기보다 훨씬 미세하고 미묘해 진폭은 매우 작지만, 주파수는 초당 평균 100~1,600 사이클 혹은 그 이상으로 매우 높다. 이러한 사실의 발견은 우리 인체의 신비를 물리학적으로 증명한 중요한 실험 결과인 것이다.

주로 보이는 물질세계에 머물러 있는 사람들의 주파수는 대체로 낮은 범위에 머물러 있어 초당 250 헤르츠를 크게 벗어나지 않고, 치유 능력이 있는 사람들은 400~800 헤르츠, 다른 존재들과 의사소통을 비롯, 교감(채널링, channeling)할 수 있는 사람들은 800~900 헤르츠가 나타난다고 한다.

영적 능력자들은 상호 연결이 우주적이어서 상식을 넘어선 진동수를 가지고 있으며, 그 진동수는 900 헤르츠 이상이라고 한다. 개인의 의식에 따라 에너지 장의 주파수가 다르게 나타는데 근전도계가 측정할 수 있는 최고 수준인 2만 헤르츠의 진동수에 반응하는 사람도 있다고 한다. 이러한 심신 치유법들은 긍정적으로 받아들여졌을 때 그 위력을 체감할 수 있지만 부정적일 때는 아무런 효과가 없을 뿐만 아니라 오히려 역반응이 일어날 수도 있다. 이러한 꼴값에 따라서 사람은 그릇과 역할이 다르고, 스스로를 얼마나 잘 갈고 다듬어 덕을 베푸느냐에 따라 자신의 꼴값이 매겨지는 것이다.

인체의 물질적 부분을 둘러싸고 있는 비물질적 부분을 인체의 에너지 장 혹은 인체 '오라(aura)' 라고 부른다. 일반적인 사람의 오감은 일정 범위의 낮은 진동수를 가진 물질만을 인식한다. 육체 이외에 좀 더 높은 차원의 진동수를 가진 눈에 보이지 않는 부분을 비물질(非物質), 즉 '오라' 라고 부른다.

제1중심점 - 아주 진한 붉은 색을 끌어 들인다. 여성의 생리 때 혈의 색을 생각하면 이해가 쉽다.

제2중심점 - 연한 붉은색(주황색)을 끌어 들인다. 왜 배가 따뜻해야 하는지 이해가 될 것이다.

제3중심점 - 진한 황토색을 끌어 들인다. 식탁의 색을 소화가 잘 되는 붉고, 따뜻한 색으로 하는 이유가 여기에 있다.

제4중심점 - 화가 나면 '가슴에 열불이 난다' 고 얘기한다. 화기가 상승해서 가슴이 타오르면 심장이 탄다. 그래서 붉은색의 보색(補色)인 녹색을 끌어 들인다. 화병이 있는 사람에게 붉은색 상의는 해롭다.

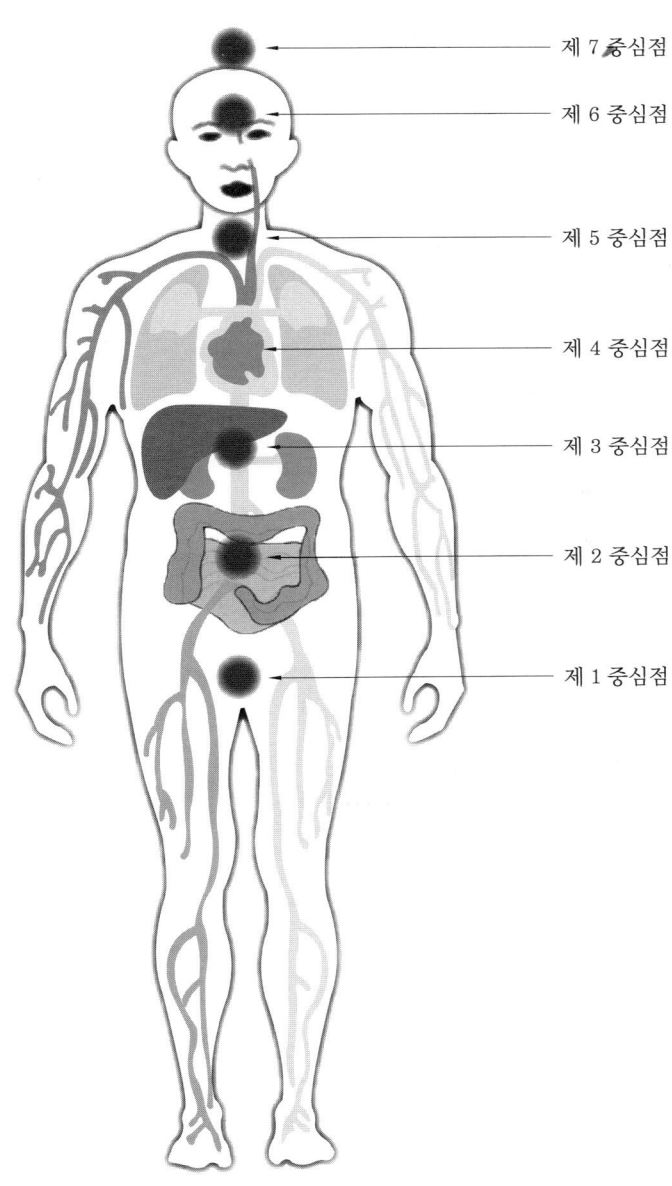

제 7 중심점

제 6 중심점

제 5 중심점

제 4 중심점

제 3 중심점

제 2 중심점

제 1 중심점

인체의 일곱에너지 중심점

제5중심점—이 부분은 흰색을 끌어 들인다. 그래서 폐가 나쁜 사람은 목덜미와 얼굴이 창백하다.

제6중심점—양 미간을 비롯한 얼굴은 시원한 푸른색을 좋아한다. 두한족열(頭寒足熱)의 본질이 여기에 있다.

제7중심점—이지적이고 차가운 자주색이나 보라색을 좋아한다. 일명 부르주아 색이라고도 하고, 불가(佛家)에서는 정신계의 차원을 높이 평가하는 색으로 꼽는다.

사람을 비롯한 모든 사물은 자신이 지닌 꼴값(五觀)의 모양(7 챠크라 형태), 색(五彩), 향(냄새), 맛(五味) 등에서 조화로움의 관계와 연속성으로 살아가고 있다.

삶의 질은 방사되는 오라(Aura)를 보면 파악이 가능한데 오라를 판단하는 능력은 보통 사람에게서는 기대하기 어렵고, 바바라 브레넌 박사와 같은 영적인 힘을 갖춘 사람만이 가능하다.

인간의 각 부위는 지향하는 색이 있는데 자신에게 부족하거나 넘치는 색은 반대되는 색의 음식, 속옷, 가구, 인테리어 등으로 보완할 수 있다. 자신의 장기 중 일그러졌거나 병으로 함몰된 색, 형태, 맛, 향이 있다고 생각되면 그것을 보완하는 색을 선택해 컬러 치료를 하면 된다. 필자는 여기에 주안점을 두어 체질별, 혈액형별로 부족하기 쉽고 왜곡되기 쉬운 색을 채워주는 컬러쌀을 이용한 밥상 처방을 특허 출원할 수 있었던 것이다.

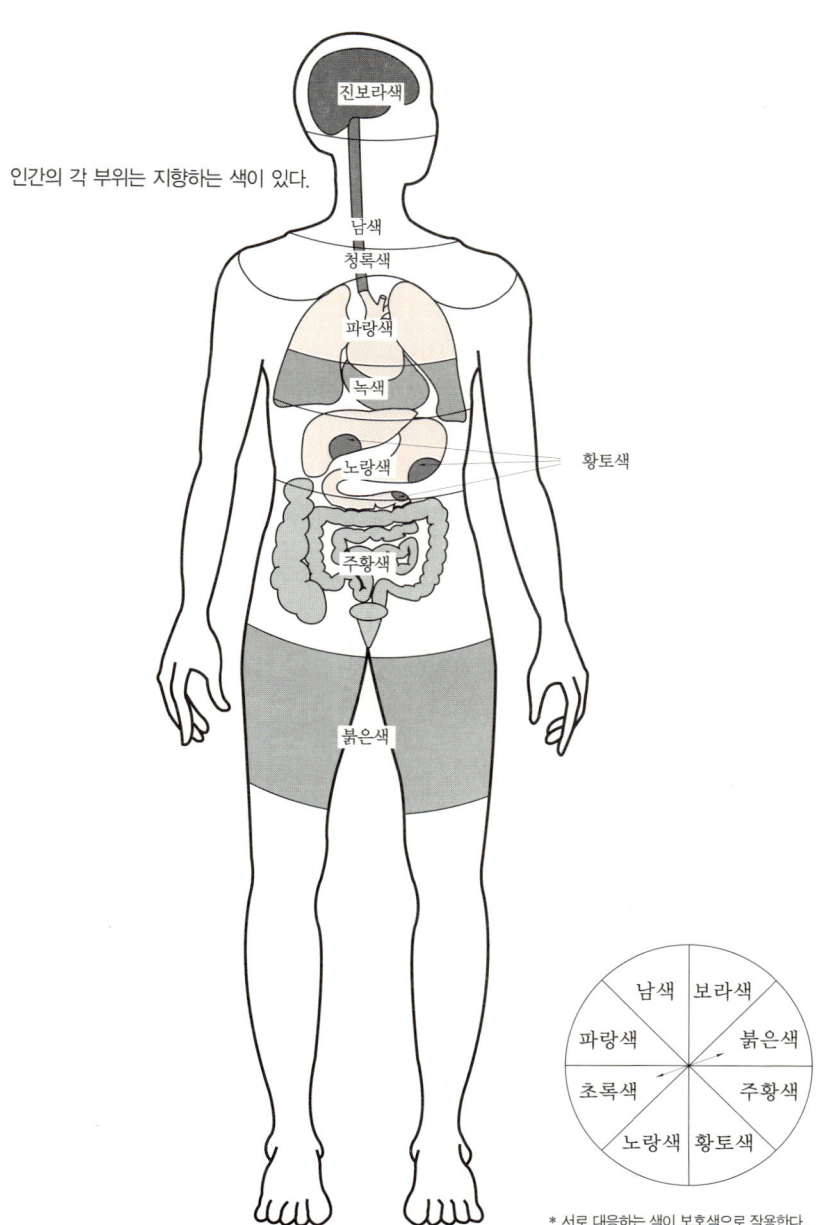

인간의 각 부위는 지향하는 색이 있다.

진보라색

남색
청록색

파랑색

녹색

노랑색

황토색

주황색

붉은색

남색	보라색
파랑색	붉은색
초록색	주황색
노랑색	황토색

* 서로 대응하는 색이 보호색으로 작용한다.

사절기로 자신의 정확한 체질 알기

1. 자신의 정확한 체질을 알기 위해서는 반드시 자신의 혈액형과 태어난 절기를 정확히 알아야 한다.

예 음력 동지~춘분 사이에 출생한 사람의 경우, 기준에서 하루만 더 지나 태어나도 그 사람은 화 체질에 속한다.

2. 부모의 혈액형을 알아본다.

예 父 A형 + 母 A형의 자녀가 A형 동지~춘분 사이에 출생했을 경우 안토중천(安土重遷)형. A형 목 체질

안토중천(安土重遷)형은 부모의 품을 떠나서 외지나 다른 직장으로 옮기기를 싫어하거나 두려워하며, 안주하기를 좋아하는 여성성(女性性)이 강한 체질이다. 그러한 체질과 기질로 인해 그것을 보듬어 줄 수 없는 사람과의 결합은 불행을 부를 수 있다.

앞에서 설명한 인체의 7중심점이 끌어 들이는 색이 있고, 계절이 끌어 들

이는 색이 있다. 색(빛깔)은 우주의 근본으로 인간의 심장과 공명(共鳴)하며, 순수의식을 관장하면서 순환한다. 음악(소리)도 인간의 존재와 생명 에너지의 결정체를 유지하며 뇌파를 조절한다. 그래서 음악 치료학이 설득력을 갖는다.

그러면 자신이 태어난 절기(계절)의 색과 음이 자연의 어떤 법칙에 의해 어떻게 자신을 운행하는지 이해할 수 있을 것이다.

목 체질(음력 동지~춘분) : 청색(내분비호르몬 파동)을 끌어당긴다.
화 체질(음력 춘분~하지) : 붉은색(내분비호르몬 파동)을 끌어들인다.
금 체질(음력 하지~추분) : 흰색(내분비호르몬 파동)을 끌어들인다.
수 체질(음력 추분~동지) : 검은색(내분비호르몬 파동)을 끌어 들인다.

각 체질에 맞는 왕성함, 허약함, 색깔, 치료 음악, 그림 치료는 다음의 표와 같다.

체 질	목 체질	화 체질	금 체질	수 체질
끌어들이는 색	청색	붉은색	흰색	검은색
출 생	양력-11월 22일 ~3월 22일 음력-동지~춘분	양력-3월 22일 ~6월 22일 음력-춘분~하지	양력-6월 22일 ~9월 22일 음력-하지~추분	양력-9월 22일 ~11월 22일 음력-추분~동지
왕 성	간, 담	심장, 소장	폐, 대장	신장, 방광
허 약	폐, 대장	신장, 방광	간, 담	심장, 소장

체 질	목 체질	화 체질	금 체질	수 체질
치료음악	• 바하 -칸타타 2번 • 이탈리아 민요 -라 팔로마 • 베토벤 -월광소나타 • 브람스-자장가 • 국악-회심곡(回心曲), 대금연주, • 경쾌한 민속음악 식사 시간이 아닌 공복시에 적당한 음량으로 듣는다.	• 차이코프스키 -백조의 호수 • 부루크너 -미사곡 D단조 • 바하-바이올린 협주곡 D단조 • 이바노비치-다뉴브강의 잔물결 • 크라이슬러-로망스, 아 목동아 • 대금연주 • 나라 별 민속음악 • 인도 민속음악 -사랑가(Indian Love Call) 식사 시간이 아닌 한가한 시간에 적당한 음량으로 듣는다.	• 슈베르트 -세레나데, 아베마리아, 자장가 • 멘델스존 -베니스의 뱃노래 • 오펜바흐 -호프만의 이야기 중 뱃노래 • 차이코프스키 -6월의 뱃노래 • 스페인 탱고음악 • 국악 -가야금 병창, 산조 식사 시간이 아닌 한가한 시간에 적당한 음량으로 듣는다.	• 차이코프스키 -호두까기 인형 • 쇼팽 -빗방울 전주곡 • 요한스트라우스 -피치카토 폴카 • 리스트 -협주곡2번 A장조 • 멘델스존 -엘리야 • 현악 실내악 연주 • 느린 템포의 한국 민요 식사 시간에 들어도 무방함. 단, 적당한 음량으로 듣는다.
그림치료	녹색과 붉은색 크레파스로 수직 형태를 그린다. 이 그림은 왕성한 기운과 허약한 기운을 중화시키는 역할을 하며 유익한 에너지를 만들어 준다.	적색은 가는 선으로, 청색은 굵은 선으로 삼각형을 그린다. 아이들이 놀 때 땅바닥이나 종이 위에 무심코 그리는 그림은 정신 영역의 반영이며, 육체의 이상 신호를 나타낸다.	검은색, 진한 파랑색, 은색으로 돔형, 원형, 물결무늬를 그린다. 색 치료는 원예치료 프로그램을 통해서도 가능하고, 신경성 질환, 치료, 예방, 아이들과 성인, 노인 성치매 치료에 많은 도움을 줄 수 있다.	황금색으로 사각형을, 보라색과 파란색으로 물결무늬와 원형을 그린다. 위의 색은 서로가 상생(相生)의 원리로 넘침(왕성)에서 올 수 있는 부조리와 모자람(허약)에서 올 수 있는 부조리를 중화시키는 역할을 한다. 이러한 것들은 '형태장(形態場)에너지 필드'로 건강을 주는 에너지로 입력된다.

2

혈액형별 체질학

혈액형별 체질학을 알면
돈 벌기가 쉽다?

사람과 사람이 만나서 뜻을 이루는 사회 각계와 기업, 사람을 주선하는 소개업(결혼정보업체), 음식을 만드는 요식업자, 병영을 관리하는 군 당국의 실무진, 학교, 병·의원과 영·유아원, 실버산업 등 각계에 '혈액형별 체질학'이 제대로 적용된다면 정말 뜻있는 사업에 덕을 베푸는 일이 되리라는 자부심으로 나는 이 책을 썼다.

O형의 발현

B.C(before Christ) 약 4만 년 전에 출연한 크로마뇽인은 주로 육식을 했다. 이때 O형의 소화 특성이 최대한도로 발현되었다. 당시 인류 대부분의 혈액형은 O형이었다.

A형의 발현

B.C 2만 년 전부터 시작된 신석기 시대는 농경과 가축 사육의 시대였다. 채식 위주의 식생활은 사람들의 소화기관과 면역체계를 완전히 바꿔 놓았으며, 유전적 변화로 인해 A형이 발현되었다.

B형의 발현

B.C 1만 년 전에 B형이 발현되었는데, A형이 식생활에 의해 발현된 것과는 달리, B형은 히말라야 고원의 춥고 메마른 지역에서 발현되었다.

AB형의 발현

혈액형 중에서 가장 역사가 짧은 AB형은 A형과 B형의 접촉에 의해 발현되었으며, A형의 내성과 B형의 내성을 모두 물려받았으나 일부는 서로 만나 더 강해지기도 하고, 일부는 충돌을 일으키기도 하기 때문에 가장 복잡하고 불안정한 성질을 가지게 되었다.

인류의 역사가 시작될 때 인간 먹이사슬의 상부를 차지했던 O형 (수렵생활로 먹을거리를 해결한 인류 조상의 혈액형 비율은 거의 100% O형이다)들 사이에 수렵생활(동물성 먹을거리)로 인한 질병과 바이러스에 따른 돌연변이로 A형이 출현했고, 이때부터 인류는 혼혈의 징조를 보이기 시작했다. 그런 이유에서 A형은 혼합된 체질의 약점인 허약체질이 많은 것도 사실이다. 그리고 A형들은 수렵생활과 채집생활에서 좀 더 진보한 농경생활을 주도하게 된다.

아프리카에서 유럽, 유럽에서 아시아, 아시아에서 아메리카로 이동하면서 유목민이 등장하는 과정에서 B형이 발생했는데 그래서인지 B형의 기질은 한 곳에 머물지 않는 특징과 관습에 얽매이지 않고 자유분방한 사고를 가지고 있다. BC 6세기경 '구르지아 人'과 '아르메니아 人'이 세력을 떨쳤던 중앙아시아의 이질적(異質的) 집단인 '코카서스 人' A형과 '몽골계 人' 인 B형들 간의 혼합형으로 AB형이 만들어졌다.

코카서스 (Caucasus) 지형은 동쪽으로 카리브해가, 서쪽으로는 흑해와 아조프강을 끼고 있고, 남쪽으로는 터키와 이란의 국경지대이다. 강과 바다로 둘러싸여 있어 수력자원(水資源)이 풍부한 것으로 알려져 있다. 인류의 발상지로서 그루지아, 체첸, 아디게이, 아브하즈, 카바르딘, 체르게스, 다게스탄, 러시아, 우크라이나인들로 뒤섞여 있으며, 북동부에는 몽골계 사람들과 칼미크인 자치구가 있다. 이 지역은 그리스, 이란, 아라비아, 몽골, 터키 등이 번갈아 지배했고, 그런 가운데 민족 구성의 한 일원인 AB형이 태어났기 때문에 혈액 구성이 다(多)민족의 다양한 혈통으로 혼합의 밀도를 상상하기 어려운 지경이다. 이것은 AB형의 체질이 까다로울 수밖에 없는 충분한 요소가 된다. 그래서 AB형을 놓고 성격이 이렇다, 저렇다, 체질이 이렇다, 저렇다 단정지어 말할 수 없는 것이다.

어찌됐건 이질적이라 함은 기질과 체질에 가늠할 수 없는 묘한 부분이 있음은 부정할 수 없는 사실이다. 그래서 AB형의 먹을거리는 더욱 심도 있게 연구되어야 한다는 결론이다. 또한 인륜지 대사(人倫之大事) 역시 신중하게 처리해야 한다.

인류가 걸어온 발자취를 보더라도 각각의 혈액형이 태어난 곳이 다르고, 체질과 기질적 특성이 판이하게 다르기에 먹을거리와 결혼을 쉽게 생각하고 결정해서는 안 된다. 그러나 인간 생명의 존엄성이 우선되어야 함에도 불구하고 산업화된 구조 속에서 먹을거리 산업은 인간의 머리수가 수익 창출로 이어지는 상업주의로 치닫고 있어 염려스럽다.

요식업체에게 할 말이 많다

미국의 세계 식량공급 점유 전략은 2030년쯤에 맞춰져 있다. 그 계획은 2030년에 전 세계 인구가 현재 60억의 인구에서 85억으로 늘어난다는 계산 하에 짜여진 것이다.

패스트푸드점은 우리의 식문화 속에 들어와 우리의 입맛을 점령했다. 미국식 패스트푸드는 세계 어디를 가도 볼 수 있고, 현재 전 세계인의 입맛을 주도하고 있다. 이러한 현실을 O형의 혈액형을 가진 미국인들의 마케팅에 휘둘린 결과라고 보는 것이 일반적인 견해다.

일방적으로 미국의 식문화를 밀어붙이는 체인 사업의 메커니즘은 인류를 마케팅 대상으로만 보고 있다. 이러한 사실은 한심하고, 무섭고, 서글픈 일이다. 지구촌의 약 45%가 O형인데, 그렇다면 나머지 55%의 다른 혈액형들은 45%의 O형에게 넋을 놓고 있어야 하는 것일까? A형, B형, AB형들은 자신의 체질에 맞는 입맛을 자신도 모르는 사이 시장 구조의 논리에 빼앗기고 있다. 한국처럼 A형이 압도적으로 많은 나라는 프랑스(47%), 에스키모(44%), 영국(43%), 독일(42%)과 일본(38.1%), 러시아(36%), 한국(34.5%), 중국(27%)순이다.

<big>영국의</big> 왕실은 철저히 자연식문화를 고수하며, 자연의학의 실천이 절체절명의 과제임을 국민에게 알리는데 솔선수범한다. 황태자의 홈페이지에서 볼 수 있는 유전자재조합식품을 반대하는 자세가 그렇다. 그는 자신이 가꾼 유기농 채소로 식탁을 꾸미며 하루를 시작한다고 한다. 늘 국민 건강을 위한 일에 노심초사 한다고 하니 귀족다운 생활 양식임에는 틀림없다.

독일 국민의 유기농 식품 선호도를 보면 식탁에서부터 생명의 존엄성을 길들이고, 자연스러운 먹을거리로 자녀를 교육(굳이 교육이라고 하지 않아도 몸으로 알게 한다)한다. 독일의 발도로프 대안 학교는 아이의 체질과 기질별로 예체능 교육과 급식을 하고, 농사를 체험하게 하고, 작은 집을 짓게 하는 등 다각도의 인지학(人智學)적 교육에 중점을 둔다. 『실낙원』의 저자 J.밀턴의 말처럼 '얼마나 오래 사느냐?' 가 문제가 아니라 '어떻게 사느냐?' 를 의식에 깊이 뿌리내리게 하는 참 교육인 것이다.

가까운 일본이 세계적인 장수국으로 자리를 지키고 있는 것도 A형(38.1%)식 컨셉트로 식문화의 주도를 하기 때문으로 풀이된다. 중국은 인구가 많아 음식의 질보다는 양을 우선시 할 수 밖에 없고, B형(35%)의 인구가 많은 비율을 보이기 때문에 중국 특유의 먹을거리 산업문화는 책상 다리만 빼고는 뭐든지 다 먹는 떵호아 파동(누이 좋고 매부 좋은)을 보이고 있어 양쯔강의 범람도, 양쯔강 주변 도시의 암(癌) 다발 지역도, 별 대책이 없는 형편이다.

한 가지 제의를 하자면 요식업체는 의(醫)와 식(食)이 '다름' 이 아닌 '같다' 는 뜻의 의식동원(醫食同原)의 길잡이로 기여할 수 있으므로 덕을 베푸는 기업의 이미지를 부각하기 위해 노력하라는 것이다. 요식업체들이 혈액형별로 4가지 음식을 메뉴로 만들어 보급한다면 각 체질별로 몸을 보호하고, 메뉴의 다양성으로 매출을 올릴 수도 있을 것이다. 그런데 왜, 그렇게 하지 않는 것일까? 이것은 비단 요식업체에만 해당되는 사항이 아니다. 병원의 환자식은 그러한 의식의 변화가 더욱 절실하다.

지금까지의 현대 영양학은 모든 사람을 똑같은 수치로 다루고 있다. 성인은 하루에 무슨, 무슨 영양을 몇 Kcal, 몇 g을 섭취해야 하고 아동기, 청년기에는 몇 kcal를 섭취해야 한다는 식으로 말이다. 그러나 세상의 모든 사람은 그 영양 상태와 소화력, 흡수율, 현재 몸의 상태 등에 따라 십인십색이기 때문에 그렇게 똑같은 수치로 계산된 영양학으로는 제대로 된 맞춤식을 해결할 수 없다는 결론이다. 우리의 몸은 보편타당한 이론과 수치에 맞춰 계산할 수 없는 각양각색의 다중성을 갖고 있기 때문이다.

이러한 취지를 어느 대학병원의 대체의학 교실의 강의를 통해 피력한 바 있다. 그러나 돌아오는 답은 이러했다. 혈액형에 따른 맞춤 식단을 시행하기 위해서는 먼저 결재권을 가진 경영진이 혈액형별 체질학을 100% 받아들여 인식한 후, 시행 결정이 하달되면 철저하게 체질별로 나누어 환자들에게 공급해야 하는데 층층마다 감시하고 감독해야 할 일이 한두 가지가 아니기 때문에 번거롭다는 것이었다. 인간이 먼저가 아니라 제도가 문제가 되는 산업화된 병원 산업의 한 단면을 보는 듯했다. 나와 연구진들은 쓴맛을 다셔야 했다.

결혼정보업체 에도 할 말이 많다. 근래에 우리나라의 이혼율이 급증해 4명 중 1명이 이혼을 하는 현실이다. 그런데 묘한 것이 현재 4명 중 한 명이 걸린다는 암질환의 비율도 이와 같다. 이것은 우연이 아닌 필연적인 메시지가 담겨 있다고 느껴지는 부분이다. 건강에 관한 얘기는 다른 장에서 논하기로 하겠다.

요즘 같은 시대에 혼인중개업은 보람된 일로 꼭 있어야 할 업종이라고 생각한다. 자의든 타의든 홀로된 사람, 일 또는 공부를 하느라 혼기를 놓친 사람, 이런 저런 사연을 가진 사람들에게 짝을 맺어 주는 일은 사명감과 덕을 베푸는 일 중의 하나이기 때문이다. 그런데 이러한 일이 상업주의에 빠져 술 3잔이 아닌 뺨 3대를 맞을 일이 너무나 빈번하게 벌어지고 있다.

보통의 시장구조는 소비자의 욕구가 채워졌을 때 매출과 연결이 되는데 결혼정보업체는 상반된 매출 시스템(회사가 훨씬 유리하다)으로 회원 등록(선불조건)은 등급제가 되어 A, B, C 등급으로 매겨지고 개인의 신상정보를 DB화 하기 위해 호적 등본과 졸업증명서 등을 챙기고 있어 업체는 유리한 고지에 있다. 회원 등록비는 회사와 커플매니저 간의 수당체계로 이어진다. 그래서 행여 환불 사태가 벌어지면 회사와 커플매니저 간의 건수가 무너지기 때문에 이런 저런 수수료 등의 사유를 붙여 회비 환불을 막무가내로 지연시키거나 거액의 위약금을 요구하면서 그 책임을 소비자(회원)에게 넘겨 버리는 일이 다반사인 것이다.

<big>소비자는</big> 자의가 아닌 타의(커플 매니저)에 의해 그럭저럭 시간을 흘려보내면서 회사의 처분만 기다려야 한다. 어떻게 됐느냐고 물으면 '글쎄요, 맞는 사람이 없네요', '요즘 사람이 잘 구해지지가 않네요', '연락이 잘 안 되네요', '열심히 찾아 볼게요', '기다려 보시지요' 하고 대답하는 것으로 커플 매니저의 할 일을 다 한 것이 되고, 커플 매니저는 또 다른 소비자를 찾아 혈안이 된다.

이때부터 소비자는 마음을 비우고 짝을 찾겠다는 기대보다는 초연하게 기다리는 자세로 돌아서야 한다. 아마 경험이 있는 사람은 잘 알 것이다. 수십 번씩 전화해도 연결이 힘든 커플 매니저의 실태를 말이다. 이런 구조 아래에서는 제대로 된 짝을 찾아 준다(맞춤)는 자체가 불가능해진다. 자신의 기대에 미치는 이상형을 구하기 힘들뿐만 아니라 평생을 두 눈 부릅뜨

고 찾아도 찾을 수 있을까 말까한 반려자를 그렇게 쉽사리 찾을 수 없다는 것을 깨닫기에 이른다.

실제로 소비자 보호원의 통계에 의하면 결혼정보업체로 인한 피해는 2000년 59건에서 2005년 232건으로 피해 사례가 기하급수적으로 늘었다고 한다. 무작위로 50여 곳을 선정해 제대로 운영이 되는지 살펴보았으나 약속을 지키는 곳은 7군데뿐이었다고 하니 신고하지 않은 사람을 포함하면 그 피해 사례는 더 많다는 결론이 나온다.

물론 결혼정보업체의 입장을 이해하지 못하는 것은 아니다. 회원 유치를 위한 광고비, 인건비 등 유지 비용만 해도 만만치 않을 것이다. 그렇다고 있지도 않는 '자신에게 딱 맞는 조건의 최상의 상대'라는 등의 달콤한 문구는 더 이상 쓰지 말라고 당부하고 싶다. 그리고 회원들에게도 당부하고 싶다. 공장에서 찍어내듯 서로에게 딱 맞는 상대는 어디에도 없다는 사실을 인식해 사명감을 가진 진정한 '사람의 참사랑 연구소'가 어디에 있는지 찾아야 한다는 것이다.

결혼할 마음만 있는 사람과 결혼할 준비가 되어 있는 사람은 천양지차 (天壤之差)다. 결혼할 마음은 누구든지 가질 수 있다. 그러나 제대로 준비되지 않은 사람의 끝은 남녀 할 것 없이 헛발을 딛는 꼴이며, 그것은 불행의 시작이자 행복의 끝이다.

프랑스의 작가 발자크는 인간의 지식 가운데 결혼에 관한 지식이 제일 뒤떨어져 있다고 지적했다. 결혼은 선택하고, 선택의 대상이 되는 절체절명의 과제를 안고 평생을 함께 해야 하는 책임감, 지혜와 명철함, 헌신과 사랑이 있어야 하고, 믿음이 바탕이 되어야 하는 인생의 총체적 실행 능력을 요구하는 어려운 과제의 대장정이다.

이미지 컨설턴트인 존 몰로이는 상대를 선택(Object Choice)하는 데 너무나 많은 사람들이 시행착오를 겪는다는 것을 그의 저서에 피력했다. 실패의 많은 요인들 중에 같은 처지의 사람을 만나 결혼에 성공하면 의외로 시간이 흐르면서 실패할 확률이 높다는 보고가 있다. 물론 모든 사람이 다 그렇다는 것은 아니다. 같은 처지의 외로움이나 정서적인 박탈감을 가진 사람들끼리는 처음에는 어렵지 않게 친해질 수 있는 공통의 소재를 가지고 있다. 그러다가 결혼에 이르면 그동안의 굶주림과 이해의 폭을 더 넓게, 더 높게 요구하고 갈망하게 되면서 사랑, 그 이상의 요구를 하게 된다는 것이다. 만일 충족이 없거나 약하게 되면 술, 도박, 외도, 폭력, 춤바람, 명품 등의 유혹에 빠져 마음의 빈 곳을 채우려 하고, 또 다른 것(사람, 물건)에 시선을 빼앗기게 된다는 것이다. 폭식으로 인한 고도 비만도 이러한 종류의 정신병에 속한다고 볼 수 있다.

그리고 이러한 관계가 지속되는 경우, 부부만의 건강하고 건전한 성행위도 로맨스가 없는 변태적이고 강압적이며 이기적인 행위로 변질된다는 것이다. 숨겨진 이기심이 존재할 때 그것은 진정한 사랑이라고 표현하기 어렵다. 자신을 바쳐 상대를 받들고 보호하는 책임감이 투철한 관계일 때 인생의 진정한 동반자라고 할 수 있는 것이다.

동물이건 식물이건 모든 생명체는 짝짓기의 본능을 가지고 있다. 그렇다고 해서 분명 나와 짝이 아닌데도 어떤 외형적인 조건으로 또는 명예가 있어서, 재물이 있으니까 등의 이유로 짝이라는 결론을 내린다면 실패는 불보듯 뻔하다.

인간은 사춘기가 되면 짝짓기의 본능이 표출된다. 사실상 이때부터 학교와 가정에서 참 사랑과 봉사에 대한 연구와 가르침을 자연스럽게 가르치고, 사회복지시설이나 종교 단체에서 재훈련한다면 어른이 되어 겪어야 할 혼란과 실패를 줄일 수 있다.

독일의 인류학자이자 의사이며 철학자인 루돌프 슈타이너 박사의 인지학(人智學) 학교인 발도롭 학교는 7년 주기의 담임선생 제도를 시행해 아이와 선생의 정신과 몸이 완전히 합일해 완전한 인성을 구축하도록 혼신의 힘을 쏟는다. 여기서 '완전'이라는 뜻은 성적이 좋고 나쁨이 아니라 참 인간 만들기의 초석을 말한다. 그리고 다시 7년의 청소년기와 다시 7년의 성년 도입기를 맞으면서 '참 인간 만들기'의 학습장이 되는데, 그 결과 수많은 우수한 인재를 배출하게 되었다. 사랑과 행복이 성적순이 아님을 명확하게 제시해 준 좋은 본보기인 것이다.

혈액형 과학은 혈액형이 함축하고 있는 수많은 정보를 통해 생명의 신비를 과학적으로 풀어내는 생명본질 과학이다. 또한 인간학이자 심층심리학이며, 사회학(비즈니스)이자 체질학이다. 그러면서 우리 삶의 질을 높이기 위한 합리적이고 구체적인 첨단과학이다. 사람의 체질을 제대로 파악하면 돈도 벌고 병도 고칠 수 있다. 그래서 다음과 같은 체질별, 혈액형별 인간과학을 제시한다.

많은 학자들이 남모르게 고심하고 연구한 데이터를 세상에 내놓기까지 많은 세월을 사명감 하나로 살아 왔다. 참다운 백성의 의로운 아비임을 보여준 『동의보감』의 허준, 『사상의학』의 이제마, 침의 달인 사암 도인 등 시대를 앞선 선각자들에게 머리 숙여 감사하지 않을 수 없다.

이제는 우리의 교육 현실을 안타까워만 할 것이 아니라 뜻을 가진 몇 사람이라도 등불을 밝혀야 한다.

그래서 '한국 셀프 힐링 파워 연구소(사람의 참사랑 연구소)'에서는 '참 사람 몸 만들기'와 '스스로 자연치유법'으로 정신적 스트레스와 현대병으로 고통 받는 사람을 위해 다음과 같은 프로그램을 실행하려고 한다.

사람의 참 사랑 연구소

혈액형 과학(인간학)과 에너지 응용의학(인간 에너지학)을 접목한 과학과 휴머니즘을 겸비한 방법을 소개한다.

- 본인의 혈액형과 부모의 혈액형을 반드시 알아낸다.
- 그동안 먹은 음식물을 조사한다.(건강 설문지 참고)
- 체질과 기질, 에너지 응용의학의 과학적 방법을 통해 공명(共鳴 ; 합일의 높은 점수) 비공명(非共鳴 ; 어긋남의 높은 점수)을 가려낸다(이 방법은 특허를 받은 방법이다).

↕

- 회원들 간의 세밀한 정보를 과학적인 방법을 통해 불행한 사태(파혼, 이혼, 사고로 인한 죽음 등)를 미연에 방지하는 시스템적 인지학(人智學) 과학이다.

↕

- 가장 합리적이고 완벽에 가까운 상대를 분석, 선택한다.

↕

- 결혼 맞춤 서비스, 과학과 사명감으로 하는 총체적인 맞춤형

↕

- '완벽하다'는 답이 나왔을 때 비로소 선을 보인다.

↕

사람을 기본으로 하는 wedding 사업 컨텐츠(본 저작권은 발명 특허에 의한 것으로 이 방법은 법의 보호를 받는다.)

참고로 몸이 유익해지는 '총 164 가지 체질론과 그에 따른 식생활 개선책'은 각 혈액형별 식생활의 기본 패턴과 그에 대한 대안을 앞서 출간한 『혈액형과 체질별 식이요법』에 제시해 놓았다.

A형 12가지 체질과 각 절기별 4가지 체질—48가지 체질

B형 12가지 체질과 각 절기별 4가지 체질—48가지 체질

O형 9가지 체질과 각 절기별 4가지 체질 —36가지 체질

AB형 7가지 체질과 각 절기별 4가지 체질—28가지 체질

외에 Rh + 음 체질, 양 체질 그리고 Rh - 음 체질, 양 체질 4가지를 합해 164 체질이 된다.

A형

A형 가(父 A형 ↔ 母 A형) 안토중천형

A형 나(父 A형 ↔ 母 B형) 자창자화형

A형 다(父 B형 ↔ 母 A형) 작작유여유형

A형 라(父 B형 ↔ 母 AB형) 기변지교형

A형 마(父 A형 ↔ 母 O형) 일심정념형

A형 바(父 O형 ↔ 母 A형) 세답족백형

A형 사(父 A형 ↔ 母 AB형) 유지자사경성형

A형 아(父 O형 ↔ 母 AB형) 창왕찰래형

A형 자(父 AB형 ↔ 母 A형) 청경우직형

A형 차(父 AB형 ↔ 母 B형) 투합취용형

A형 카(父 AB형 ↔ 母 O형) 불필타구형

A형 타(父 AB형 ↔ 母 AB형) 사자심상빈형

🔴 'A형 가' 유형의 사람이 음력 동지에서 춘분 사이에 태어났다면 극음의 체질로 A형 안토중천(安土重遷)형, 목 체질에 속한다. 아버지가 A형, 어머니도 같은 A형인 목 체질은 간과 담낭은 왕성하나 폐와 대장이 허약하기 때문에 알콜성 간질병이나 과로, 흡연 등으로 질병을 부추기는 일은 삼가하는 것이 좋다. 안토중천이라는 뜻은 따뜻한 부모의 품과 고향의 품을 떠나 홀로 살기를 싫어하는 형으로 우주의 운기상 차가운 몸과 마음을 채워 줄(뜨겁게 해줄) 상대가 필요하다. 그래서 냉철한 외지(外地)보다는 안락한 부모의 품을 좋아하는 것이다.

- 『혈액형과 체질별 식이요법』 참조

B형

B형 가(父　A형 ↔ 母　B형) 사중구활형

B형 나(父　B형 ↔ 母　A형) 자신자의형

B형 다(父　B형 ↔ 母　O형) 촉중명장형

B형 라(父　O형 ↔ 母　B형) 귤화위지형

B형 마(父　B형 ↔ 母 AB형) 자하거행형

B형 바(父 AB형 ↔ 母　B형) 불요불굴형

B형 사(父　A형 ↔ 母 AB형) 물실호기형

B형 아(父 AB형 ↔ 母　A형) 특립독행형

B형 자(父　B형 ↔ 母　B형) 산계야목형

B형 차(父 AB형 ↔ 母 AB형) 현군고투형

B형 카(父　O형 ↔ 母 AB형) 수처작주형

B형 타(父 AB형 ↔ 母　O형) 분골쇄신형

🔴 'B형 나' 유형인 사람이 음력 하지에서 추분 사이에 태어났다면 B형

자신자의(自信自疑)형으로 금 체질에 속한다. 이 체질은 A형과 반대로 폐와 대장은 왕성하고, 간과 담 기능이 약한 편이다. 아버지가 B형이고 어머니가 A형인 'B형 나' 유형 금 체질은 흡연(체질에 맞지 않은 식습관)을 해도 심하게 폐, 대장 기능이 상하지 않는 것 같아 자신의 체질을 믿고 악습을 지속하다가 보면 어느 새 건강이 망가지는 낭패를 보게 된다. 특히 하지 바로 다음날부터 얼마간 사이에 태어나 여름의 하지 기운이 남아 있는 체질이기 때문에 화 체질과 금 체질의 복합적인 기운과 父 B형 + 母 A형의 복합적인 체질을 담고 있기 때문에 상당히 주의를 요하는 체질이다. 이것은 다른 체질도 마찬가지로 해당 절기의 앞, 뒤로 걸쳐져 있는 날의 체질을 받아 태어났다면 복합적인 요인으로 인해 먹을거리와 거주지 등이 상당히 민감해진다.

- 『혈액형과 체질별 식이요법』 참조

O형

O형 가(父 A형 ↔ 母 A형) 온유돈후형

O형 나(父 B형 ↔ 母 B형) 점어상죽형

O형 다(父 B형 ↔ 母 O형) 삼면육비형

O형 라(父 O형 ↔ 母 B형) 용양호시형

O형 마(父 A형 ↔ 母 B형) 낭중지추형

O형 바(父 B형 ↔ 母 A형) 수사지주형

O형 사(父 A형 ↔ 母 O형) 원전활탈형

O형 아(父 O형 ↔ 母 A형) 무상무벌형

O형 자(父 O형 ↔ 母 O형) 승위섭험형

예 'O형 가' 유형인 사람이 음력 추분에서 동지 사이에 태어났다면 O형

온유돈후(溫柔敦厚)형 수 체질이다. 아버지가 A형, 어머니도 A형인 'O형 가' 유형은 글의 뜻처럼 O형이지만, A형 부모의 기질과 체질을 닮아 O형 같지 않은 형으로 사람들에게 착하다는 평을 듣는다. 그래서 O형 같지 않다는 소리를 듣게 된다. 그것은 장점일 수도 있고, 단점일 수도 있다. 온건주의며 비교적 실패가 없는 삶을 영위하는 편이나 통찰력이 부족해 상대의 마음을 잘 읽지 못해 공연히 시간을 낭비하는 경향이 있다. 심적인 부담으로 과도하게 술, 담배에 매달리면 건강이 망가지는 폐해를 맛보게 된다. 체질에 맞는 식품으로 건강 체질식을 하고, 상대는 좀 더 추진력이 있고 적극적인 인생을 사는 사람이어야 한다.

- 『혈액형과 체질별 식이요법』 참조

AB형

AB형 가(父　A형 ↔ 母　B형) 장두은미형

AB형 나(父　B형 ↔ 母　A형) 요란춘풍형

AB형 다(父　B형 ↔ 母 AB형) 이능불이단형

AB형 라(父 AB형 ↔ 母　B형) 관인대도형

AB형 마(父 AB형 ↔ 母　A형) 명정언순형

AB형 바(父　A형 ↔ 母 AB형) 철심석장형

AB형 사(父 AB형 ↔ 母 AB형) 고식지계형

예 'AB형 가' 유형인 사람이 음력 춘분에서 하지 사이에 태어났다면 AB형 장두은미(臧頭隱尾)형 화 체질에 속한다. 아버지가 A형, 어머니가 B형인 'AB형 가' 유형 화 체질은 심장과 소장은 강하게 태어났지만, 신장과 방광은 허약하게 태어났다. 강하다고 해서 너무 과도하게 남용하면 그로 인한 화를 부르고, 약한 부분은 더 약화되어 체질의 부

남용하면 그로 인한 화를 부르고, 약한 부분은 더 약화되어 체질의 부조화가 일어나게 된다. 이 체질은 장두은미라는 뜻이 말해주듯 근본 기질은 머리를 감추고 꼬리를 숨기는 꼴의 값이다. 이러한 체질이 밤샘 작업(PC방 운영, PC 작업, 온라인 게임 등)을 하거나 체질에 맞지 않은 인스턴트 음식을 먹는 일이 잦으면 10대, 20대에 악성 암 체질에 노출될 수 있다.

- 『혈액형과 체질별 식이요법』 참조

몇 년 전 아버지와 같이 나를 찾아와 상담을 한 16세 남자 중학생은 'AB형 가' 유형으로 카포시 육종(Kaposi's sarcoma)이라는 종양이 생긴 케이스였다. 피부암을 일률적으로 말하기는 곤란하지만 피부에 암이 생기면 기타 부위에 발생하는 암과 마찬가지로 급속히 발육해 주위 조직을 침범하고, 원격 부위에 전이를 일으키며 예후가 좋지 않은 것이 일반적인 특징이다. 현대의학은 그 원인을 X선과 같은 방사선, 화상, 창상, 반흔, 궤양, 만성 자극 및 열 등을 포함한 외상, 일상생활이나 직업적으로 계속 접촉하는 화학물질, 체질(특히 악성 흑색종의 경우), 선천적 · 후천적 면역억제 상태 및 암 전구증세 등을 들 수 있다고 진단한다. 외과적으로 낙엽과 같이 생긴 환부를 절제하거나 방사선을 쏘이고 전기적으로 외과술을 하고 냉동요법, 화학 외과술, 화학요법(전신 및 국소적), 레이저 광선요법을 시행한다.

이 경우에는 본래의 자리에서 발생하는 원발암(原發癌)과 다른 장기의 암으로부터 전이되어 발생하는 암(轉移癌)의 두 가지로 구분될 수 있는데 원발암에는 기저세포암(基底細胞癌)과 편평상피암(偏平上皮癌)이 가장 흔한 형태이며, 그 외에도 악성 흑색종(melanoma), 카포시육종, 패젯트병(Paget's disease), 균상 식육종(mycosis fungoides) 등이 있고 백인(白人)들에게서는 가장 흔한 악성 종양으로 알려져 있다.

3

쌀을 알면
질병은 문제없다

체질에 맞는 식생활 길들이기

쌀을 알면 질병은 문제없다

예로부터 우리는 '밥이 보약' 이라는 말을 자주 들어왔기 때문에 그 말이 평범한 것 같아도 사실 그 말은 보약같은 말이다. 쌀뜨물만 해도 얼마나 생활에 유익한지 모른다. 쌀뜨물은 첫째, 물을 깨끗이 하는 세정작용으로 좋은 물을 만든다. 둘째, 악취를 없애 좋은 공기를 만든다. 셋째, 곰팡이 균을 제거해 주변 환경을 지킨다. 넷째, 식품 (철기 그릇, 용기, 자동차) 등의 산화를 방지한다.

현미는 쌀눈이 살아 있어 그 생명력은 강조하지 않아도 누구나 다 아는 사실이다. 나는 쌀의 생명력에 행복한 파동을 입력하는 방법을 도입해 밥만 먹고도 행복을 느낄 수 있는 새로운 기능의 쌀을 연구하고 있다. 체질별, 혈액형별로 쌀을 분류하는 작업을 끝낸 상태에서 특허 출원을 계기로 본래의 목적인 행복 파동을 세상에 퍼트리기 위한 실험에 돌입한 것이다. 체질별 쌀로 밥을 해먹고, 행복 파동의 쌀로 행복한 세상이 된다면 나는 행복한 인생을 살다간 사람 중의 한 사람일 것이다.

쌀뜨물 발효액 만들기

쌀뜨물 17L + 당밀 200cc + EM 200cc(20L 기준)

쌀뜨물 1.5L 페트병 + 당밀 1뚜껑 + EM 1뚜껑

〈만들기〉

1. 쌀을 씻으면서 갓 받아 낸 신선한 쌀뜨물 20L를 준비한다.

2. 아주 단단한 PVC 용기에 17L 정도 채운다.

3. 담황색의 끈적끈적한 액체(사탕밀)인 당밀(糖蜜) 1L를 혼합한다.

4. 통을 잘 흔들어 천천히 녹인 다음 *EM 1L를 넣고 뚜껑을 밀폐해 다시 흔든다.

5. 여름철에는 그늘에 두고 겨울철에는 실내에서 이불로 감싸 보온한다.(25~35℃ 이하 유지)

6. 약 10일 가량(30℃ 기준) 지나면 향긋하고 시큼한 냄새의 PH 3.5~3.7 내외의 쌀뜨물 발효액이 완성된다.

주의 : 발효 과정에서 통이 터지거나 뚜껑이 빠져 나갈 수 있으니 단단한 용기를 택한다. 간혹 뚜껑을 열고 가스를 제거해 주면 좋다.

〈쌀뜨물 이용하는 방법〉

1. 세탁할 때 헹굼 물로 사용하면 좋다. 세제의 양을 줄일 수 있다(약 5kg의 빨래에 500cc 전후).

   처음 사용하는 경우, 세제를 넣기 전에 넣고 2~3시간 방치한 다음 세제를 넣어 세탁한다(5kg에 1L전후). 때가 진한 양말, 신발, 수건, 내의류, 걸레 등은 1~10배 희석한 물에 5~6시간 이상 담가 둔다(세제를 사용하지 않아도 된다). 세탁기를 사용할 경우, 삶거나 손으로 문지르지 않아도 된다.

2. 목욕할 때 이용한다.

목욕물에 1,000~2,000배 정도 희석하거나 린스 대신 10~100배 희석액을 사용
하면 좋다. 목욕이 끝난 다음 물기 있는 몸에 뿌리면 바디 로션이 필요 없어 경제
적이고 건강에 좋다.

3. 세제와 병용해서 이용한다.

액체 세제와 쌀뜨물 발효액을 1:2로 섞어서 사용한다(장기간 보관해도 문제없
다). 계면 활성제가 방해를 받아 거품이 적게 난다 해도 환경오염을 막고 세제의
사용량을 줄일 수 있어 무엇보다 경제적이다.

4. 자동차 유리 앞면과 수질 정화에 이용한다.

남은 우유를 넣고 발효 쌀뜨물을 만든 후 자동차 앞 유리에 분사하면 황사나 때가
덜 낀다. 워셔액을 덜 사용하게 되어 경제적이며, 자동차에 녹이 스는 폐해도 막을
수 있다. 걸레, 행주, 물수건 등을 쌀뜨물 발효액에 5~6시간 이상 담가 둔다. 세탁
기에 넣고 돌리면 표백제 ,유연제, 등의 세제를 사용하지 않아도 된다. 쌀뜨물을
유용하게 이용함으로서 정화조의 악취를 제거하고, 생활 하수로 인한 악취가 없
어진다. 정화조의 물과 슬러지의 재활용이 쉬워진다.

* EM이란 유용한 미생물들이란 뜻으로 Effective Microoganisms의 약자이다. 일
반적으로 누룩 균, 유산균, 효모, 방선균, 광합성 미생물 균 등 인류가 오래 전부
터 식품의 발효에 활용해 왔던 미생물들이다. 이 미생물들은 서로 공생하면서 부
패를 억제하고 항산화 작용, 혹은 동질의 유익한 균을 생성시킨다. EM의 활용은
자연을 소생시키는 방향으로 끌어가는 역할을 한다. 나아가 이러한 미생물들을
공생시킴으로써 깨끗한 환경을 창출하고 지키자는 의미가 큰 것이다.

출처 : 블로그명-♬내 마음의 풍경♪

쌀은 여성성(女性性)을 하고 있다

우리네 어른들은 '쌀 샀다' 라는 의미로 '쌀 팔아 왔다' 또는 '쌀 팔아 올께' 라는 표현을 자주 사용했다. 그런가 하면 아주 귀하고 소중한 것을 표현할 때는 쌀의 부스러진 조각(쌀의 부스러기)을 뜻하는 '금싸라기' 라는 표현으로 쌀의 귀함을 나타냈다.

한때 하이브리드 쌀(hybrid rice)이라는 생산량의 증대와 다품종의 기대를 걸고 탄생한 유전조작을 이용한 잡종 제1대의 쌀도 있었으나, 제2대부터는 성질이 고르지 않고 생육이 좋지 않아 재배에 부적합하다는 판정을 받은 바 있다.

쌀을 연구한 학자들에 의하면 쌀의 주 원산지로 추정되는 곳은 동남아시아, 태국의 북부에서 라오스를 걸치는 지역으로 이곳에 사는 라오족(族)에 의

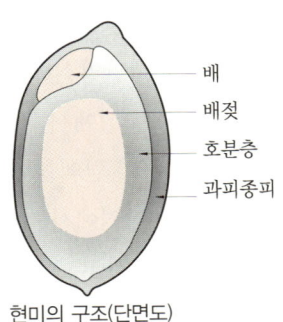

배
배젖
호분층
과피종피

현미의 구조(단면도)

한 것이라고 한다. 라오족은 쌀은 단순한 먹을거리의 곡물이 아닌, 영혼을 갖춘 '신의 선물'이라고 믿었다. 쌀을 하나의 인격체로 보았으므로 우리네 계산법으로 논 몇 마지기면 쌀이 몇 가마니 하는 경제 논리가 아닌 '쌀 종교'라는 표현이 더 맞는다는 얘기다.

이 지역에는 쌀과 관련된 신화와 전설이 많이 남아 있다고 한다. 마치 우리네 흥부와 놀부의 제비와 박씨 이야기처럼 인간의 먹을거리를 염려한 신의 명령을 수행하기 위해 새가 된 작은 신이 하늘이나 다른 성지(聖地)에서 벼 이삭을 물고와 땅 위에 떨어뜨려 싹이 생겨났다는 설, 죽은 여자의 시체에서 야자열매, 코코야자, 좁쌀 등의 식물과 함께 쌀이 생겼다는 설이 그것이다.

라오족은 종교 행위의 의식을 치루면서 쌀의 생성이 초자연적인 현상이라고 믿는 경향을 보이는데 한국을 비롯한 동남아시아의 중국·일본 등지에서는 보기가 힘들어진 의식행위이다. 조·보리 등의 곡물을 재배하는 민족은 곡식류를 신성시 여기는 곡령관념(穀靈觀念)을 가지고, 쌀 재배 민족은 쌀을 신성시 여겨 쌀이 풍요(豊饒)와 다산(多産)과 여성성(女性性)과 임신, 출산과 밀접한 관계가 있다고 믿었다. 라메트 족(族) 또한 쌀의 신성함을 믿어 창고가 비면 신이 노해 기근과 질병을 몰고 오는 것으로 굳게 믿었다.

특히 인류의 생활양식이기도 한 모성 본능은 수렵시대의 동물을 먹을거리로 하던 남성 중심에서 여성 중심으로 넘어가던 시대적 배경을 뒷받침해주는데 이때 A형의 혈액형이 탄생했다.

라오스 북부 지역에서는 추수감사제인 수확제(收穫祭)를 올릴 때 어머니를 축복하는 행사로 최후의 볏단으로 인형을 만든다고 한다. 쌀을 수확할 때쯤이면 맨 마지막 볏단 속에 신이 머문다고 믿었던 것이다. 지금 한국의 쌀 재배 문화인 수확한 쌀로 떡을 만들어 제를 올리고 이웃에게 돌리는 풍습도 추수감사제인 수확제와 흡사한 형태로 보아야 할 것이다. 쌀에게 인격을 부여한다면 다분히 A형의 여성성이다.

그래서 A형에게 쌀은 잘 맞는 곡식이다. 그리고 겨울에 태어난 A형 수 · 목 체질은 냉하고, 위 기능이 섬세하기 때문에 현미를 상식하되 몸을 데워 주는 찹쌀 현미를 적정량 혼합해서 즐기면 보약이 따로 없다.

쌀의 역사,
멥쌀과 찹쌀의 구분

벼의 재배 시기에 대해 연구한 고고학자들에 따르면 한국의 벼 재배 시기는 기원전 2,000년경으로 중국으로부터 들어온 것이라 한다. 인도에서는 BC 7,000~5,000년에, 중국은 BC 5,000년경(神農時代)부터 벼를 재배했으리라 보고 있다. 선사시대의 유적지에서 발굴된 탄화된 쌀이나 벼의 탄소 동위원소 연대추정(carbon dating) 및 기타 고고학적 증거로부터 벼의 재배 시기를 추정할 수 있었던 것이다.

1000여 년 전, 통일신라시대부터 벼의 생산량은 증가해 쌀은 오늘날 우리 식생활에 없어서는 안 될 중요한 부분을 차지하고 있다. 5~6세기경까지만 해도 쌀은 귀족의 식품으로 고려시대에는 물가의 기준이었고, 돈을 대신하기도 해 귀중하게 취급되었다. 조선시대에는 쌀의 생산량이 좁쌀에 미치지 못하였으나 차차 좁쌀보다 생산량이 증가해 곡류의 대표가 된 것으로 보인다.

음력으로 7월 보름은 백중이라고 하여 머슴들을 위한 명절로 전해진다. 옛날 부잣집에서는 1년에 한번 백중 때 머슴의 봉급 1년 치를 쌀로 계산해 선불이나 후불로 내주었다. 보통 쌀 10가마 정도를 받는 일꾼을 상(上)머슴, 쌀 6~9가마를 받는 머슴을 중(中)머슴, 5가마 이하를 받는 일꾼을 애기소(小)머슴이라고 했다. 그들은 1년 동안 주인집에서 먹고 자면서 농사 일은 물론 땔감이나 가축 키우는 일을 도맡아 했다.

한국에 쌀이 보급되기 이전에는 잡곡(보리, 밀, 기장, 조) 등을 주식(主食)으로 하였으나 쌀이 들어오면서 수제비나 국수류의 분식(粉食) 중심에서 밥 중심의 식생활로 전환되었고, 한국사회에서 쌀의 가치와 농법이 정치·경제 그 무엇보다 우위에 있었음은 먹을거리의 귀함을 말해준다.

1970년대 한국에서 재배되기 시작한 통일미 쌀은 일본형과 인도형을 교잡해 수확량이 많은 새 품종으로 육성한 것으로 현재는 재배되지 않는다.

세계에서 생산되는 쌀은 크게 일본형과 인도형이다. 일본형은 일본을 비롯한 미국 캘리포니아 주(州)와 한국, 중국의 중부와 북부, 브라질, 에스파냐 등에서 생산되고 있으며, 인도형은 미국 남부, 동남아시아, 중국 남부를 비롯해 인도 등에서 생산되고 있는데 인도 형은 일본형에 비해 쌀알이 길고, 밥을 지었을 때 끈기가 없고, 부슬부슬 날아갈 것 같아 한국인이나 일본인의 입맛에는 맞지 않는다. 보통 밥을 지어 먹는 것은 메벼로 찧은 멥쌀(粳米)인데 배젖이 반투명하고 광택이 있다. 반면 찹쌀(糯米)은 배젖이 희고, 불투명한 것이 많은데 주로 인절미나 찰밥을 만들어 먹는다.

쌀의 전분은 아밀로오스와 아밀로펙틴 두 가지로 나뉜다. 멥쌀과 찹쌀은 벼의 싹이 틀 때 배(胚)의 양분이 되는 배젖의 전분 조성이 다르다. 멥쌀은 약 80% 정도만 아밀로펙틴으로 되어 있고, 나머지 20%는 아밀로오스로 되어 있다. 멥쌀의 아밀로오스 함량은 품종에 따라 차이가 있는데 한국인이 좋아하는 쌀은 아밀로오스 함량이 16~20% 정도이다. 일반적으로 쌀의 구성 성분은 90%가 전분이고, 단백질이 7~9%를 차지하며 약간의 지방이 들어있다. 찹쌀은 배젖 전분이 거의 100% 아밀로펙틴으로 되어 있고, 국내에서 생산되는 찹쌀의 비율은 전체 쌀 생산량의 10% 이내에 불과하다.

찹쌀은 요오드 용액으로 염색시키면 적갈색으로 변하고, 멥쌀은 청람(靑藍)색(쪽의 잎에 들어 있는 천연적인 색소의 남색)으로 비교적 구별하기가 쉽다.

쌀은 크게 쌀알의 모양과 재배 지역에 따라 인디카, 둥글고 짧은 자포니카(japonica), 자바니카(javanica)의 3가지로 분류되는데 자바니카는 인디카와 유사하므로 흔히 인디카와 자포니카(단·중립형)로 나눈다. 길고 가느다란 인디카(장립형)는 알갱이가 길고, 가느다랗고, 푸석거리는 쌀로 흔히 '안남미'라고 부르며, 현미 낟알 1천 개의 무게가 25g 전후로 원산지는 중국 남부와 동남아 베트남이다.

한국에서 나는 쌀은 자포니카에 속하는데 현미 낟알 1천 개의 무게가 19~23g정도이며, 한국, 중국 중·북부와 일본이 주산지다. 자포니카는 아밀로오스의 성분이 17~20%인데 반해 인디카는 아밀로오스 함량이 25%나 된다. 아밀로오스가 적을수록 찰기가 더 많은 셈이다. 찰기가 뛰어난 찹쌀은 아밀로오스가 전혀 들어있지 않다. 이 두 가지의 쌀은 화학성분과 영양 가치상 다를 바가 없지만 밭에서 재배되는 것을 육도(upland rice)라고 하여 끈기가 떨어져 밥맛이 없고, 한국의 논에서 재배되는 것을 수도(paddy rice)라고 하여 밥맛이 월등하게 좋다는 평이다.

쌀의 특성

일본형(Japonica type)

- 성숙 후 껍질이 종실(배유 부분)에 밀착하여 분리되지 않는 것.
- 벼의 키가 작음
- 쌀알이 둥글고 굵으며 단단함
- 세포막이 얇아 쉽게 파괴되어 전분립이 세포 외부로 방출되어 호화(점성이 강함)
- 아밀로오제 함량 : 17~27%
- 호화온도 : 65~67℃ (멥쌀)
- 한국, 일본, 중국 동·북부 중심으로 분포

인디카형(Indica type)

- 성숙 후 껍질이 종실에서 잘 분리되는 것.
- 벼의 키가 큼
- 쌀알이 길고 부스러지기 쉬움
- 세포막이 두꺼워 파괴되지 않아 전분립이 세포막 내에서 호화(점성이 약함)
- 아밀로오제 : 27~31%
- 호화온도 : 70~75℃
- 인도, 동남아시아 중심으로 분포

쌀의 활용도와
쌀 식품 파동부합률

쌀의 활용도를 높여 발명된 항암 효과가 있는 쌀이 화제라고 한다. 전라남도 진도군과 정읍, 경상남도 합천군 등에서 쌀에 특별한 기능을 부여해 인간이 좀 더 건강하게 살고, 삶의 질을 높일 수 있는 품종으로 쌀을 발명한 것이다.

이 쌀은 생약 추출물 조성물로 코팅된 기능성 쌀로, 각종 생약 추출물을 포함해 항암 효과를 보이는 쌀 코팅용 조성물을 이용했다. 기능성 물질이 쌀에 부착되어 맛과 영양 및 기능이 보다 향상된 쌀이다. 상황버섯, 운지버섯, 표고버섯, 느타리버섯, 황정, 백화사설초, 겨우살이, 삼백초, 금은화, 구기자, 지치의 추출물 등에 포함되어 있는 항암 효과를 쌀에 더한 것이다.

나는 위의 방법 외에 컬러쌀(밥)을 통한 식의처방(食醫處方)론으로 온라인과 오프라인에서 건강을 관리할 수 있는 체질별, 혈액형별 식단 시스템 발명 특허를 취득했다. 이러한 발상의 계기는 서구형의 인스턴트 식문화가 자리 잡고, 외식 산업의 다변화로 쌀의 소비량이 줄어 국민의 영양과 건강에 나쁜 영향을 주고 있는 현실이 안타까웠기 때문이다. 쌀에서 얻는 열량은 47%, 단백질은 30%로 영양학상 쌀이 갖는 가치는 크다.

다음은 일본의 세계적인 파동 에너지 연구소의 에모토 박사가 발표한 쌀과 인체와의 적합성을 파동 과학적으로 분석한 자료다.

구 분	특수 처리쌀 컬러쌀 *자광미 (慈光米) 게르마늄 키토산	현 미	배아미	백 미	백 미	할 맥
면역 파동	15	17	9	−2 파동 저조	1	11
스트레스	12	10	9	2	0	9
억울한 감정	14	17	9	1	0	6
수은 독소	3	9	5	−3	−6	6
납 독소	−	−	−	−	−	−
알루미늄 독소	−	−	−	−	−	−
초단파	−	−	−	−	−	−
방사능	−	−	−	−	−	−
암	−	−	−	−	−	−
	계약재배	유기농법	저분도	90년도	91년도	보리쌀
평가	○	○	○	환경적 조건이 다른지역	환경적 조건이 다른지역	○

현대의 우리 식단은 '밥이 보약이다' 라는 가치를 중요하게 생각하
지 않는 듯하다. 비단 영양학적인 측면뿐만 아니라 핵가족
화 된 식탁으로 가족 화합의 시간마저 외식문화에 빼앗겨 진정한 밥상머리
교육이 사라져 버렸다.

먹을거리는 우리의 정신세계를 지배한다. 지금 남한의 인구가 4천만 명
을 훨씬 넘어섰다. 1,500만 섬의 쌀 생산량은 턱없이 부족한 실정으로 쌀
수입은 필연적이다. 그러나 중요한 것은 우리의 정신까지 수입한 쌀에 뺏
기게 생겼다는 데 있다. 이러한 밥상 문화를 염려해 체질별, 혈액형별 밥상
처방과 관련한 특허 출원을 하게 된 것이다.

'줌마넷' 주부대표 아줌마들이여, 쌀 색깔을 바꿔라

주부는 체질학자가 되어야 하고, 주부의 손이 약손이 되어야 가족이 병에 걸리지 않는다. 그러나 보통 주부들은 자신의 취향대로 장을 본다.

내가 어렸을 때는 비닐하우스가 사계절의 개념을 지배하기 전이었기 때문에 봄에는 봄나물이, 여름에는 여름 과일이, 가을에는 가을걷이의 수확물이 식탁 위에 올라왔다. 그러나 지금의 젊은 주부들은 먹을거리의 계절 감각을 잃어버린지 오래다. 즉 자연의 섭리를 잊은 채 살고 있는 것이다.

우리의 인체는 계절을 잊고 살거나 먹을거리가 왜곡되면 여지없이 그 생체파동이 각 장기에 그 주파수만큼의 미세한 진동을 일으켜 파동난조(波動亂調)를 일으키게 되어있다. 질병은 유익한 에너지가 유입되지 않고, 자신에게 불리한 에너지가 몸에 유입된 결과 발생하는 생체파동의 난조, 즉 어지러움으로부터 시작된다.

각종 알레르기, 난치병, 불치병은 공연히 생기는 것이 아니라 생체파동의 난조라는 것을 인식해야 한다. 그리고 이제라도 주부들은 혈액형별 생체학, 동양체질학, 우주의 섭리를 깨닫는 파동학을 공부하고 연구해 자신의 몸과 가족들의 심신을 위해 어떻게 살고 어떤 먹을거리를 준비해야 하는지 알아 그것을 실행에 옮겨야 할 것이다. 강조하지만 복 있는 인생을 만들기 위해서는 먹을거리의 선택이 매우 중요하다.

예를 들어 O형의 화 체질인 주부가 자신의 입맛대로, 자신의 체질에 맞는 식재료를 사다가 밥상을 준비해 아이들을 먹인다고 가정하자. 온 가족이 모두 O형의 화 체질(열 체질)이라면 다행이다. 그러나 그 가정에 가을, 겨울에 태어난 음 체질의 A형 아이가 있거나 가을, 겨울에 태어난 B형, AB형 수·목 체질이 있다면 알레르기를 비롯한 이런 저런 병을 안고 살아갈 것이다. 무지한 엄마에게서 태어난 죄로 억지 인생에 억지 음식을 먹으며 살고 있는 것이다. 그래서 흔히 쓰는 '아이구, 다 내 죄야' 하는 말이 틀린 말은 아니다.

이제는 말하고 싶다. 건강을 위한다면 정신을 차리고 제대로 살아야 한다고 말이다. 누군가 정보의 홍수에 빠진 상황주의자(situationalist)가 되지 말자고 말했다. 삶의 질에 관한 좀 더 적극적인 자세와 매크로바이오틱(macro biotics)적인, 즉 최상의 삶의 방식인 정식법(正食法)의 가치관을 가져 미래 지향적인 각오와 비전을 갖자고 말이다.

매크로바이오틱의 창시자 사쿠라자와 유키가즈 선생은 일본보다는 프랑스에서 더욱 명성을 얻은 제3의학의 선각자(프랑스 名－George Ohsawa)이다. 일본의 종전 후 음식 치료법을 슈바이처 박사에게 전수하기도 했으며, 100％의 사망률을 보이는 열대성 궤양에 걸렸을 때 음식만으로 자가치료를 해 쾌유된 사례는 너무나 유명한 일화다.

1966년 타계한 후 수제자인 구시 미치오 선생에 의해 전 세계 1만 개 이상의 매크로바이오틱 전문 식품점이 성황리에 운영되고 있다. 그는 난치병 환자를 구제하고 세계평화를 실현한 공로로 UN 표창을 받기도 했다. 그를 추종하는 세계의 수많은 추종자들이 오늘도 식의사인 구시 선생을 만나기 위해 도쿄로 몰려들고 있다. 그들은 매크로 식사법을 전수받아 세계평화를 실현하고 있는 이 시대의 진정한 예방의학자들이다. 지금 유럽인들은 이러한 제3의학적인 먹을거리로 차린 식탁을 자랑으로 여기며 살고 있다.

줌마넷 웹진 대표 아줌마들이여! 유전자 재조합 식품과 불량한 호적을 가진 음식들이 우리의 남편과 아이들의 체질을 망가뜨리고 우리의 밥상을 지배하고 나선 이 상황에서 뒷짐만 지고 있을 수는 없지 않은가?

생명공학자들은 이제 품종 개량 차원이 아닌 사람과 식물 간의 유전자 재조합을 통한 동·식물 잡종 세포를 만들어 유전자 재조합 약물을 만들었다고 호언하고 나섰다. 2005년 5월 23일 유럽 연합의 뉴스를 인용한 보도 내용은 섬뜩했다. 유전자 재조합의 동물실험 결과 동물의 콩팥이 줄어들고, 면역력과 혈액체계에 이상 손상이 일어났으며, 이 사실은 우연히 발견된 기밀문서에 의해 밝혀진 사실이라는 것이었다.

두뇌가 명석하고 윤리와 도덕을 실천하는 AB형들이여, 참고 당하고만 있을 것인가? 기생충 알이 덕지덕지 묻은 김치를 보고만 있을 것인가? B형들이여, 그대들은 암에 걸리지 않을 비법과 자신이 있는가? 자신의 생명을 위해 우리의 식탁을 점령한 유전자 재조합 식품과 퓨전 요리가 아닌 인간 본연의 토종 먹을거리를 찾아 나설 용기가 없는가?

혈액형은 생로병사의 비밀을 담고 있다

A형 음 체질로 하체가 통통한 체질인 나에게는 전통음식 중 매운 고추장 맛이 나는 된장찌개와 마늘과 생강향이 진한 총각김치와 파김치, 연뿌리 졸임 그리고 욕심을 더 내면 계절별로 나는 매큼한 산나물 무침이면 진수성찬이다. 그래서 외국에라도 나가려고 하면 제일 큰 고

민이 먹을거리다.

그나마 A형의 민족성을 지닌 일본의 음식문화와 러시아, 영국, 독일의 자연주의가 빚어내는 오묘한 먹을거리와는 대체로 잘 맞는 편이다. 일본 음식의 달착지근한 맛은 별로지만 그 원조가 우리 한국으로 알려진 무우 장아찌나 콩으로 만든 발효 음식류(낫또)는 파동이 잘 맞아 먹고 난 후에도 뒤탈이 없다. 이렇게 자신의 체질을 잘 살펴 먹을거리를 취하면 주낭반대(酒囊飯袋; 정신적으로 빈자가 헛되이 음식(술)만 많이 주머니(뱃속)에 집어넣는다)는 되지 않으리라 생각한다.

이제는 세계를 하나로 묶는 유비쿼터스의 시대이다. 재테크의 기준이 된 브랜드 아파트는 그 안에 사는 사람들을 같은 색으로 묶어 오히려 고유한 삶을 황폐한 체질로 살게 하는데 한몫했다. 이제 귀족의 캐슬, 개성이라는 용어의 참뜻이 새겨진 건축, 인테리어 문화도 체질별로 구분지어 참살이를 실천할 때가 왔다. 1998년부터 미국국립보건원(NIH)은 대안 의학실을 운영해 국민들의 참살이를 위해 국방예산보다 훨씬 더 많은 돈을 투자하고 있다.

남녀노소 할 것 없이 가지고 다니는 휴대폰 역시 몇 만 화소와 다기능, 초소형을 자랑할 것이 아니라 그 사람만의 혈액형별 맞춤 먹을거리와 건강 정보를 제공해 주고 유사시에 사용(갑자기 뇌출혈이나 체했을 때)할 수 있는 사혈침이라도 달려 있다면 얼마나 유익한 정보폰이 되겠는가?

A형, B형, AB형의 혈액형을 가진 사업가에게 부탁하고 싶다. 세계 장수국의 컨셉을 벤치마킹하는 묘안을, 그리고 먹을거리를 통한 국민들의 건강을 살펴달라고 말이다.

이제 우리의 주식인 쌀만이라도 혈액형 체질별로 가족을 먹이는 운동을 벌려야 한다. A형은 냉한 체질을 개선하는 붉은색의 쌀로, B형은 산만한 체질을 바로잡는 녹색의 쌀로, AB형은 까다로운 체질과 기질을 바로잡는 오묘한 두 가지 색의 쌀로, O형은 아집과 오만을 바로잡는 진한 갈색의 쌀로, 그리고 각 절기별로 고안해 낸 쌀로 온 국민의 올바른 밥상 문화가 변화되기를 바란다. 특히 어린 아기는 다음과 같은 이유식으로 삶을 시작하는 것이 좋다.

영아용 첫 이유식 때 사용하는 쌀 미음

혈액형	효과적인 쌀	기능 및 효과
A형	붉은(홍) 쌀 5분도	위와 장을 튼튼하고 따뜻하게 하는 찹쌀 미음, 당근 미음, 대구살 영양 죽, 연두부 당근 죽, 동태살 당근 죽
O형	검은 쌀(진갈색) 6분도	칼슘과 비타민이 많은 흑미 미음, 사과 미음, 율무 버섯 죽, 배 미음, 양배추 미음, 쇠고기 미역 죽
B형	녹색 쌀 6분도	구수한 맛의 보리 미음, 단호박 미음, 흰 살생선 다시마 죽, 흑미 밤죽, 흑임자 배추 죽, 미역 새우살 죽
AB형	연 브라운색 쌀 5분도	제철에 더욱 영양이 좋은 애호박 미음, 브로콜리 닭살 죽, 녹두 찹쌀 죽, 감자 배추 죽

잘못된 식단과 바람직한 식단

얼굴을 보고 사람들은 '생긴 대로 논다' 라는 말을 하거나 꼴값을 운운하기도 한다. 참으로 근거 있는 말이다.

요즘 트랜스 지방이 화두로 떠오르고 있다. 이것은 전통적인 식단을 벗어난 데서 오는 부작용이다. 트랜스 지방이 쌓이는 것은 곧 질병을 불러들이는 악식(惡食)을 하고 있음을 깨닫는 일이 무엇보다 중요하다.

트랜스 지방은 지방질의 과잉 섭취나 나쁜 소금, 백설탕, 인공 향신료가 많은 탄산수 등을 많이 섭취한 사람에게서 나타나는 현상으로 신장, 방광의 부조화나 장 기능의 쇠약을 일으킨다. 젊은 사람의 경우에도 이마에 깊은 주름이 수평으로 뻗은 것을 볼 수 있는데 세월의 흔적이라고 말하기도 하지만 그 말은 단지 위로의 말로 해석하는 것이 좋다.

잘못된 식단의 예

아 침	점 심 (총 열량 2,000 Cal)	저 녁
버터 바른 식빵 2~3조각 시리얼 30g 계란 프라이 1~2개 커피(백설탕 첨가)	우유 1~2컵 햄버거 1~2개 과자 50~60g 기름에 튀긴 고구마 맛탕, 감자로 만든 포테이토 칩 햄버거 1~2개 트랜스 지방 5~6g	피자 2~3조각 밀가루 음식 1그릇 인스턴트 음료 1~2컵

바람직한 식단의 예

아 침	점 심 (총 열량 1,400 Cal)	저 녁
체질에 맞는 밥 1공기 유기농 콩나물 체질에 맞는 김치 된장찌개	기름에 굽지 않은 김 3장 (조선간장에 찍어 먹는다) 체질에 맞는 생선찜 한 토막 체질에 맞는 찌개류 체질에 맞는 김치류 트랜스 지방 0.5g	체질에 맞는 밥 1공기 기름에 굽지 않은 약간의 두부 요리와 채식의 반찬류 체질에 맞는 찌개류

유색 흑미의 원류와
『본초강목(本草疆目)』

유색 흑미가 우리나라에 들어오게 된 계기는 1989년 모 대학
교 동굴탐사 팀이 '말레이지아'에 있는 '물루'
라는 동굴을 탐사하러 갔다가 물루 지방 사람들이 흑미를 흰색 쌀과 섞어
밥을 지어 먹는 것을 본 후였다고 전해진다.

'문익점'이 목화씨를 들여온 것을 상기한 탐사 팀은 '말레이지아' 정부
의 반출 금지령에도 불구하고 탐사를 끝낸 후 입고 간 청바지의 접혀진 부
분에 씨앗을 숨겨 귀국해 '농촌진흥청'에 신고했다는 후문이다. 이 검은색
쌀은 우리가 예전에 '뉘'라고 하여 골라내 버리던 쌀이었다. 그 흑미가 약
한 홉 정도가 되자 그때부터 전국의 농가에서 관심을 갖게 되었다. 특히 전
남 진도의 영농조합은 흑미의 본류가 될 정도로 엄청난 물량을 보유하고
있는데 신기하게도 착색제나 가공을 하지 않고, 도정 방법으로 홍색 쌀, 갈
색 쌀, 녹색 쌀, 우유색 쌀 등 약 12가지의 체질별 쌀이 탄생한다고 한다.

중국의 고대농서(古代農書)인 『제민요술(濟民妖術)』은 흑미의 원류를 설
명한 농경시대의 기록물이다. 이 기록에 의하면 북위시대(北緯時代) 서기

286~534년부터 흑미를 재배하였다고 한다. 『본초강목(本草疆目)』에도 검은 쌀은 빈혈, 고혈압, 당뇨, 다뇨증, 변비 등에 효과가 있다고 기록돼 있다.

1980년 중국이 흑미의 성분을 재조사해 육종을 개발해 재배기술, 제품개발 등을 통해 새로운 수요를 창출하고 있다. 현재 흑미는 중국 국민에게 폭발적인 인기를 누리는 특종(特種)의 쌀이 되었다.

흑미는 일반미보다 각종 영양소가 많이 함유되어 있으며, 특히 흑미 용금1호는 북방산인 자포니카(Japonica)계통으로 일반 흑미보다 각종 영양소가 많으며, 흑색 색소도 일반 흑미보다 더 함유되어 있다고 한다. 또한 백미보다 칼슘과 비타민(B1, B2, 나이아신)이 많이 함유돼 있고, 일부 흑미의 겨 층에는 황산화 및 발암 억제 효과가 있는 물질이 함유되어 있는 것으로 보고되었다.

흑미는 백미보다 단백질과 지방, 비타민 B1, B2, E, 무기질, 인, 철, 칼슘이 풍부하여 아미노산이 많고, 특히 라이신(L-Lysine)이 백미보다 훨씬 많이 함유되어 있다. 노화를 방지하고 변비 예방에 탁월한 효과가 있으며, 피부에 좋은 영향을 미친다고 한다(흑진주미, 흑광벼, 흑남벼, 흑향벼, 조생흑찰벼).

『본초강목(本草疆目)』에 소개 된 흑미

중국 최고의 의서 『본초강목』에는 흑미를 다음과 같이 소개하고 있다.

"명목활혈(明目活血), 개위익중(介胃益中), 건비완간(建碑緩肝), 자음보신(滋陰補腎) : 신장을 보하고 위를 튼튼하게 하며 혈액순환을 왕성하게 한다."

실제로 유색 흑미에는 셀레늄(Se)이 다량 함유되어 있어 암 예방에 효과가 있다. 최신 문헌(1992년 11월)에는 직장암 환자 40명에게 흑미를 장기 복용시켜 관찰한 결과 환자의 상태가 매우 호전되었음이 보고된 바 있다.

흑미를 매일 상식(常食)하면 인체의 통합조절 기능을 개선, 면역기능을 강화시켜 특히 임산부에게 잘 일어나는 빈혈에 특효가 있고, 태아의 골격 형성에 큰 도움을 준다.

유아용 체질 이유식으로 적절하게 배합된 유색 흑미를 먹이면 질병에 노출되는 일이 드물다. 흑미는 현미로 도정하여 사용하기 때문에 씨눈이 있어 백미보다 영양가가 높다. 중국에서는 식품으로 흑미, 율무, 대추 등을 넣어 죽을 끓여 먹는 자양 건강식품이 예로부터 전해 내려온다.

죽이 잘 맞는 체질은 흑미 죽을 약 3개월~1년 정도 먹으면 흡수율이 좋아 백발이 검어질 수도 있다. 일본의 모발제품 생산사인 메나도사는 흑미 엑기스의 육모(育毛) 효과를 증명했는데 엑기스를 약 5개월간 사용해 모모세포(母毛細胞)를 자극한 결과 효과를 보았다고 학계를 통해 발표했다.

일반 조리법으로 백미에 흑미를 10~20%정도 혼합해 밥을 지으면 밥맛이 뛰어나고 맛이 있으며, 건강에도 도움이 된다. 흑미 술, 흑미 식혜, 흑미 국수, 흑미 떡, 흑미 과자 등의 흑미 제품이 있고, 흑미 차, 흑미 맥주, 칼라 김밥(흑미＋홍미＋백미)도 있다. 흑미에서 천연색소를 추출해 건강에 좋은 각종 식품 첨가물로 사용할 수도 있다.

특히 체질별 선식은 위장 기능이 약한 병원의 환자용 맞춤 건강식으로도 큰 장점이 있다. 일본인들은 밥을 먹는 방법에 있어서도 질병을 치료하는 사례가 많았음을 오랫동안 연구해 그 결과를 발표했다.

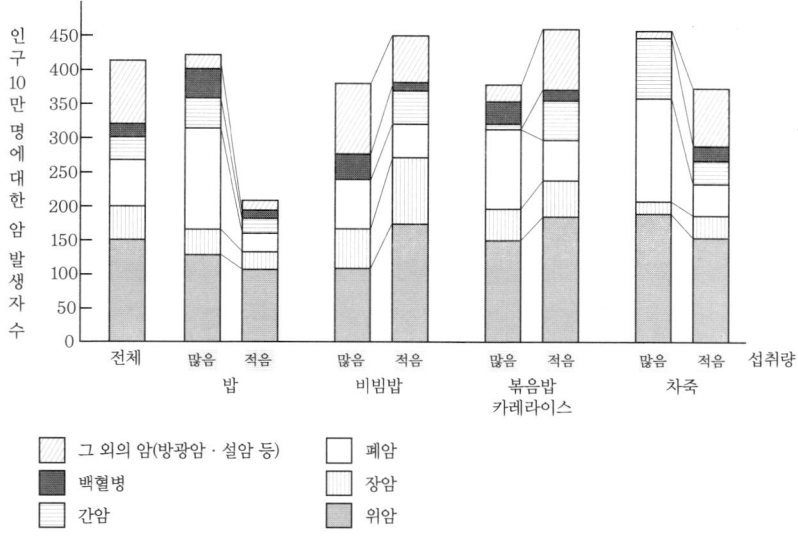

인구 10만 명에 대한 암 발생자 수

- 그 외의 암(방광암 · 설암 등)
- 폐암
- 백혈병
- 장암
- 간암
- 위암

섭취량

밥 / 비빔밥 / 볶음밥 카레라이스 / 차죽

전체 / 많음 / 적음

| 일본 아키다대학 의학부 발표 |

쌀을 위주로 한 밥상 문화

일본의 인구 약 10만 명을 조사한 결과 흰 쌀밥만 먹은 경우와 비빔밥을 먹었을 경우, 카레 볶음밥을 먹었을 경우, 죽(차죽)을 먹었을 경우, 체질별로 밥을 지어 먹었을 경우에 암 발생 빈도에서 현저한 차이를 보였다고 한다. 카레(강황)는 유황 성분으로 인간의 장에 있는 유해한 세균이나 미생물을 제거하는 효능이 있다고 밝혀졌다. 현미(배아미)를 사용해 카레를 이용한 볶음밥을 상식(常食)하는 인도나 그 밖의 나라에서 방광암, 설암 등의 발병률에 있어 현저한 차이를 보였다고 보고 되었다.

재미있는 현상은 같은 품종인 백 진주(일명 컬러쌀 밀크미)라고 하는 품종을 일본에서 재배했을 때와 한국의 진도에서 재배했을 때, 품질면에서 엄청난 차이를 보인다는 것이다. 한국의 인삼과 미국, 일본, 중국의 인삼이 그 약리 효과에서 현저한 차이를 보이는 것과 같이 쌀도 토질과 해풍, 그로 인한 음이온의 질과 일조량 등에서 차이가 생기는 것이다. 백진주는 다른 지방에서는 수확할 수가 없는 오직 전라남도 진도 근해에서만 가능한 작물이 되었고, 흑미나 홍색 쌀, 녹색 쌀과 다른 유색미 또한 'FTA'로 어려워진 우리 농업 현실에서 유리한 고지를 차지하는 효자 상품이 되었다.

곡식에게 정신을 불어 넣은
의식동원(醫食同原) 쌀
– 치가명가(治家名家) 누룽지,
춘하추동(春夏秋冬) 선식(仙食)

인종별 혈액형 표를 참고하면 인류의 먹을거리 중에 밥이 제일 잘 맞는 혈액형은 A형, B형, AB형이다. 수렵생활로 육류를 애초의 먹을거리로 할 수 밖에 없었던 O형은 비교적 육류가 맞는 편이지만 부모 중에 A형이나 B형, AB형이 있거나 그 위의 조상에서 혈액형이 섞여 있을 확률이 많기 때문에 어차피 혼혈의 몸으로 곡식을 먹지 않고는 살 수 없다.

인간의 치아는 음식물(곡물, 콩류, 씨앗류)을 씹기 위해 작은 어금니(小臼齒), 큰 어금니(大臼齒)를 합쳐 20개, 채소와 같은 식물성 식품을 끊는데 사용하는 앞니(門齒) 8개, 그 다음에 제일 적은 숫자로 동물성 식품을 뜯고 찢는데 사용하는 송곳니(犬齒) 4개를 합쳐 총 32개의 치아가 5 : 2 : 1의 비율로 구성되어 있다. 식물성의 식품과 동물성의 식품 비율로는 7 : 1이다.

이러한 사실(우주의 섭리)로도 알 수 있듯이 인간의 주식은 곡류가 주가 되어야 하고, 곡물 이외의 부식으로는 식물성, 다음의 부식은 임의로 선택할 수 있는 동물성 식품으로 해야 한다는 것이다. 한문으로 송곳니를 뜻하는 견치(犬齒)는 하찮은 혹은 동물을 뜻하는 개 견(犬)에 이빨 치(齒)자를 쓴다. 이 뜻을 잘 새겨 보면 우리의 인체 구조는 동물, 특히 개를 먹는 일이 그리 적합하지 않다는 것을 말해 준다. 일본이 장수국가가 될 수 있었던 것은 육류대신 어류를 먹었기 때문이라고 풀이되며, 제일 중요한 것은 소식주의가 주를 이룬다는 것이다.

보고에 의하면 아래 입술이 부푼 것처럼 볼록 튀어 나오는 것은 그릇된 식사습관으로 장이 팽창이 되어 나타나는 현상이라고 한다. 체질에 어긋나는 음성적인 식품을 너무 많이 섭취하거나 설탕, 기름, 지방이 많은 음식을 먹은 사람에게서 나타나는 현상으로 보기만 해도 욕심이 많아 보인다. 그런데 요즘 젊은 여성들이 일부러 입술이 부풀어 보이게 하는 수술을 한다고 하니 세상의 변화가 안타까울 뿐이다.

A형 이나 B형, 목 체질과 수 체질에게서 나타나는 탈모 현상(이마에서 정수리 쪽으로 진행)은 설탕, 여름 과일, 주스류, 청량음료, 냉한 수분, 알코올 등 음성 식품의 과다섭취로 생기는 체질변화를 체질학자들은 병증으로 본다. 정수리나 뒤 꼭지부터 나타나는 양성 탈모 현상은 육류, 계란, 치즈, 우유 등 장기간 다량의 동물성 식품의 섭취를 비롯한 스트레스가 체질의 변수를 일으킨 병증으로 식습관을 고치면 탈모 현상도 줄여 나갈 수 있을 것으로 본다.

인간의 혈액은 백혈구, 적혈구, 혈소판, 혈장으로 이루어져 있는데 식사습관을 고치고 체질을 정상으로 돌리면 탁해지고 오염된 피는 그 질이 변화되어 양질의 혈액세포를 만들어 낸다. 변화되는 시간을 보면 혈장은 약 10일, 백혈구는 약 20~80일, 적혈구는 약 120일부터 새로운 방향으로 변한다.

보리밥은 순 우리말로 두 번 삶아 밥을 짓는다고 하여 '보리곱살미'라 했고, 잡곡밥을 북한말로 '얼럭밥', 쌀밥을 북부 지방(함경도 사투리)에서는 '이팝'이라고 하였다. 그 쌀과 곡식들이 제각기 에너지를 지녔으니 인간들에게 얼마나 고마운 먹을거리인가?

2004년 5월 22일, 평양에서는 일본의 '고이즈미' 총리와 북한의 '김정일' 국방위원장이 정상회담을 하고 있었다. 일본 정부가 북한에게 쌀 25만 톤을 지원하기로 약속하는 자리였는데 특이한 일은 일본 측이 식량이 부족한 북한에게 부담을 주기 싫어서였는지 아니면 A형 나라(일본인들 스스로 그렇게 부른다) 특유의 의심증이었는지 몰라도 자체적으로 마련한 도시락을 먹고 회담에 임했다는 보도를 들은 적이 있다.

지금 일본에서는 국립민족 박물관 교수인 이시게 나오미찌(石毛直道) 민족학자의 에스널러지(ethnology)한 먹을거리가 한층 고조되는 분위기다. 풀이하면 자신들에게 맞는 일본 체질적, 민족적 먹을거리를 먹어야 한다는 얘기다. 이를 '에스닉 요리'라고 하는데 '나오미찌' 교수는 쌀이 성스러운 음식 임을 강조하면서 '에스닉 요리'에 빠트릴 수 없는 재료임을 피력했다. 유색 흑미와 각종 채소를 넣고 밥을 해서 살짝 쪄낸 오징어 뱃속에 넣은 요리는 그가 주장하는 쌀 요리이다. 그는 한국의 쌀 요리가 소개된 책이 많이 없다는 점에 안타까움을 표했다. 어찌 됐든 간에 쌀은 인간의 주식인 것이다.

조물주는 일찍이 보리수나무를 통해 석가모니에게 깨달음을 주었고, 에덴 동산의 사과나무를 통해 인간을 훈련시켰다. 그래서 나는 인간에게 참맛 에너지를 제공하는 고마운 곡식들에게 고유 이름을 붙이고, 고유의 정신을 불어넣기로 했다.

목 체질의 곡류에게는 의(醫), 화 체질의 곡류에게는 식(食), 금 체질의 곡류에게는 동(同), 수 체질의 곡류에게는 원(原)을 부여해 히포크라테스 정신인 의식동원의 쌀을 기능성별, 체질별, 혈액형별로 쌀을 구분·분류해 특허를 출원했다. 그것은 기능성 선식(仙食)인 춘, 하, 추, 동의 4가지 수·

목 체질에게 유리하게 작용하는 치가명가(治家名家) 누룽지로 새 옷을 입혀 재탄생하였다.

의(醫)—A blood type —　A 혈액형 타입
식(食)—B blood type —　B 혈액형 타입
동(同)—O blood type —　O 혈액형 타입
원(原)—AB blood type — AB 혈액형 타입

자연의학자들은 우리 몸에 이롭다고 정의를 내린 것은 최소한 3달 10일에서 6개월간(100~180일) 꾸준히 유지해 나가야 함을 강조했다.

밥을 체질에 맞게 먹는 것도
셀프 힐링이다

셀프 힐링(Self healing mechanim)의 Self를 사전에는 약 네 가지로 설명하고 있다.

1. 자기(自己) : 통합된 인격의 총체적 의미로 원칙을 제정(制定)하는 중심 존재로 풀이 된다.
2. 자아(自我) : 의식만을 중심으로 풀이된다.
3. 자신(自身) : 위의 1, 2번을 담고 있는 몸을 뜻한다. 1번 2번 3번은 우리가 잘 알고 있는 뜻이다.
4. 진수(眞髓) : 참 진(眞)—생긴 그대로, 골수 수(髓)—사물의 중심 네 번째로 설명되어진 진수(眞髓)와 함께 네 가지의 뜻을 모아보면 생긴 그대로 사물의 중심이 되는 자기 자신과 자아라고 풀이하면 된다.

healiing은 치유(治癒)라는 뜻이다. 치유는 풀이 그대로 다스릴 치(治), 병이 낫는다는 유(癒)로 다스려 병이 낫는다는 것이다. 화학 약품이나 타인의 도움 없이 자신의 힘으로 스스로가 자신의 생명을 관리하는 생명본질

(生命本質)론이 바탕이 되는 전인치유(全人治癒)의 자연의학이다. 우리는 지금까지 병에 걸리면 무조건 병원에서 진단을 받고, 그에 따른 약을 조제 받거나 수술을 통해 병을 고쳐왔다. 그러나 그 치료는 원인을 원천적으로 제거하는 것이 아니라 결과에 대한 치료일 뿐이다. 더 큰 문제는 현재의 치료법은 최상의 치료가 아니라 최선의 치료라는 것이다. 그래서 치료가 불가능한 경우가 많은 것이다.

고질적이고 질긴 사스와 같은 감기도 셀프 힐링을 통해 치유할 수 있다. 나아가 셀프 힐링은 치유뿐만 아니라 원천적으로 감기에 걸리지 않는 힘을 길러줄 수 있다. 이렇게 셀프 힐링의 힘이 강력하다고 해서 파워(power)라는 단어를 붙여 '셀프 힐링 파워'라고도 부른다. 셀프 힐링 파워는 단지 파워(power)라는 단어를 붙였을 뿐이지만 큰 변화를 갖는다. 즉 자기 스스로 치료를 완성하는 능력과 에너지를 창출하는 힘을 갖춘다는 뜻이 된다.

셀프 힐링을 두고 자연의학 연구가들은 '배설의학'이라 부르기도 한다. 현대인들의 질병은 사고나 유행성, 세균성 질환을 제외하고는 대부분 잘못된 섭생으로 오폐물을 쌓아둔 결과로 생기는 병이기 때문에 셀프 힐링을 통해 오폐물을 쏟아내고, 자신의 본질과 본성을 찾는 자연치유의 세계인 것이다.

셀프 힐링은 누구의 간섭도 받지 않고 묵묵히 자신의 내면을 깊숙이 들여다보며 번뇌를 삭히고, 지관타좌(止觀他座)의 자세로 자신을 다스려 자아실현을 이루자는 깊고도 넓은 인간 승리를 완성하는 방법론이라고 정의할 수 있다.

셀프 힐링의 역사는 인류가 시작된 그 시점부터라고 말할 수 있다. 인류는 질병을 치료하고 건강을 지키기 위해 본능적인 방법, 즉 직관에 의한 방법을 쓰게 되었다. 신(神)이나 악마에 의해 병이 들기도 하고 병이 낫기도 한다는 신설(神說)도 있었지만, 산이나 들에 널려 있는 풀을 찾아 그것이 지니고 있는 약성으로 병을 치료했던 초근목피(草根木皮)의 자연 치유학이 셀프 힐링의 뿌리라고 할 수 있다.

신설에 의한 본능적인 치료술은 주술사(呪術師)가 주도하기도 했지만, 대부분 인간 스스로의 자연치유력에 맡기는 방법이었다. 이 방법을 현대 용어로는 항상성(恒常性) 시스템이라고 부른다. 항상성은 신체에 어떠한 이상이 있어도 적당히 시간을 두면 그 시스템에 의해 원래의 모습(recovery to normal physical condition)으로 자연히 돌아간다는 뜻이다. 돌이켜 보면 어린 시절 할머니가 된장과 간장으로 상처를 덮어 일정한 시간이 지나 스스로 치료가 되기를 기다렸던 민간요법도 항상성을 유도하는 방법이었다.

서양의학의 기원은 고대 그리스의 히포크라테스로부터 시작되었다. 특히 히포크라테스는 질병 치료에 있어 의사의 윤리관은 의술이 기술이 아닌 인간 중심의 인술이 되어야 함을 가르쳤다. 그는 또한 "음식으로 고칠 수 없는 병은 약으로도 못 고친다."고 말해 밥을 잘 먹는 것이 그 어떤 약보다 낫다는 것을 강조했다. 즉 음식을 통해 병을 조절하는 것이 그 무엇보다 효과적이며, 건강관리에 유익함을 주장했던 것이다.

의학의 시조 히포크라테스 이후 고대 로마의 C.갈레누스에 의해 실험의학이 시작되었고, 16세기 이후에는 A.베살리우스의 해부학, P.A.파라셀수스의 화학요법, 17세기 W.하비의 혈관순환설, 18세기 G.모르가니의 병리해부학, 19세기 R.피르호에 의한 세포병리학, 영국의 입상병리학자 T.시드남, 네덜란드의 내과의사 H.부르하베에 의해 서양의학은 크게 진보하였다.

종두를 발견한 E.제너와 장내세균으로 유명한 세균학자 L.파스퇴르, R.고흐 등은 서양의학 발전에 큰 공헌을 한 학자들이다. 그러나 현대에 와서 의료의 산업화는 인술보다 기술로 자리 잡았고, 의성 히포크라테스의 가르침인 '음식이 약이다' 는 무너졌다. 그리고 약은 의사, 약사의 고유권한과 경제력의 한 방편이자 제도권이라는 권력을 부여받아 우리를 길들여 왔다.

셀프 힐링의 역사가 가려졌던 그 긴 시간 동안 우리는 우리의 본성을 잊고 현대 과학과 편의주의에 미혹돼 화학적인 약물에 의존해 병마를 안고 누가 나를 고쳐줄까 의타심에 젖어 살아왔던 것이다. 그러나 이제 제대로 된 밥을 찾아 먹으면서 본성을 되찾을 때가 온 것이다.

4

질병을 고치는
체질별 밥상

체질에 맞는 식생활 길들이기

체질별 쌀 배합 비율 특허 출원 내용을 간추리면 다음과 같다.

요약

본 발명은 체질별 혼합곡 제공 방법 및 그 혼합곡에 관한 것으로, 더욱 상세하게는 체질별로 사용자에게 적합한 찹쌀, 멥쌀, 기타 곡물을 선택하고, 각 곡물별로 배합비를 결정, 혼합함으로써 사용자의 식생활을 개선하여 고른 영양섭취가 가능하게 하고, 체질별로 부족한 영양분을 효과적으로 공급할 수 있도록 하는 것으로 목, 화, 금, 수의 체질에 따른 체질별 혼합곡에 있어 체질에 따라 찹쌀, 멥쌀, 찹쌀과 멥쌀을 제외한 기타 곡물의 혼합비를 결정하는 것을 특징으로 한다.

색인어

체질, 멥쌀, 찹쌀, 기타 곡물

발명의 명칭

체질별 혼합곡 제공 방법 및 그 혼합곡

발명이 속하는 기술 분야 및 그 분야의 종래기술

본 발명은 체질별 혼합곡 제공 방법 및 그 혼합곡에 관한 것으로, 더욱 상세하게는 체질별로 사용자에게 적합한 찹쌀, 멥쌀, 기타 곡물을 선택하고, 각 곡물별로 배합비를 결정, 혼합함으로써, 사용자의 식생활을 개선하여 고른 영양섭취가 가능하게 하고, 체질별로 부족한 영양분을 효과적으로 공급할 수 있도록 한다.

사람을 체질적 특성에 따라 4가지로 나누어 그에 따라 병을 진단하고 치료하는 한국의 독특한 체질의학(體質醫學), 사상의학은 19세기 말 이제마

(李濟馬)가 창안해 발전시켜 온 동의학(東醫學)의 체질학설인데, 그의 사상의학에 대한 이론은 동의학에 대한 오랜 기간의 연구와 임상치료 경험을 기초로 『동의수세보원(東醫壽世保元)』에 집대성되었다.

사상이라는 말은 『주역(周易)』에 처음 나온 말로, 태극은 음양을 낳고 음양은 사상을 낳는다는 데서 유래된 것으로, 태양(太陽, 화 체질)·태음(太陰, 수 체질)·소양(少陽, 금 체질)·소음(少陰, 목 체질)으로 분류되며, 이를 체질에 결부시켜 태양인·태음인·소양인·소음인으로 구분하였다. 그리고 각기 체질에 따라 성격·심리 상태, 내장기의 기능과 이에 따른 병리·생리·약리·양생법과 음식의 성분을 분류해 놓았다.

또한 사상인(四象人)에 따라 같은 병인이 작용해도 각기 다른 병증이 나타나므로 치료를 개별화해야 하고, 약물작용도 달리 나타나기 때문에 해당하는 체질에 맞게 약을 쓰도록 처방을 새롭게 만들어 놓아 치료에서 효과를 높이도록 하였다. 본래 이제마의 사상의학은 예방의학에 치중한 것으로, 식생활에서 체질에 맞는 음식을 선택해 먹어야 한다는 예방의학을 교시하였다.

현대인들은 인스턴트, 가공식품 등의 범람과 환경오염, 빠른 속도로 진행되는 식생활의 서구화로 건강을 위협받고 있다. 신종 병에 별다른 대안이 없어 심각한 지경에 이르렀으며, 가속화되는 도시화와 맞벌이로 인한 식단의 부실은 영양섭취의 불균형을 초래하고 있다.

따라서 특허 제465340호의 '혈액형별 식단 제공 방법 및 시스템'을 제안하여 혈액형에 따른 식단을 온라인상에서 제공하게 함으로써, 사용자의 내적 및 외적 성향을 충분히 만족시킬 수 있도록 하였다. 다음은 저자가 2006년 4월에 특허 출원한 혈액형별, 체질별 쌀 및 혼합 곡식의 배합 비율이다. 혈액형의 역사를 근거로 인류의 먹을거리 변천사를 통한 영양 상태와 식습관의 문제점을 발견·보완하도록 하였다.

그러나 이용자들은 식단의 반찬 등에만 신경을 쓰고 주식인 밥은 여전히 백미만을 선호해 편중된 식생활로 비타민 B군이 턱없이 부족하고, 탄수화물만을 과다 섭취하는 문제점이 발생해 온갖 성인병을 안고 있는 실정이다. 본 발명은 우리의 주식인 곡물을 각 체질의 특성에 맞도록 혼합곡으로 제공하는 것에 대해 연구하였다.

발명이 이루고자 하는 기술적 과제

발명의 목적은 상기한 바와 같은 종래의 식생활이 갖는 문제점을 해결하기 위해 목, 화, 금, 수의 체질별로 찹쌀, 멥쌀, 기타 곡물의 종류를 선택한 후, 각 곡물별로 배합비를 결정하고 혼합하여 백미에 편중되었던 식생활을 개선해 고른 영양 섭취가 가능하게 하고, 체질별로 부족한 영양분을 효과적으로 공급할 수 있도록 하며, 각 체질별로 신체의 약한 기능을 보강할 수 있도록 하는 체질별 혼합곡 제공방법 및 그 혼합곡을 제공함에 있다.

목 체질에 맞는 먹을거리

목 체질의 사람은 밤 11 ~ 새벽 3시 사이 심하게 분노하면 온 몸이 푸르게 변하면서 간이 상하게 된다. 지나치게 과욕을 부리거나 화를 내는 사람에게 속된 말로 '간땡이가 부었다'고 표현하는데 이 말이 표현하는 질병의 증상은 간암으로 추측된다. 간암의 특징적인 증상으로는 저녁 식사 후 참을 수 없을 정도의 수면욕구, 일을 계획하고 수행하는데 필요한 아이디어의 고갈 등이다.

목 체질은 신맛을 너무 싫어해도 간과 담에 문제가 생기고, 너무 좋아해도 비만이 되기 쉽다. A형 간염, B형 간염, C형 간염, 간경화, 지방간, 간암 등을 부추기는 습관, 과음, 해로운 음식의 섭취로 부조화를 겪을 수 있으므로 무엇을 더 먹느냐보다는 체내에 쌓인 독을 어떻게 배출할 것인가를 생각해야 한다. 간장은 위나 장으로부터 흡수되는 영양을 저장, 합성, 분해하는 기관이다. 간장에 좋다고 해서 너무 높은 단백질과 고칼로리를 섭취하면 비만을 초래해 지방간의 위험이 따른다.

특히 지방간이나 알코올성 간염 등이 의심되는 사람은 단식 프로그램으로 지방에 낀 기름과 오폐물을 분해, 배설하도록 해야 한다. 단식 중에는 몸이 알아서 간장에 낀 지방을 꺼내 쓰는 항상성을 유지하기 때문에 배고 픔이나 여타 다른 부작용을 우려할 필요는 없다. 목 체질은 눈, 근육, 힘줄을 통해 몸의 이상 유무가 나타난다.

목 체질의 병을 다스리는 음식

24절기 중 동짓날 이후부터 춘분 사이에 태어난 사람의 체질을 일컫는 다. 계절로는 봄에 해당하는데 봄의 운기(運氣)가 발생하고 피어오르는 기운으로 온기(溫氣)라고 한다. 한의학에서 목 체질은 소음인이라고 하는데 여기에 중점을 두고 체질을 고민할 필요는 없다. 다만 잠재되어 있음을 인식하면 된다.

온기(溫氣)는 인체의 육장 육부 중 간(肝)과 담(膽)의 기능을 왕성하게 하는 반면 폐(肺)와 대장(大腸)이 약하기 때문에 만병(萬病)이 기(氣)부족으로 인한 기허증(氣虛症)의 원인인 산소 부족에서 발생한다.

기(氣)를 생산하는 터에 집을 짓고 생활하는 것이 바람직하며, 동쪽을 향해 뻗은 뿌리 음식, 즉 따뜻한 온성의 음식이 약이 된다. 무, 부추, 양파, 땅콩, 잣, 호두, 동부, 팥, 메주콩, 완두콩, 통밀, 찹쌀, 들깨, 사과, 딸기, 앵두 등이 좋다.

목 체질에 맞는 육류로는 닭고기, 동물의 간, 쓸개 등이다. 그러나 환경오염에 노출된 동물성 고기보다는 체질에 맞는 콩 등의 식물성 단백질을 권한다. 단, 대두콩의 경우 유전자 조작 식품이 많아 소비자의 냉철한 눈으로 가려먹는 지혜가 필요하다. 신장과 방광에 영양을 제공하는 음식을 선택하는 것이 좋다. 목 체질의 신경통, 류머티즘(백비탕)에는 유색 현미 찹쌀가루 80%, 율무 고운가루 20%(임산부 제외) 비율에 질 좋은 소금으로 약간의 간을 하여 섞은 후 크림처럼 만들어 상식하면 좋다.

목 체질 밥상

1. 홍색 현미 30%, 흑색 찹쌀 30%, 수수 15%, 차조 15%, 율무 10% 을 소금물에 반나절 불렸다가 깨끗이 씻어 건져 놓는다. 껄끄러운 느낌이 들면 백미를 30% 섞어도 무방하다.
2. 불린 현미 홍색 쌀로 떡가래를 빼 냉장 보관한다.
3. 필요할 때마다 꺼내 현미떡국을 끓여 매콤하게 양념한 부추김치와 동치미 무를 곁들여 먹으면 좋다.

콩 단백질 만드는 방법

1. 체질에 맞는 콩(누런 콩)을 소금(국산 천일염)물에 반나절 담근다(오염물질 제거와 함께 간이 베게 하는 효과가 있다).
2. 냉장고에 2~5일 보관하면 싹이 터 최상의 기(氣)를 담은 단백질 식품이 된다.
3. 위의 재료를 약간씩 꺼내 믹서에 갈아 콩비지를 만든다.
4. 묵은 김치와 함께 찌개를 끓이면 기(氣)를 생산하고, 혈(血)을 보강하는 약이 된다.

화 체질에 맞는 먹을거리

화 체질의 강한 분노는 심장을 상하게 하고, 추진력을 상실하게 만들어 매사에 의욕을 잃게 한다. 쓴맛을 너무 싫어하면 심장과 소장에 문제가 생길 수 있다. 특히 피(血)와 같은 붉은 색으로 인한 질병을 조심해야 한다.

계절로는 여름에 해당하는 화 체질은 축제, 발전, 기쁨의 기운이 강하다. 그러나 화기가 솟구치는 행동이나 음식(맵고, 더운 기운의 식물)과 술, 사우나, 찜질 등은 건강에 해롭다. 오전 11시 ~ 오후 3시 사이에 심하게 놀랄 경우 심장과 소장이 상할 수 있으므로 주의해야 한다.

화 체질은 혀(설암)를 통해서 몸의 이상 유무를 감지할 수 있다.

화 체질의 병을 다스리는 음식

한의학에서 화 체질은 태양인에 해당한다. 24절기 중 춘분 이후에서 하지 사이에 태어난 사람의 체질을 말한다. 계절로는 여름에 해당하는데 여름의 운기(運氣)는 성장하고 퍼지는 기운으로 열기(熱氣)라고 한다. 열기

(熱氣)는 육장 육부 중에 심장(心臟)과 소장(小腸)의 기능을 왕성하게 한다. 반면 신장(腎臟)과 방광(膀胱)의 기능이 허약한데 만병(萬病)이 신수(腎水) 부족증(不足症)으로 인한 음허증(陰虛症)의 원인인 신장에 물이 부족해 발생한다. 쓴맛의 음식과 서늘한 한성(性) 음식이 약이 된다. 수수, 은행, 해바라기 씨, 풋고추, 냉이, 상추, 쑥갓, 샐러리, 쑥, 고들빼기, 취나물, 각종 산나물류, 익모초, 영지가 좋다.

화 체질에게 사마귀가 생기거나 심한 닭살일 경우 율무 분말 50%, 영지 버섯 50%를 물에 섞어 복용하면 가볍게는 2주, 보통의 증상에는 2개월, 심한 증상은 1년 정도 복용하면 좋은 효과를 볼 수 있다.

화 체질 밥상

1. 흑색 현미 멥쌀 50%, 깎은 흑미 찹쌀 20%, 분쇄한 적두 20%, 수수 10%를 소금물에 반나절 불렸다가 깨끗이 씻어 건져 놓는다. 적두는 잘 무르지 않기 때문에 반드시 몇 시간 담가 두었다가 밥을 지어야 한다.
2. 흑색 현미 쌀가루와 수수를 섞어 떡이나 밥으로 상식한다.
3. 끼니마다 쓴 맛의 나물과 배추김치를 곁들여 먹으면 매우 좋다.

〈화 체질에 맞는 육류〉
염소 고기, 칠면조, 참새, 동물의 염통, 곱창 등이 있다.

〈화 체질에 약(主藥)이 되는 차〉
유기농의 홍차, 작설차, 커피(한 잔)가 보음제(補陰劑)로 작용한다.

금 체질에 맞는 먹을거리

금 체질은 자제력을 잃으면 사안의 경중을 살피지 못해 큰 실수를 하게 된다. 그리고 이로 인해 건강 또한 그르칠 수 있으니 주의해야 한다.

계절로는 가을에 해당하며 계절이 말해주듯 금 체질은 비축하는 몸과 정신을 가지고 있다. 흰색 계열의 음식을 편중하지 말고 계절에 맞는 음식을 골고루 소식 하기를 권하며 과식은 복부 지방을 비대하게 하고 난치병에 걸릴 확률을 높인다.

매운맛(담배, 고추, 카레 등)에 너무 길들여지면 보기 싫게 야월 수 있으므로 음식을 골고루 먹어야 건강을 찾는다. 새벽3시~7시 사이 슬픔에 잠기는 일이나 흡연은 폐, 대장을 상하게 한다.

금 체질의 특징은 코(알레르기성 비염, 축농증)를 통해 몸의 이상 유무가 나타난다.

금 체질의 병리를 다스리는 음식

한의학에서 금 체질은 소양인에 해당한다. 24절기 가운데 하지에서 추분 사이에 태어난 사람의 체질을 일컫는다. 계절로는 가을에 해당하는데 가을의 운기(運氣)는 수렴(收斂)하고, 가라앉는 기운으로 냉기(冷氣)라고 한다.

냉기(冷氣)는 인체의 육장 육부 중 폐(肺)와 대장(大腸)의 기능을 왕성하게 하는 반면, 간(肝)과 담(膽)의 기능이 허약하기 때문에 만병(萬病)의 원인이 혈부족증(血不足症)과 기부족증(氣不足症), 즉 혈허(血虛)에서 시작된다. 부족한 피를 만들기 위해 기(氣)를 대량 소모하게 되면 기허증(氣虛症)으로 이어져 병을 부추기게 되는 것이다.

금 체질 밥상

1. 흑색 현미 멥쌀 40%, 녹색 찹쌀 40%, 메조 10%, 할맥 5%를 소금물에 반나절 불렸다가 깨끗이 씻어 건져 놓는다. 음식을 빨리 먹는 습성을 가진 금 체질을 위해 반드시 불렸다가 밥을 한다.
2. 위의 재료로 떡을 만들거나 밥을 지어 상식한다.
3. 끼니마다 서늘한 맛을 내는 배추김치를 곁들여 먹으면 좋다.

〈금 체질에 맞는 육류〉
   생선, 조개류, 동물의 허파, 내장, 대장 등이 있으나 각종 오염물질(말라카이트 그린 등)에 노출된 동물성 고기는 오히려 건강에 해롭다.

〈금 체질에 주약(主藥)이 되는 차〉
   율무차, 한 잔의 수정과는 보음(補陰), 보혈제(補血劑)로 작용한다.

금 체질은 여름의 남은 열기를 받고 가을의 서늘함을 받아들여야 하는 이중의 부담을 안고 태어났다. 신수(腎水) 부족증(不足症)으로 인한 간혈(肝血)의 부족은 신장에 물이 부족해도 발생한다. 냉성(冷性)인 보혈제(補血劑)와 한성(寒性)인 보음제(補陰劑)가 주약(主藥)이며, 매운맛의 음식과 서늘한 한성(性) 음식이 약이 된다. 율무, 멥쌀 현미, 배, 복숭아, 박하, 고추, 후추, 생강, 겨자, 고추장, 파, 마늘이 좋다.

금 체질의 폐결핵(하루 분)에는 율무 3홉을 곱게 갈아 3홉의 2배 물을 붓고 반이 될 때까지 달여 청주를 조금 넣고, 아침에 2번에 나누어 복용하면 중증의 폐결핵에 효과가 있다. 평소에 율무를 상식하면 폐결핵을 예방하고, 환자라면 율무를 조금 진하게 달여서 마신다(단, 임산부는 금기).

수 체질에 맞는 먹을거리

자동차에 기름이 없으면 움직일 수 없듯 수 체질은 몸이 냉하고 화기가 부족해지면 기가 약해져 약골 체질이 되기 쉽다. 그럴 경우 매사에 움직이는 것이 힘들어지고 의지가 약해져 판단력이 흐려지며, 중요한 일의 타이밍을 놓치는 실수를 하게 된다.

계절상 겨울에 태어났기 때문에 물이 많이 고이면 불리한 체질이다. 체질의 성격상 저장과 비축성이 높아 음식과 일에 과욕을 부려 잡식을 하거나 탁기를 몸 안에 쌓아두면 질병으로 평생을 고통받을 수 있는 체질이다. 짠 음식은 대체로 몸에 좋지 않지만 짠맛이라도 천혜의 국산소금(된장, 고추장, 조선간장)이라면 문제가 없다. 인공으로 정제한 소금이나 공장에서 가공한 된장, 고추장은 몸에 해로운 염화나트륨을 사용하는 경우가 많으며, 특히 중국에서 수입한 소금은 쓴맛이 나고, 인공 재료가 첨가되어 있어 가급적 직접 담근 된장과 고추장을 선택하도록 한다.

수 체질이 오후 3시~7시 사이에 공포를 느끼거나 두려운 감정에 휩싸일 경우 신장이나 방광이 상할 수 있다. 물이 많은 흑갈색(진한 커피 액) 음식류, 검은색 의류 등 검은색 일색은 더욱 몸을 냉하게 함) 계열에 치우치지 않는 것이 좋다.

수 체질은 귓속 이상이나 뼈가 습관적으로 삐거나 부러질 경우 다른 병을 의심해 봐야 한다.

수 체질의 병을 다스리는 음식

한의학에서 수 체질은 태음인이라고 한다. 그러나 이것에 연연할 필요는 없다. 사상체질학에서 성향에 따라 진단한 결과 수 체질에게 태음 성향이 내재되어 있을 뿐이다. 24절기의 추분 이후부터 동지 사이에 태어난 사람의 체질을 말한다. 계절로는 겨울에 해당하는데 겨울의 운기(運氣)는 저축(貯蓄)하고, 뭉치는 기운으로 한기(寒氣)라고 한다.

한기(寒氣)는 인체의 육장 육부 중에 신장(腎臟)과 방광(膀胱)의 기능을 왕성하게 하는 반면 심장(心臟)과 소장(小腸)의 기능이 약하기 때문에 기부족증(氣不足症)과 열부족증(熱不足症)이 만병(萬病)의 원인이 된다. 즉 냉극 발열의 혈허(血虛)가 병의 뿌리가 되고, 기부족(氣不足)이 한(寒)과 습(濕)으로 이어져 병을 부추기는 것이다. 이것은 양허증(陽虛症) 또는 심화부족증기(心火不足症氣)의 원인이 되고, 간혈(肝血)의 냉함은 신장의 물이 차가워져 발생한다. 열성(熱性)인 보양제(補陽劑)가 주약(主藥)이며, 매운맛의 음식과 열성(熱性) 음식이 약이 된다. 서목태 콩, 파래, 찹쌀, 흰쌀, 김, 미역, 다시마, 각종 젓갈류, 인삼, 꿀, 후추, 생강, 겨자, 오래 삭힌 고추장, 된장, 간장, 파, 마늘 등이 좋다.

수 체질의 간병(肝病)으로 인한 부종과 황달, 회충구제에는 율무 뿌리가 좋다. 이뇨작용이 있고, 간장이나 담낭의 기능이 강화되기 때문에 부기가 빠지는 효과를 볼 수 있다. 특히 율무의 뿌리를 달여서 하루에 3~4회 복용하면 황달, 회충도 퇴출시킬 수 있으며 치료가 가능하다.

수 체질의 약이 되는 밥상

1. 홍색 현미 찹쌀 40%, 현미 멥쌀 50%, 녹태 5%, 차조 5%를 반반씩 섞어 소금물에 반나절 불려 깨끗이 씻어 건져 놓는다. 소화기가 비교적 섬세한 편인 수 체질은 밥을 삼킬 때 약 50~100번 씹어서 삼킨다.

2. 위의 재료에 서목태 콩을 넣고 밥을 지어 상식한다.

3. 끼니마다 더운 기운을 내는 근채류(뿌리)로 짠듯하게 담근 김치를 적당히 발효시켜 소량을 천천히 씹어 먹는다.

4. 서목태 콩을 소금물(국산 천일염)에 잘 씻어 냉장고에 5일 정도 보관하면 싹이 돋는다.

5. 4번 재료를 믹서에 갈아 콩비지를 만들고 총총 썬 묵은지(동치미무)에 마늘, 파, 고추기름을 약간 두르고 끓이면 약이 되는 서목태 콩비지찌개가 된다.

〈수 체질에 맞는 육류〉

동물의 생식기, 콩팥, 굼벵이 등이 있으나 오염물질(말라카이트 그린 등)에 노출된 동물성 고기는 피하는 것이 좋다.

〈수 체질의 주약(主藥)이 되는 차〉

생강차, 인삼차, 두향차, 베지밀은 보음(補陰), 보혈제(補血劑)로 작용한다.

토 체질에 맞는 먹을거리

토 체질의 특징은 입술을 통해 몸의 이상 유무가 나타난다. 토 체질은 비장, 위장의 섬세함으로 비, 위장에 문제를 일으키는 문제 중에 단맛(인공적인 백설탕 맛)을 자제해야 한다. 지극히 자연친화적인 단맛에 입맛을 들이는 식습관을 갖도록 노력해야 한다.

오전 7~11시 사이에 우울해지면 비, 위장이 상하기 쉽다. 화합과 중용의 성직자와 같은 자세로 살아야 건강을 지켜나갈 수 있으며 율무와 찹쌀 현미를 3 : 2의 비율로 가루를 내어 매끼 식사 전에 큰 수저에 한 번씩 꼭꼭 씹어 먹으면 약효가 있다.

토 체질이 음식을 골고루 소식하며 꼭꼭 씹어 먹는 습관을 갖는다면 장수할 수 있다. 만일 늦가을에 태어났다면 그에 해당하는 땅(흙)을 연상해 그에 맞는 제철 음식을 선택하면 된다.

지금까지 소개한 방법으로 본인의 체질을 확실히 알면 질병의 원인과 예방, 다이어트 방법, 나아가 사람과의 관계에도 활용도를 넓힐 수 있다. 옛 격언에 지피지기백전백승(知彼知己百戰百勝)이라는 말이 있다. '상대를 알고 나를 알면 백번 싸워도 백번 이길 수 있다'는 뜻으로, 세상일의 만만치 않음과 무엇이든 상대를 제대로 파악하지 못하면 실패할 확률이 높다는 '만사불여(萬事不如)튼튼'을 위한 명언이 아닌가 싶다.

나를 정확하게 안다는 것은 가치있는 일이다. 인생 전체를 놓고 볼 때 건강뿐만 아니라 일을 하는데 있어, 사람과 친구를 만나는데 있어 그리고 무엇보다 자기 자신의 확실한 성공을 위해 실용적인 인생론인 체질을 알아야하는 것이다.

예쁜 그릇은
간사(奸詐)한 몸을 만든다

인류가 그릇을 사용하기 시작한 것은 언제부터일까? B.C 1000년 정도의 신석기시대에는 토기가 사용되었고, 5~6세기 이후 청동기를 사용했다는 것이 발굴된 유물을 통해 밝혀졌다. 5~6세기의 유물로 청동제 합(盒), 금제 완(椀) 등이 발굴된 것으로 보아 이미 그 시대에 여러 종류의 식기를 사용했다는 것을 알 수 있다.

우리 민족은 계절에 따라 알맞은 재료의 식기를 사용했는데, 겨울에는 유기(鍮器 ; 방짜, 놋그릇)를 사용하였다. 음식의 보온을 위해 아랫목에 밥을 담은 방짜 그릇을 놓고, 이불과 요를 덮어 놓으면 보온을 유지할 수 있었다. 여름에는 깨끗하고 시원해 보이는 사기 식기를 사용했다. 수라상에는 수라, 즉 밥을 담는 수라기, 국을 담는 쟁기, 찌개를 담는 뚝배기, 찜과 선을 담는 조반기, 합, 전골과 볶음을 담는 전골냄비, 합, 생선회·어채·수란, 육회 같은 별찬을 담는 평평한 접시, 김치류를 담는 김칫보, 장류를 담는 종지, 구이·산적 등을 담는 쟁첩, 차(茶)를 담는 다관(茶灌) 등이 있다. 유기제품(놋그릇)으로는 유병(鍮瓶)·유자(鍮煮)·유대접·유시접·유대쟁반(鍮大錚盤)·유엽시(鍮葉匙)·유두(鍮斗)·유승(鍮升), 유대합개구

(鍮大盒蓋具;합에 뚜껑을 낀 것) 등이 있다. 구리그릇으로는 동표자(銅瓢子;구리 표주박), 대동대야(大銅大也) 동로구(銅爐口) 등이 있다. 조선시대에 서양 선교사들에 의해 여러 가지 음식이 외국으로부터 유입·보급되었고, 이에 따라 식기류도 다양해져 여러 종류의 식기·조리기구·저장기구 등이 쓰였고 현재까지 사용되고 있다. 조리용 칼이나 냄비류는 주로 청동제였고, 빵가루를 반죽할 때는 목제 그릇을 사용했으며, 큰 접시는 청동제나 도기·금·은으로 만든 것도 있었다.

우리의 조리기구 중 철 제품으로는 가마솥(대부大釜), 풍로인 전철구(煎鐵具), 지짐을 굽거나 지짐질하는 기구인 번철(燔鐵)이 있었다. 부엌에 없어서는 안 될 식도(食刀)와 과일 칼인 소도(小刀)·합도(蛤刀) 등이 있으며 연탄불 위의 석쇠(대적금大炙金)가 있다.

흔히 쓰는 접시를 대접시·중접시·소접시로 구별했고, 국을 담을 때 쓰는 사발로는 대접·사발·탕기·보아(甫兒;보시기)가 있다. 간장을 담을 때 쓰는 종자(鍾子;종지)가 있고 사시(砂匙)라는 화채용 숟가락이 있다. 사항(砂缸), 사병(砂瓶)은 사기 항아리를 뜻한다. 약탕기로 주로 쓰던 옹기그릇으로는 큰 옹기그릇인 도방문리(陶方文里)가 있고, 큰 사발 모양의 도발우 등이 있다.

그러나 도자기 제품은 표면에 그릇이 반짝이게 하는 유약과 각종 무늬를 넣어 만드는 과정에서 쓰는 화학적인 물질이 처리되기 때문에 인체에 위험할 수 있다는 보고가 있어 주의를 요한다. 도자기(옹기)를 구울 때는 1,200℃의 고온에서 구워야 한다. 그 과정은 마치 어머니가 엄청난 산고를 이긴 끝에 아이를 출산하는 것과 같은 이치다.

옹기(도자기)는 질 좋은 흙과 옹기 명인의 오랫동안 잘 다져진 손기술, 적정한 온도가 어우러져야 한다. 아무리 정교하게 빚은 도자기를 잘 구워도 가마에서 나온 후에 그릇을 보면 잘 생긴 놈과 못 생긴 놈이 반드시 나온다고 한다. 우리 인생과 같은 것이다. 질 나쁜 재료로 800℃ 정도의 저온에서 구울 경우 유약에 포함된 납 성분이 음식을 통해 몸에 흡수될 수 있어덜 된 옹기나 도자기는 유해하다는 결론이다. 납 성분은 조금만 인체에 들어와도 우리 몸에 나쁜 영향을 미치기 때문이다.

유약을 사용하지 않은 옹기그릇이 인체에는 더 좋다. 다소 투박해도 품성이 조강지처와 같다. 흙의 마음을 담아 인내로 고온을 견딘 뚝심과 토종의 진중함을 인식하면 겉만 예쁜 사기그릇은 사용하지 않을 것이다. 그야말로 간사한 기운을 불어 넣는 사기(邪氣), 사기(詐欺) 행위의 시작과 끝이다. 보이는 것에 치중한 물질(物質)세계는 이렇듯 간사(奸詐)한 기운으로 간사(奸邪)한 음식을 담아 간사(奸邪)하고, 저급한 몸을 만든다. 또한 간사한 짓을 하게 만들어 사기(邪氣)를 주변에 퍼트리는 것이다.

나는 김장 항아리, 떡시루, 젓통, 꽂이, 찬통, 소줏고리 등을 거실과 테라스, 베란다에 두고 그 안에 참숯을 넣어 거기서 나오는 에너지를 받아 생활해온 지 30년이 다 된다. 식기는 견운모라고 하는 게르마늄을 통째로 유리그릇처럼 만든 제품을 사용하고 있다. 게르마늄 분채 방식의 그릇은 쓰지 않고 있다. 분채(粉彩)방식의 그릇을 만드는 과정에서 유기 화합물이 스며들기 때문이다.

또 누가 어떤 용도와 욕심을 품고 사용했는지 모르는 비싼 골동품을 쓰거나 지닐 생각도 없다. 비싼 골동품을 쓰면서 어쩐지 집안에 우환이 그치지 않는다면 한번쯤 그 골동품의 파동(波動)을 유심히 살펴보기를 바란다. 그 골동품의 임자가 누구였는지, 악인이었는지, 선인이었는지를 말이다. 모든 사물은 고유의 주파수를 지니고 있다. 그 주파수가 횡파에너지를 품고 언제 우리를 공격할지 모른다.

우리의 몸은 어떤 현상이 구체화되기 시작하면 파동의 쏠림 현상을 일으킨다. 예를 들어 누군가 자살로 생을 마감한 것에 파동공명을 일으키면 뇌 세포의 박동이 상호 쏠림 현상이 일어나면서 뇌파 (뇌파도 파동이다)의 주파수에 동조하는 결과가 나타나 유사한 행동을 보이게 되는데 이러한 혼란은 콘크리트 벽, 즉 아파트나 대형빌딩, 천연소재가 배제된 폐쇄된 공간 등에서 더욱 심화된다고 한다. 높은 고층에 건물, 사방이 유리로 둘러싸여 마치 유리벽 속에 갇혀있는 듯한 값비싼 초대형 아파트, 그 속에서 사는 삶이 진정 사람에게 평안을 주고 행복을 주는지 생각해 볼 일이다.

다시 그릇 얘기로 돌아가면 시중에는 가격이 싸고 예쁜 그림을 넣어 판매하는 저급한 도자기류인 그릇과 컵 등이 널려있다. 낮은 온도(800℃ 이하)에서 구워낸 컵을 오랫동안 양치용과 우유 마시는 용도로 사용했던 어떤 사람에게서 납 중독 현상이 나타났는데 조사한 결과, 그가 사용한 그릇에서 문제가 발견됐다고 한다.

미국 하버드 보건대학의 첸 창홍 교수는 두부 소비량이 많은 중국인을 대상으로 두부 섭취와 체내 납 축적량 사이의 상관관계를 조사했다. 조사 결과 칼슘이 풍부한 두부가 유해한 중금속인 납이 인체에 축적되는 것을 막았다는 것을 밝혀냈다. 납 오염이 심한 중국의 타뚱과 티에시 지방에서 1,155명의 사람들을 750g(1주일 동안)의 두부를 소비하는 그룹과 250g을 소비하는 그룹의 네 그룹으로 나눠 체내의 납 축적량을 조사했는데 그 결과 최대 두부 소비 그룹의 체내 납 축적량은 최소 소비 그룹에 비해 11.3%가 더 적었다는 것이었다. 이 수치는 흡연이나 음주 습관, 직업 등 다양한 변수를 고려해 나온 결과이다.

이 연구 결과는 〈미국 생체 역학지〉 6월 15일자에 게재됐으며, 두부가 칼슘 외에도 체내의 납 축적을 막는데 효과적인 휘트산이 있어 유효했을 것이라고 밝혔다. 인체는 부족한 칼슘을 화학적 성질이 비슷한 납으로 대체하기 때문에 칼슘이 부족한 식사를 하는 사람들과 어린이들의 체내에 더 많은 납이 축적된다고 발표했다. 그런데 오늘날의 두부 재료인 대두가 유전자 조작 식품인지는 심도 있게 살펴봐야 한다.

로마 제국은 납 중독으로 멸망했고, 베토벤도 납 중독으로 사망했다고 전해진다. 납은 B.C 4,200년경부터 사용되어 왔다. B.C 3,000년경에는 금과 은에서 납을 분리하는 방법이 발명돼 은을 채굴할 때 부산물로 생산하게 되었다. 당시 엄청난 규모를 자랑하던 라우레이온 은(銀)광산에서는 은 1온스마다 3,000온스의 납이 생산되었다. 그래서 3세기 동안 210만 톤의 납이 생산되었다(현재 세계의 연간 납 생산량과 비슷).

로마의 수도에는 납으로 만든 수도관을 사용했기 때문에, 그 수도관을 지나는 물을 마신 로마 사람들은 쉽게 납에 중독되었고, 만성 납중독으로 말초신경이 손상되었을 뿐만 아니라 뇌까지 손상되어 로마 제국이 멸망했다는 것이다.

로마의 상류층은 B.C 1~2세기경에 형성되었으나, 세대가 교체될 때마다 인구가 4분의 1로 빠르게 감소하면서 결국 멸망하였다. 멸망의 원인이 납중독이라는 것을 밝힐 수 있었던 것은 로마 시민들의 대변의 흑색 변, 변비, 입 안의 금속 맛, 복통, 빈혈과 혈색의 악화, 수척함, 관절의 통증 등으로부터 밝혀졌다.

상류 계층의 납중독은 주로 식사를 통해 일어났다. 납중독의 주요 원인은 포도주, 포도 시럽, 저장된 과일 등이었다. B.C 150년경에 그리스의 요리법이 도입되어 음주(포도주)를 금기했던 관습이 서서히 무너지면서 부녀자들의 납중독을 부추겼던 것이다. 납 산업에 종사하는 노동자가 납중독에 걸리는 것은 이미 알고 있었으나 그것은 어디까지나 직업병이었고, 일반주민과는 관계없는 것으로 생각했다.

로마 제국 멸망의 원인이 납이라는 주장이 로마 수자원 연구자들 사이에서는 완전히 도외시되고 있기는 하지만 그것은 자존심의 문제일 뿐이다. 납중독이 로마 멸망의 원인이라는 주장은 상당한 과학적 근거와 당시 1백 50만 로마 시민을 위해 설치한 상수도의 송수관이 납관으로 되어 있었다는 점 등의 유물이 남아 있는 한 지울 수 없는 역사의 증거물이 될 것이다.

또 '폼페이 빨강'이라고 불리는 부자들이 좋아했던 벽의 색깔은 납염으로 제조한 것으로 부유층의 납중독 원인이었다는 것이다. 납은 방부제로도 사용되었다. 로마인들의 생활 환경은 그야말로 납중독에 적나라하게 노출된 것이었다. '아피아 수도관'의 유물이 이를 증명한다. 로마인들은 장기간에 걸쳐 미량의 납을 섭취함으로써 일어나게 되는 만성 중독에 전혀 지식이 없었던 것이다.

설탕이 보급되지 않았던 시대였기 때문에 포도 시럽은 꿀과 함께 당시의 중요한 감미료였다. 포도 시럽을 만드는 과정에서 납 제품 또는 납으로 내장한 청동제 솥을 사용하였는데, 포도즙을 휘저으며 조리했기 때문에 솥 표면의 납이 시럽에 유합될 수밖에 없었던 것이다.

납이 함유된 시럽은 포도주의 풍미를 더해주었다. 고급 창녀가 즐겨 마셨다는 adynamon이라는 음료는 당시 몸이 약한 사람도 먹었는데 이 음료 역시 납이 함유된 시럽을 바닷물과 섞은 것으로 시럽은 올리브, 건포도, 사과, 복숭아, 배, 등의 과일을 보관하는데도 널리 사용되었다고 한다.

납을 첨가하면 포도주에 다소 감미를 할 수 있고, 납이 잡균이나 효모를 죽여 포도주가 시큼하게 되는 것을 방지한다고 생각한 데모크리투스는 포도 액이 시큼해질 때는 소량의 납을 첨가하면 좋다고 기술하였다(Apicius 의 요리책에는 시럽을 이용한 수많은 요리법이 게재되어 있다. 포도액을 발효시켜 포도주를 만드는데, 포도주를 잘 발효시킬 목적으로 미 발효된 포도액을 납 용기에 넣었다).

실제로 길피란이라는 학자는 로마제국 시대의 인골(人骨)을 수집해 납 분석을 한 결과 부유층의 납 중독을 시사하는 데이터를 얻었다고 보고하였다. 여성의 납중독은 불임, 유산, 사산, 높은 출산아 사망률의 원인이었다. 따라서 출생하는 아이도 회복 불능의 정신장애, 수명의 단축은 자명한 일이었다. 이러한 생식 능력의 쇠퇴를 일으킨 의학적 원인은 달리 생각할 것도 없이 납이었다.

당시 납은 채광과 정련(精鍊), 성형(成形)이 용이했다. 구리는 1,083℃, 철은 1,573℃에 비해 납(융점 327.2℃)은 높은 온도를 필요로 하지 않는다는 점에서 널리 이용되었다. 수도관, 식기, 용기와 뚜껑, 접시, 체, 화장품, 외용약, 화폐, 도료, 땜납, 가구수리 재료, 책상, 천장과 지붕의 재료, 관, 조각 등에 납이 사용되었고, 특히 요리에 필요한 솥, 음식을 담는 용기가 납중독의 주 원인이었다. 비트루비우스는 기원전 1세기에 저술된 『건축론』에서 납의 독성을 논했고, 그 독성에 중독 되지 않기 위한 방책까지 언급했다. 다르게 해석하면 납 중독의 폐해를 알고는 있었지만 달리 피할 수 있는 방법이 없었고, 그럴만한 사회적 분위기나 정책이 없었다는 결론이다.

납은 물에 녹으면 독성을 발휘하는데 그것이 인간에게 해롭다는 것은 납관 제조공장에서 일하는 노동자들의 안색과 자세가 나쁜 것으로도 추측할 수 있다. 따라서 납이 들어간 화장품, 납이 들어간 도료 등은 건강을 생각해 사용하지 않아야 한다. 납은 합금이 쉽고, 저렴해서 서민들이 널리 사용했는데 가난했던 예술가 베토벤의 납중독도 그러한 이유 때문이라고 추측된다. 진시황이 수은 중독으로 사망했다는 역사적 증거가 말해주듯 밥을 담는 그릇과 밥솥은 우리의 건강에 상당히 중요한 부분을 차지하고 있다.

한 의사는 현재 전 세계에서 행해지는 치과 치료(수은 독성과 수은 충전재)의 우매함과 모든 화학약품 등의 유독성을 다음과 같이 지적했다.

Dr. Poison Mercury, DDS

현재, 나는 50년 전의 치과산업이 너무 무지해서 이 독성 금속을 옹호해 환자들의 입에 집어넣어 왔다는 것을 이해할 수 있다. 산업혁명으로 수많은 기업이 많은 독성 물질과 독성 치료법이 몸에 좋다고 생각해 사용한 실례들이 가득하다.

치과의사들은 수은 독성과 수은 충전재와 관련된 문제들을 강하게 부인한다. 물론 모든 치과의사들을 의미하는 것은 아니다. 일부 치과의사들은 천천히 이 이슈에 다가오고 있다. 사실 이 선택된 치과의사들이 변화를 주도하고 있다. 그들은 선각자적 치과의사들로서 전통적 의료를 바꾸려 노력하는 의료계의 의사들과 같은 존재들이다.

이러한 소수의 변화를 위해 노력하고 수은 충전재의 사용 금지를 위해 노력하는 치과의사들은 그들의 환자들을 보호하기 위해 그들만의 산업 신조에 대항해 주도적으로 싸우고 있다는 신뢰를 받을만하다. 나는 수년 이내에 수은 충전재의 사용이 금지될 것이며, 그것들이 납 페인트, 석면 단열재, 유연 휘발유, radiation pill 과 같이 분류될 것이라는 데 의심하지 않고 있다. 그것들은 악질 의료 연대기표 속으로 들어갈 것이며, 앞으로 미래의 세대는 '수은을 사람의 입에 집어넣다니' 우리가 단호히 미쳤었다고 생각할 것이다.

오늘날 치과의사들은 아직도 수은이 몸에 나쁘지 않다고 생각한다. 그것은 그들이 마치 암흑시대에 살고 있는 것과 같다. 놀라운 일이다. 수은(치아) 충전재(아말감이 대표적이며, 수은이 50% 정도 함유됨)에 대해서 말할 때면 당신은 방사능에 노출된 물질은 제외하고도, 수은이란 것이 자신의 인체에 쉽게 집어넣는 독성 물질들 중 하나라는 것을 기억해야 한다. 바로 지금, 오늘도 미국 전역 그리고 전 세계의 치과의사들이 이 독성 강한 금속을 취급하고 있으며, 글자 그대로 그것을 인간의 치아에 집어넣고 있다. 그러면 이렇게 치료된 치아들은 음식을 씹는데 사용하고, 사람이 씹을 때 이 수은 충전재 금속표면은 갈린다. 이 수은 충전재들은 기체로 된 수은 증기와 수은 알갱이들을 내놓으며, 사람들은 이것을 허파로 들이마시거나 위에서 소화한다.

기억하라. 우리는 유일하게 자신에게 진짜 독을 주입할 정도로 어리석은 종이다. 그리고 설사 우리가 한두 가지 방법을 실행하지 않더라도, 우리는 그것을 여러 가지 다른 방법으로 행한다. 그리고 우리는 이 중독치를 규제하고, 연방법으로 시행한다. 그리고 우리의 주위에는 식품과 화장품 그리고 퍼스널 케어 제품에 이 독약의 사용을 항변해주는 로비스트들이 그룹으로 있다. 우리에게는 "심장 발작이 1,200% 증가했다는 5년 전 연구가 있지만, 우리는 그것이 이 약품과 정말 관련이 없어 어쨌든 앞서 출시하려고 생각한다."라고 말하는 제약 산업계의 항변자들이 있다. 이것이 오늘날의 현실이다. 그리고 이 무시무시한 이야기의 진짜 자세한 내막은 겨우 벗겨지기 시작했을 뿐이다. 나머지 얘기가 나올 때까지 기다려라.

출처 : http://www.rense.com/general68/maess.htm

17세기에 들어서면서 백랍(白 ; 납과 주석을 섞은 합금)의 출현으로 목제 스푼이 백랍제로 바뀌고, 접시나 항아리도 이것으로 만들어졌다. 로마 시대 이후는 북유럽 문화가 번창해 목제 · 청동제의 접시 · 컵 · 사발 등을 많이 볼 수 있었고, 짐승의 뿔을 손으로 깎아 스푼을 만들기도 하였다. 개인용 접시를 사용하기 시작한 것은 17세기 중

엽부터이고 18세기에는 독일의 드레스덴에서 자기 제품이 생산되기 시작해 접시나 항아리가 자기로 바뀌었다. 현재는 대·나무·뼈·합성수지로 만든 특수한 것이 있기는 하지만 은·크롬·니켈 등으로 도금한 스테인리스 강제와 유리 제품이 많이 사용되고 있다. 식기는 한식·양식·중식·일식 등 음식의 종류에 따라 사용되는 종류가 다양하다.

수 체질이나 목 체질은 체질의 특성상 철 그릇이나 유기그릇보다는 나무제품으로 된 옻칠을 한 그릇을 선택하는 것이 좋은데 소품으로 쓰던 도아(刀 ; 도마)에서부터 나무로 된 목(木)주걱은 지금도 널리 쓰이고 있다. 함지박, 수표자(水瓢子)라고 했던 물바가지와 담통(桶)이라고 부른 물통, 좌판(坐板), 소등상(小登床) 등은 지금도 애용되는 우리의 그릇들이다.

사도세자가 갇혔던 큰 뒤주를 대목궤자(大木櫃子)라고 했으며, 다식을 만들던 다식판과 표주박을 목표자(木瓢子)라고 했고, 얼음궤로 쓰던 대조빙궤(大照氷櫃), 나무 솥뚜껑을 목정개(木鼎蓋), 이남박이라고 하는 치표(齒瓢)도 있다. 또한 절구를 목구(木臼)라고 하고, 방아치(方赤 ; 절굿공이)와 음식을 먼 곳으로 나르는데 썼던 기구인 가자(架子)가 있다.

대나무 또는 버들로 만든 키는 유기(柳箕)라고 불렀으며, 싸리광주리를 사용한 싸리채반을 유반(柳盤)이라 했다. 버들로 만든 광주리로 유광주리(柳筐周里)와 유롱(柳籠)이 있다. 대나무로 만든 체는 죽사(竹篩)라고 했다. 대 조각으로 만든 목편죽(木片竹)과 버드나무로 만든 고리, 버들나무상, 말총체를 마미사(馬尾篩) 등이 있다.

그런가 하면 반가(班家)에서 사용했던 파티용 술잔은 그리스시대에 도기를 주로 사용했는데 로마시대에 와서 도기 외에 목제나 유리제가 나타났고, 수정·호박 등으로 만든 것도 사용되었다고 한다.

재료별로 살펴보면 은제품이 많다. 은(銀)은 예로부터 임금님 수랏상에 놓인 음식의 독성을 가리기 위해 쓰였는데 이것이 발전해 요즘은 은으로 천을 만들어 침구에 기생하는 세균 박멸에 쓰고 있다. 실버콜로이드라고 하는 가정용 해독기는 한때 선풍적인 인기를 끌기도 했다.

조그마한 국자로 은소아(銀召兒)가 있고, 차 주전자로 쓰이는 은다관(銀茶罐)이 있다. 도금은배(鍍金銀杯)와 음식을 덜어 올리는데 쓰는 숟가락 같은 은저은령롱시(銀箸銀玲瓏匙)가 있다. 수저를 담아두는 그릇인 은시접개구(銀匙蓋具)를 비롯해 국자인 은작(銀勺), 은시접반(銀匙盤), 은일월병(銀日月餠), 은합개구(銀盒蓋具), 은다종(銀茶鍾), 은배(銀杯), 만수배(萬壽杯) 등이 있고, 은제가 아닌 것으로는 옥배(玉杯)와 소뿔로 만든 술잔인 서배(犀杯)가 있다. 옛날 중국에서는 현재 한국에서 제기(祭器)로 쓰는 것을 일상생활의 식기로 사용한 것 같다.

중국의 식기를 살펴보면 그들의 그릇 문화가 한국에 유입되었음을 알 수 있다. 중국 영화 〈취권〉에 나오는 술 단지를 주준(酒樽)이라고 했고, 치이(夷)는 가죽으로 만든 주머니로 여행을 다닐 때 술을 넣어 말에 매달고 다녔다고 한다. 주(周)나라 시대에는 거의 손으로 음식을 먹었다는 기록이 있다. 한(漢)나라 시대로 내려와서는 젓가락 용기인 저(箸;젓가락) · 비(匕;숟가락) 등을 사용하게 되었다고 한다.

방짜 그릇과 옻칠 그릇

방짜 그릇의 합금 비율은 구리:주석＝78 ： 22인데 화·금 체질에게 더욱 유리하다. 실험에 의하면 방짜 그릇만이 24시간 경과 후 균이 박멸되어 없어진다고 한다. 구리가 이러한 효과를 낸다는 사실이 밝혀졌다. 그러나 사기나 스테인리스 그릇에서는 박멸 작용이 일어나지 않고 균이 그대로 살아 있음이 증명되었다.

단백질 실험

육수(肉水)를 각 그릇에 담아 24시간 경과 후 분석한 결과 방짜 그릇에 담긴 육수의 단백질 성분만이 파괴되지 않았다. 미네랄 성분도 방짜 그릇에서만 검출되었다.

문제 있는 체질인 사람에 해당하는 '체질 쌀'을 반 주먹 정도 방짜 그릇에 넣고, 다른 가족의 밥을 할 때 압력솥에 같이 넣어 밥을 지으면(계란을 밥 위에 찌듯) 체질별 밥을 여러 번 하지 않아도 단번에 해결된다. 옻 칠기 그릇은 수·목 체질에게 더욱 유익하다(검은색).

생화(生花)실험

살아 있는 꽃을 각 그릇에 담고 꽃이 시드는 시점을 실험한 결과 11일 경과 후 일반 사기나 저급한 스테인리스 그릇에 있던 생화는 시들었으나 방짜 그릇에 둔 생화는 생생하게 살아 있다. 이 실험은 그릇이 살아 있는 생물에 영향을 미친다는 결과를 말해주고 있다. 음식물과 그릇은 살아 있는 인간의 생체도 영향을 줄 수밖에 없다.

우리 아이가 죽어간다

생활 속의 유해물질 줄이기

오래전부터 나는 국회 환경포럼의 홍보대사 겸 정책자문위원을 위촉 받아 활동하고 있다. 그러한 활동과 생활 속의 유해물질 줄이기는 인류의 건강을 약속하며, 환경에 대한 관심과 의무감, 사명감을 갖게 한다. 인류에게 심각한 해가 되는 화학물질은 우리가 사용 중인 것만 해도 그 종류가 10만 개를 넘고, 현재 개발되고 있는 것만 해도 1000만 개가 넘는다는 통계다.

유해물질은 음식물 또는 공기 중을 떠돌다가 호흡기를 통해 체내로 들어가고 피부를 통해서도 흡수된다. 우리와 우리 아이가 먹고 입는 것들 속에는 내분비 교란 물질이 들어 있다. 우리 아이들이 병들어가고 있는 것이다. 지금 우리 아이들이 죽어가고 있다. 이러한 사실은 생각만으로도 끔찍한 일이다.

환경호르몬은 살아있는 동·식물의 몸 안에서 호르몬의 영역을 차지하고 내분비계를 교란시키는 등 생명체의 제 기능을 방해하는 인위적인 물질을 말한다. 유해한 환경호르몬으로 인해 한강에서 잡힌 수컷의 잉어에서 난자가 발견됐는가 하면 부산 가덕도의 수컷 들쥐의 정자 수가 감소하는 등 세계 곳곳에서 그 폐해가 늘고 있다. 이 유해한 물질은 쓰레기 소각장에서 배출되는 다이옥신(단 1g이 만 명 이상을 죽일 정도의 맹독성)이 어류, 육류 및 유제품에도 검출되며 담배 연기에서도 나온다. 흡연에 노출된 사람의 경우, 그 폐해는 불 보듯 뻔하다.

환경호르몬은 오랜 시간, 대기 중에 섞여 멀리 퍼져나가 머물면서 생물의 농축성(濃縮性)을 이용해 극미량(1pg · 1조분의 1g)으로도 악영향을 미친다. 대도시에 거주하는 사람의 체지방에서 3종류의 환경호르몬이 발견되었는데 이것은 불임률을 높이고, 생식기 관련 질병과 신경기능 장애, 면역력 저하로 인한 아토피, 천식, 비염 등을 일으킨다. 임신 중, 태아기 때와 유아들에게 노출되면 생식기 이상을 초래한다. 일본에서 발표한 연구 결과 신생아의 탯줄에서는 여섯 가지의 환경호르몬이 검출되었고, 근해에서 잡힌 물고기는 수컷도 암컷도 아닌 물고기가 잡혔다고 한다. 이러한 사실을 미루어 보더라도 각종 플라스틱과 비닐, 살충제 등의 사용을 금해야 하며, 식기류 등을 사용할 때도 인체에 안전한 것을 사용해야 한다는 것이다.

염소 성분으로 처리된 수돗물에 트리할로메틴이라는 발암 물질이 발생한다는 것은 이제 누구나 다 아는 사실이다. 그 물로 밥을 짓는 식당이나 가정에서 식기로 사용되는 폴리염화비닐(PVC) 그릇 또한 매우 해롭다. 엄밀히 말하면 이 세상에서 우리 인체에 안전한 플라스틱은 없으며, 그것은 환경을 지키는 일에도 매우 부적합한 것이다. 비교적 안전하다고 알려진 폴리에틸렌, 폴리프로필렌, PET 수지, ABS 수지 또한 그렇다.

폴리염화비페놀 (PCB), 폴리염화비닐(PVC), 폴리스 틸렌, AS 수지 등은 열이 가해졌을 때 매우 위험한 식기용품으로 변한다. 이것들은 투명 도시락 뚜껑이나 컵, 도마 등에 사용되고, 어린이용 캐릭터 상품, 음식점의 식기 등에도 사용되고 있다. 특히 아기가 사용하는 젖병은 사용 횟수(50회 이상)와 가열온도(적정온도 80℃)에서 환경호르몬이 더욱 증가된다.

멜라민 수지(발암 물질인 포르말린 용출), AS 수지(발암 물질), 폴리염화비닐(PVC) 식기류와 젖병, 에폭시 처리 젓가락(비스페놀 A 환경호르몬 검출), 염화비닐 랩이나 장난감, 컵라면 등에는 프탈산 에스테르 환경호르몬이 검출되었고, 주방용 세제와 세탁용 세제 샴푸, 치약 등에 포함된 계면활성제에서는 여성호르몬과 같은 작용을 하는 노닐 페놀이 검출되었다.

형광표백제는 발암 물질로 체내에 깊이 침투해 만성적인 간장 장애, 피부 손상을 일으킨다. 그래서 나는 가스레인지를 사용하지 않고 있다. 난방기구나 주방 연소 기구의 연소 과정에서 배출되는 일산화탄소, 이산화탄소, 이산화황, 다량의 포름알데히드를 막아보자는 의도인데 실제로 많은 효과를 보고 있다. 이것은 면역기능 약화, 신경과민, 우울증을 일으키는데 공기보다 무거워서 병약한 노약자나 누워있는 어린 아기의 피해는 더 클 것이다. 또 전기밥솥의 테프론 코팅은 열에 강한 플라스틱으로 피막에 흠집이 나거나 벗겨지면 우리의 입속으로 들어와 위벽에 붙어 여러 가지 장애를 일으키고 체내에 필요한 영양의 흡수를 막기도 한다.

양은 그릇 이라고 불리는 알루미늄 냄비나 그릇들은 그 자체가 독성 물질이다. 값싼 용기들은 알루미늄에 스테인 도금이나 코팅 처리한 것들이 대부분인데 오랜 기간 이것을 사용하면 알루미늄의 성질이 몸속에 침착해 철분이 있어야 할 영역을 차지하고, 그 역할을 대신하게 된다.

오랫동안 이러한 용기에 음식물을 담아 열을 가한 음식물을 먹었다고 가정해보자. 건망증에 알츠하이머라고 불리는 치매 현상 등 온갖 병의 원인은 다 갖게 될 것이다. 그러한 용기에 라면, 튀김 등의 인스턴트 음식을 상식(常食)한 사람이라면 그의 건강은 최고의 악조건 속에 있다는 결론이 나온다.

일본의 뇌신경학자인 쿠로다 이치히로 박사는 각종 화학적인 약물 제제나 위에서 말한 용기를 오랜 기간 사용한 사람을 조사한 결과 치매에 노출된 현상이 그렇지 않은 사람보다 훨씬 더 두드러졌다고 보고했다.

의복이나 침구류를 살펴보아도 유해물질은 우리 주변에 얼마든지 도사리고 있다. 유행하는 폴라폴리스 원단은 석유, 석탄을 주원료로 하는 폴리에스테르계 섬유로 피부염을 일으키기 쉽다. 또한 합성섬유는 플라스틱과 분자 구조상의 엄격한 구분이 없으며, 옷의 염료 원료인 아닐린은 중추신경을 침해해 중증이 되면 혼수상태, 신경쇠약을 일으킨다. 드라이크리닝제는 암모니아, 크실렌, 트리클로에틸렌이 함유되어 있어 알레르기, 두통, 무기력증, 심하면 심장마비도 일으킬 수 있다는 보고다. 가구나 벽지, 바닥재에 포함된 포름알데히드가 발암 물질이라는 것은 누구나 다 아는 사실이다. 합성수지 바닥재는 신체와 마찰이 있을 때 머리카락과 같은 물질과 닿으면 서로 끌어당기면서 전자파와 같은 폐해를 일으킨다.

한번은 원목가구를 들여와 맹독성 때문에 고통받은 적이 있다. 알고 보니 독성이 강한 방부제에 원목을 6개월~1년간 담갔다가 가구를 만든다는 것이었다. 합성가죽 소파는 실내온도가 오르면 환경호르몬이 계속 발생하기 때문에 유의해야 하고, 유아용 가구도 플라스틱은 배제해야 한다.

나는 살충제를 사용하지 않는다. 여름에 모기나 하루살이가 기승을 부리면 참나무 목초액 적당량을 군데군데 뿌리거나 담아 놓으면 금방은 아니지만 바퀴벌레나 진드기가 어느새 사라진다. 죽인다는 개념보다는 쫓아 버린다는 마음이다.

현재 사용되는 가정용 및 수목 소독용 살충제는 면역독성, 돌연변이성(피레스로이드)의 문제가 제기되고 있다. 저농도에도 내분비 교란 작용을 일으킬 가능성이 있으며, 신경계통 장애와 피부, 호흡기 계통의 손상을 일으킨다. 나프탈렌도 위험한 방충제로 그 독성이 강하다.

냄새 제거 및 방향을 목적으로 하는 모든 제품에 들어있는 에탄올 방향제의 일부 제품 속에는 메탄알코올, 이소프로판이 들어있는데 체내에 축적되기 쉽고 두통, 어지러움 등을 유발한다. 자동차 등의 밀폐된 공간에서는 장시간 사용하지 않는 것이 좋다. 그 폐해는 차 내에서 호흡하는 운전자 본인에게 남는다.

현대인은 전자파의 바다에 살고 있다. 컴퓨터는 1m 이상, TV는 2m 이상의 거리를 두라는 보고가 있지만 우리 아이들은 가까이서 사용할 뿐만 아니라 게임에 빠져 밤낮이 없다. 특히 강한 전자파가 방출되는 전자레인지를 조작할 경우에는 기계의 정면에 있지 않도록 한다.

컴퓨터와 TV의 사용은 불가피하므로 되도록 전자파가 닿지 않는 거리에서 사용하도록 하고 비교적 작은 사이즈를 선택하는 것이 바람직하다. 특히 침실에 전자 기구를 놓는 것은 유해함이 더 클 것이다.

여성들의 화장품에 쓰이는 BHA와 프탈산 에스테르, 캔 음료나 일회용품의 코팅제, 치아충전제의 비스페놀 A, 피임약의 노닐페놀, 애완동물 사료에서 BHA, BHT(방부제) 등의 환경호르몬이 검출되었다는 보고다. 주변을 깨끗하게 하자고 사용하는 청소 및 보수, 도색 작업의 원료에도 휘발성 유기화학 물질이 방출된다. 그러면 우리 생활 속의 유해물질을 줄이기 위해서는 어떻게 해야 할까? 다음과 같은 사항을 실천할 것을 제안한다.

- 유전자 재조합 식품을 배제한 유기 농산물 이용하기
- 공기 정화, 환기는 천연향(숯, 모과, 허브, 솔가지) 이용하기
- 플라스틱, 비닐 제품의 구입과 사용 줄이기
- 모든 생활용품을 천연소재로 선택하기
- 화학 세정제보다는 비누를 사용하고 화장지보다는 면직물 이용하기
- 살충제 대신 대체 방법 쓰기(예 : 참 숯 액기스)
- 부엌 쓰레기 및 도시가스 사용을 줄이기 위한 간편 조리 방법 선택하기
  (예 : 화·금 체질은 되도록 생식을 한다)
- 가구, 벽지, 바닥재는 한번 쓴 것을 깨끗하게 오래 쓰기
- 평소 전자제품의 전원 코드 빼놓고 외출하기
- 환경파괴 기업을 견제하고, 그 기업의 제품은 구매하지 않기

썩지 않는 토마토는 인체에 좋은가?

감자와 담배나무, 피망, 토마토는 가지 속(deadly nightshade)과의 유럽 사람들이 두려워 가까이 하지 못했던 흰 독말풀류(thorn-apple)로 아메리카 대륙으로부터 유입된 강한 독성 알칼로이드가 함유된 식물이다. 이들은 수은과 맞먹는 독성으로 극한 상황에서 어쩔 수 없이 법제를 통해 쓰던 풀이었다. 20세기에 유전자 재조합을 연구하던 학자들이 식물의 강성(强性)을 이용한 저장성과 열악한 환경에서 잘 견뎌내는 감자, 토마토를 계발하였고, 인구가 폭발할 지경으로 늘어나던 그때 기근으로 허덕이는 배고픈 자들에게 토마토를 먹게 하면서부터 발전해 오늘날 우리 식탁에 빼놓을 수 없는 메뉴가 되었다.

토마토의 라틴 명칭은 Solanum lycopersicum으로 처음에는 독성 때문에 음식으로 인정받지 못했지만 오늘날 유전자 재조합 기술의 발달로 체리

토마토, 방울토마토 등 그 종류가 다양해졌다.

이 썩지 않는 토마토는 식물이 원래 가지고 있던 유전자의 기능을 인위적으로 멈추게 함으로써 새로운 형질의 토마토로 만든 것이었다. 상품으로 출시된 제1호는 플레브세이브 토마토로 잘 익은 토마토를 운송하는 중 효소 작용에 의해 물러져 상품 가치가 떨어지는 폐단을 막기 위한 것이다. mRNA의 염기(厭棄) 배열(配列)화를 유도해서 안티센스 RNA라고 하는 억제 작용을 하는 RNA를 이용한 것이다. 이 조작은 어떻게 보면 삽입한 유전자의 조작보다 그것을 섭취했을 때 우리 신체의 변화를 예측할 수 없다는 부분에서 더욱 우려된다.

감자 역시 토마토와 마찬가지로 인체에 흡수되는 과정에서 소화기관을 가볍게 스쳐 두뇌를 필요 이상 자극해 다른 신체기관의 영향을 거부하게 하는 특성을 지녔기 때문에 고집과 횡포라는 인성의 요소로 작용한다.

인지학자들은 감자, 토마토, 버섯류를 비롯해 지구 진화 이전의 이상 조류(藻類)인 우뭇가사리가 악성 종양이 뻗어 나가는 파동(波動 ; 메커니즘)과 유사성이 많다는 것에 주목했다. 오랜 연구와 사례를 검토한 결과 단순히 영양만을 고려해 주장하는 식품과 또 다른 제3의 잡종과 유전자 재조합(짜깁기 음식)을 이룬 것이라면 복잡하게 얽혀 있는 암을 염려하는 사람들에게 절대로 유리할 수 없다는 견해를 밝힌 바 있다.

부정적인 유전자인 암세포는 질서를 싫어하고 자신만의 특성으로 뻗어 나가길 좋아한다. 사람은 혈액형별로 체질과 기질, 성격, 품격을 갖게 되고, 그 체질에 따른 병리(病理)현상을 반드시 갖게 된다. 인간은 언젠가 죽는 존재이지만 자신이 죽는 이유도 모른 채 잘못 먹은 음식과 무지(無智)로 인해 혼미해진 육체로 세상을 떠나는 것은 바라지 않을 것이다.

나에게 러시아 황실요법을 전수해 준 러시아 공훈의사이자 국립 마조로프어린이 병원장 보리스 캄모프 박사는 러시아에서 주로 어린이 백혈병(혈액암) 환자를 고쳐내는 인지학적 의학자로 저명하다. 우리 연구소의 초청(1997년 7월)으로 국내 여러 학자들과 개최한 심포지엄에서 박사는 피가 혼탁한 환자와 현대인들이 먹지 말아야 할 것에 대해 언급하기도 했다.

피와 유사한 빛깔의 열매(토마토류)와 인공적인 것처럼 유난히 빛나고 예쁜 색(농약을 머금은 색)의 열매, 빈약한 가지에 많은 열매를 매단 식물은 독하고, 생체 에너지가 부정하다고 발표한 적이 있는데 그 중 토마토는 사람이나 동물의 간 기능이 나빠졌을 때 집중적으로 사용하기는 하지만 암이 의심되는 사람에게는 부적절한 에너지를 전달할 수 있어 오히려 부조화를 일으킬 수 있다는 것이다. 간은 우리의 장기 중 가장 독립돼 있는 장기로 독립하기 좋아하는 토마토와 전자적 신호체계의 고유 값이 흡사하다는 것이다. 즉 고유의 분자진동양식(Molecular Oscillator Pattern)이 유사한 인체의 간이 토마토를 좋아한다고 해도 유기농이 아닌 농약을 잔뜩 머금었거나 유전자가 재조합된 토마토라면 굳이 찾아 먹을 필요가 없으며, 오히려 위험할 수도 있다는 것이다.

토마토는 많은 식물 중 가장 붙임성이 뒤떨어진 식물로 외부의 어떤 에너지와도 동화되지 않는 특성을 지니고 있다. 독불장군의 고유 에너지를 가진 식물의 대표 격인 셈이다. 농작물이 각종 미생물과 풀 등이 어우러져 잘 발효된 거름과 흙, 물, 바람, 태양의 조화 속에서 인간에게 유익한 농산물이 되는데 반해 토마토는 동물의 똥과 썩지 않는 음식 찌꺼기를 좋아해 독자적인 환경을 만드는 독특한 성질을 지녔다. 그러한 본성은 인체에서 독자적인 환경으로 뻗어 나가는 암의 특성과 흡사하다는 결론이다. 이 사실은 유럽의 정신과학학자들의 임상실험의 결과를 토대로 토마토의 메커니즘이 주는 폐해가 크다는 것이 사실로 인정되었다. 더구나 암 환자의 경우 질병의 치유를 위해 먹는 음식물과 약물의 흡수 과정을 방해할지도 모른다는 결론이다.

평소 고집이 세고 남의 충고를 받아들이지 않는 성품을 지닌 사람이라면 한번쯤 자신이 먹는 음식물을 살펴볼 필요가 있다. 자신이 섭취한 음식이 곧 자신이 되기 때문에 성품이 강성이고 황우고집이라는 사람의 식성을 살펴보면 재미있는 답을 얻을 수 있을 것이다.

게다가 감자와 토마토는 20세기 이후 농산물의 대량 생산을 위해 유전자 재조합이 가미된 식물이다. 순수한 몸을 원하거나 암 발병이 의심되는 사람이라면 필요 이상의 음식 섭취를 금하는 것이 무엇보다 중요한 부분임을 인식해야 한다.

미국의 경제 사정이 탐탁지 않았던 1980년 6월 미연방최고법원은 '연구실에서 만들어 낸 생물은 특허 대상이 될 수 있다.'라는 판결을 내렸고, 유전자 변형에 관한 연구는 생물재해라는 지적에도 불구하고, 연구실에 갇혀있던 유전자 변형 관련 물질들이 연구실을 뛰쳐나와 거대한 경제계와 손을 잡게 했다. 그리고 이것은 유전자 변형 물질이 오늘날 우리의 삶 속에 깊이 뿌리 내린 시초가 되었다.

이 선언은 바이오테크 기업의 입지를 확고히 하고 돈방석에 올라앉을 수 있는 절호의 찬스를 만들어 주었다. 금융계가 들썩이고, 주가가 폭등하고, 그 붐을 타고 바이오젠사와 세터스사가 탄생했고, 세계의 다국적 기업인 듀퐁사, 업죤사, 액슨사, 다우캐미컬사 등이 직접 참여해 거대한 금융업 또한 호황을 누리게 되었다.

유럽이나 일본도 이러한 가드라인을 모방, 1979년 3월에 문부성은 각 대학이나 연구기관을 대상으로 '변형 DNA 실험 지침'을 공표, 과학 기술청은 이 같은 내용의 지침을 일반인에게 공포하기에 이르렀다. 일본은 그 열풍에 뒤질세라 '꿈의 신기술'을 강조하면서 유전자 변형이나 세포 융합을 부각 시키곤 했다.

그러나 건강식품은 선별해서 먹든지 안 먹으면 되는 것에 반해 변형 의약품은 이미 건강이 나빠져 있는 비 건강인을 상대로 한다는 점에서 문제가 더 큰 것이다. 꿈의 항암제라고 불리는 인터페론(Interferon)과 당뇨병 치료제인 인슐린(Insulin), 성장호르몬, B형 간염 왁친(Vakzin) 등이 대표적인 케이스다. 인터페론에는 알파(α), 베타(β), 감마(γ) 등 세 개의 형태가 있는데 그 역할과 성능이 다르기 때문에 오랜 기간 개발해 상품화에 성공한 기업은 토우레와 다이이치 제약이라는 발표가 있었다.

그 외에도 약 30여 개 회사가 유전공학 기법을 실용화하기 위해 개발 전선에 뛰어들었고, 악성흑색종(惡性黑色腫; Malanoma)과 뇌종양에 쓰인 페론(feron)은 베타(β)형이었다고 한다. 원래 인터페론은 바이러스의 억제인자로 인체의 면역력이 높으면 인체 내에서 스스로 생성된다. 바이러스 활동을 직접적으로 저지하는 것이 아니라 바이러스의 숙주가 되는 세포에 작용해 세포 자체가 바이러스에 대한 저항력을 갖게 하는 중요한 메커니즘인 것이다.

인체 내 생산량이 적은 인터페론을 의약품으로 대체해야 했던 제약사들은 인터페론의 유전자를 대장균 등에 집어넣고 배양시켜 대량 생산을 시도하였다. 당시 인터페론의 보험 약가는 1g당 약 45억 엔, 한화 약 450억이 넘는 액수였다. 개발자나 기업으로서는 만세를 부르지 않을 수 없는 일이었다. 그 후에도 알파인터페론이 선보이면서 신장암, 다발성 골수종, 특정 B형 만성 활동성 간염의 바이러스 혈중 개선제 등이 나왔고, 감마인터페론은 신장암, 균상골육종(菌狀骨肉腫) 등에 적응한다고 하여 사용되기 시작해 그 후 C형 간염에 쓰이기도 했다. 그 후 인간 성장호르몬이라는 소마토놈(Somatonorm)과 변형 대장균을 사용한 메시오닌(Methionine)이 등장했고, 제너럴사가 개발한 천연형 인간 성장호르몬이 나와 소마토놈을 대체하기도 했다.

1986년 환경보호단체의 맹렬한 반대에도 불구하고 미국 어드밴스제네틱 사이언스사는 변형미생물(Frostban)의 야외 실험을 계속 진행했고, 유럽, 일본 등의 각 선진국에서는 이러한 바이오테크놀로지를 국가 경쟁력으로 삼기 위해 혈안이 되었다.

암에 걸리면 너무나 황당한 약(대장균을 통한 불순한 약이기에)을 너무나 황당한 가격을 치루면서 복용해야 하는 이 시대에 우리는 무엇을, 어떻게, 얼마나, 어떤 자세로 먹고 살아야 하는가를 고심해야 하는 것이다.

5

소금은 약이 된다

체질에 맞는 식생활 길들이기

약이 되는 소금

여성의 냉·대하, 치질, 부스럼, 종기 등에는 천일염을 냄비에 끓여 가라앉힌 후 가라앉은 불순물을 고운체에 밭쳐 버리고 맑게 된 따뜻한 소금물로 좌욕을 하면 좋다.

소금의 중요성은 말할 수 없이 많다. 1882년 나폴레옹이 이끄는 프랑스 군이 소련 침공을 포기하고 물러날 수밖에 없었던 이유 중의 하나도 소금의 부족이었다고 한다. 장기간의 전쟁으로 소금을 섭취하지 못한 병사와 말의 체액이 왜곡됨과 오염을 이기지 못해 결국 세균 감염으로 죽어갈 수밖에 없던 것이다. 소금의 효능을 모르는 무지가 많은 생명을 잃게 한 것이다. 나쁜 소금은 몸을 퉁퉁 붓게 하는 병(과체중, 비만)을 만든다고 『사기』에 기록되어 있다.

우리의 토종 된장은 그야말로 생명 살리기의 참 먹을거리(식당용 공장에서 만드는 된장 제외)이다. 소금이 식품 이상의 능력을 지닌 물질임을 인정하고, 좋은 소금을 골라 먹는 지혜를 익히는 것이 건강의 지름길이다.

소금의 역할

- 몸무게 70kg의 사람일 경우 체액은 44kg의 물(피)과 400g의 소금으로 구성되어 있다. 인체의 약 70% 이상을 차지하는 수분 중 0.9% 정도는 염분, 즉 생리식염수로 되어 있는 것이다.
- 소금은 음식물을 분해, 노폐물 배설에 일등 공신의 역할을 한다.
- 소금은 혈관을 청소하고 장벽에 붙은 불순물을 제거한다.
- 소화를 돕고 인체 저항력을 높이며, 해독과 살균작용을 한다.
- 죽거나 파괴된 세포를 빠르게 회복시키는 작용을 한다.
- 땀을 많이 흘리는 사람에게(다이어트, 노동자, 운동선수) 소금은 생명력을 부여한다.
- 음식의 맛(오미) 중에 소금의 짠맛이 빠지면 맛의 진미가 없다.
- 발효식품(간장, 된장, 고추장, 김치)의 주 핵심 원료로 없어서는 안 될 어른 된 맛이다.
- 쓴맛의 소금(중국산)은 황산근, 염화마그네슘이 다량 함유된 나쁜 소금이다.
- 좋은 소금은 물에 잘 녹고, 침전물이 생기지 않는다.
- 좋은 소금은 바슬바슬하고 맑으며, 습기가 없고 단맛이 난다.
- 좋은 소금은 입자가 일정하고, 문지르면 잘 부스러진다.
- 좋은 소금은 조금 많이 먹는다 해도 인체의 항상성(호메오스타시스) 작용에 의해 불순물 배설을 유도해 몸에 해롭지 않다.
- 좋은 소금은 기혈의 약으로써 각혈, 토혈, 사혈의 약에도 쓰인다.
- 단백질의 응고 현상이나 동맥경화를 염려하는 사람은 두부를 너무 많이 먹지 않는 것이 좋다(단백질 응고용 간수 사용).
- 염분 섭취로 문제가 되는 일은 어떤 동물성 식품에 어떤 소금을 썼으

며, 얼마나 나쁜 소금을 먹었느냐의 문제다.

동물의 하루 소금 섭취량은 대략 다음과 같은데 사람이 먹는 10g
이 좋은 소금일 때는 문제가 없지만 나쁜 소금을 섭취하면
서 다음과 같은 재료를 썼을 때, 문제는 달라질 수밖에 없다(근육이 딱딱하
고 경직되며 소화력이 떨어지고 세균 감염 질환을 이기지 못함).

세계보건기구가 발표한 사람의 하루 소금 섭취량에 관한 실험은 동물실
험을 기준으로 한 것이며, 사람마다 생활환경이 다르면 소금의 사용 범위
또한 다를 수밖에 없음을 인식하면 된다.

소금 섭취량

구 분	섭 취 량
사람	10g
소	80g
말	30~40g
염소	20g
닭	0.9~1g
하마	500g

소금은 된장, 고추장 맛을
변화시킨다

옛말에 '음식 맛은 장맛이다' 라는 말이 있다. 그런가 하면 '말썽 많은 집안은 장맛이 쓰다' 는 말도 있다. 이 말이 그냥 옛 말이 아니라 정말 과학적인 것이 장이 발효를 시작하면 각종 유익한 미생물이 발생하기 시작한다. 그때 집안에 시끄러운 일이나 우환이 생기면 나름의 고유주파수를 가지고 살아있는 미생물들이 횡파(橫波)에너지(부정적인 에너지)의 간섭을 받을 수밖에 없다. 그렇게 되면 당연히 장맛에서 쓴맛이 나고, 그 가치는 떨어질 수밖에 없는 것이다. 우리의 선조들은 '자연치유학' 이라든가 '자연과학' 이라는 전문용어가 생기기 훨씬 전부터 이미 그 오묘한 파동의 세계를 알아 몸소 느끼며 살아온 것이다.

재작년에 나는 다섯 항아리나 되는 양의 된장, 고추장을 담았다. 그런데 고추장 항아리를 열기가 두려워 일조량 조절하는 일 외에는 아직 제대로 뚜껑을 열지 못하고 있다. 그 이유는 소금 선택을 잘못했기 때문이다.

중국산 소금(암염)을 한국산 천일염으로 알고 속아 산 나의 불찰도 있었지만 땅의 에너지가 미치지 않는 고층의 아파트라는 한계 때문이었다. 지기(地氣)가 부족한 우리 집 된장은 익어갈수록 암염으로 된 소금 탓에 돌이 생기면서 맛이 쓴 것이 마치 우환이 많은 집안의 된장과 같음을 알고는 뚜껑을 열기 싫었던 것이다. 담은 정성이나 허비한 시간을 생각하면 소금 장수가 괘씸하지만 어리석은 나의 소치를 누구에게 돌리랴 싶어 나름대로 된장의 쓰임새를 찾게 되었다. 그 된장은 식이요법을 할 때 반드시 같이 시행해야 하는 복부찜질용으로 안성맞춤이었다. 된장에 사용한 소금은 염도가 보통 소금의 8배 정도였기 때문에 독소 배출용으로 제격이었다.

고추장은 한 2년 더 묵히면 약성이 강한 고추장이 되기 때문에 따끈한 물에 우려 그 윗물을 위장병으로 고생하는 사람에게 음용하게 하면 좋을 것이라는 묘안이 생긴 것이다. '궁 즉 통' 이라 했던가? 궁하면 반드시 통하는 길이 있다는 것을 된장과 고추장을 담으며 깨닫게 된 것이다.

된장은 단백질의 보고이자 항암 기능이 있으며, 혈압강화 작용과 항 콜레스테롤 작용을 하는 것으로 보고된 바 있다. 그런데 오늘날의 된장, 고추장은 어떤가? 된장, 고추장이 썩고 있다는 것이 중론이다. 장의 단맛을 내기 위해 된장 공장에서 쓰는 삭카린은 음료수, 과자, 잼 등에 쓰이는 인공 발암물질이며, 아이스크림, 음료수, 껌, 드롭프스, 파인, 등에 쓰이는 인공 향료인 아세트페논, 인돌, 에틸바닐린, 시트랄, 티몰 또한 발암 물질로 규명된 물질이다.

음 체질인 수·목 체질은 된장을 약하게, 고추장 맛을 강하게 먹는 것이 유리하고, 양 체질인 화·금 체질은 된장 맛이 강한 쪽의 음식을 섭취하는 것이 유리하다.

누구나 자신의 코에서 흘러나온 콧물을 먹어 봤을 것이다. 콧물은 본래 짠맛인데 비리거나 들척지근한 맛이 나면 그 사람의 몸에는 소금 기운이 나쁘게 작용한다는 증거다. 하루 빨리 좋은 소금을 골라 먹는 지혜를 익혀야 한다.

외식업체의 소금은 과연 어떤 소금을 쓰고 있을까? 외식문화를 바로 잡는 지름길은 유기농 채소를 쓰는 것에서부터 건강한 소금을 쓰는 일이 무엇보다 중요하다.

소금의 종류

구 분	섭 취 량
천일염 (비금도, 해염)	백색, 진흙이 섞인 바닷물을 뜨거운 태양 광선의 기와 바람으로 유해 물질을 증발시키는 과정을 거쳐 미네랄을 충분히 머금은 소금이다.
암(岩)염	소금 호수에 물이 증발하고 남아 퇴적해 지층이나 암석을 이룬 것으로 채굴을 통해 생산되며, 소금 인테리어, 소금 찜질, 소금 건물 등에 쓰인다. 염도는 바닷물의 8배 이상이며 순도는 높으나 생물이 살지 못한다. 대표적인 곳으로 이스라엘의 사해를 들 수 있으며, 유럽지역에서 많이 생산된다.
목(木)염	대나무, 은행잎, 밤나무 껍질, 박달나무 등을 고온으로 태워 만든 소금으로 지금은 우리 주변에서 잘 볼 수 없지만, 옛날에는 자주 사용되었다고 한다.
토(土)염	지네, 지렁이, 전갈, 거머리 등 주로 땅에서 기어다니는 곤충에서 뽑아낸 소금이다. 동양 의학의 오기라고 할 수 있는 목, 화, 토, 금, 수를 바탕으로 한 소금으로 뇌, 신경질환(과민성 신장병, 대장 병)에 쓰였다고 한다.
죽(竹)염	우리에게 너무나 잘 알려진 방법으로 대나무에 소금을 넣어 고열에 9번 구운 건강소금이다. 대나무의 유황정+천일염의 핵비소+황토 흙+송진의 기가 합쳐져 탄생하는 죽염은 인체의 공해와 독을 처리하는데 가장 유용한 소금이다. 인산 김일훈 선생과 관련해 온갖 법제기술과 신비의 민간요법으로 죽어가던 사람을 살려낸 일화들이 많으며 제자들에 의해 오늘날 명맥을 유지하고 있다. 그러나 그 비법을 어설프게 흉내 내거나 얕은 상술로 만들어 낸 소금이 많아 진정한 죽염의 가치를 떨어뜨리고 많은 사람들의 건강을 망치고 있어 우려된다.
기(氣)염	일본에서 오래전 민간요법으로 전해오는 요(尿)요법을 농축시켜서 만든 소금이다. 우리나라에도 요로요법을 들여와 널리 보급하고 있는 단체(경기도 S대학교 K교수)가 있어 그와 함께 한동안 료요법을 실천하며 약 1년을 수련해 본적이 있다. 소변은 사실상 우리 몸 안의 피, 노란 색을 띠는 피라고 볼 수 있다.

요(尿) 요법은 아침에 기상할 때 처음 배설하는 자신의 소변을 받아 마시는 방법이다. 남성은 생리구조상 비뇨기가 앞으로 뻗어 있어 자신의 소변을 받아 마시기가 수월하지만 여성은 실행하기가 힘들다. 그나마 자신의 몸 상태가 아주 건강할 때 위생 상태를 철저히 해서 실행해 봄직도 하다. 자신의 몸에서 만들어진 소금이므로 그 파동은 자신의 주파수와 잘 맞는 소금이 될 것이다. 소변을 마시는 것이 꺼림칙한 사람들을 위해 만든 소금이 기염이다. 감기 예방, 폐결핵, 옻이 오른 곳에 바르거나, 축농증에는 코로 소금물을 흡입하는 등의 방법을 쓴다. 인후통과 눈 다래끼에는 면직물에 소금을 싸서 뜨겁게 달군 후 환부에 바르면 빨리 가라앉는다.

기(氣)염 만들기(민간요법)

1. 소변을 한 말 정도 받아 불에 끓이면 수분은 증발하고 찌꺼기가 남는다.
2. 까만 찌꺼기를 1,000℃로 태우면 검은 소금이 된다.
3. 여기서 소금을 녹이고 태우는 과정을 여러 번 반복하면 소금의 색이 분홍색에서 초록색으로 변하고 다시 9번 녹이면 사리가 된다고 하는 문헌이 있다.

소금과 혈액형별(체질별) 다이어트

다이어트를 할 때 무조건 안 먹고 음식의 양을 줄이는 방법은 최선이 아니다. 허기지지 않을 정도의 식사를 하되 자신의 체질에 맞는 음식을 먹고, 음 체질이면 양의 성질을 가진 식품을, 양 체질이면 음의 성질을 가진 식품을 충분히 씹어 삼켜야 한다.

흔히 다이어트라고 하면, 군살이 빠지고 몸매가 예뻐진다는 점에 주목하지만 본 혈액형별 다이어트 방법은 다이어트는 물론 질병의 예방이라는 측면과 왜곡된 건강과 체질을 바로 잡아주는 측면을 더욱 중요하게 다룬다. 각 체질별로 제시한 이로운 음식물을 이용해 다이어트(식이요법) 시작 전에는 묽은 죽으로 시작해 절식법(단식이 아닌 음식 조절법)을 행하면 많은 효능을 볼 수 있을 것이다.

우선 각각의 혈액형별로 백해무익한 체중 증가를 촉진하는 음식이 어떤 것인지 자세히 살펴 인식한 후에 그러한 음식은 먹지 않겠다는 다짐을 해야 하고, 철저히 지켜가겠다는 신념을 가져야 한다. 세상의 유혹 중에 음식물의 유혹처럼 뿌리치기 힘든 것도 없으니 말이다.

단식(다이어트)을 하거나 식이요법을 할 때 가장 중요한 것은 몸 안에 수

십 년 동안 쌓여 있던 오폐물을 어떻게 빼내 주느냐가 관건인데 아래에 제시한 식품의 제한과 절제를 원칙으로 하되 무엇보다 중요한 것은 소금의 역할이다. 어떤 소금을 먹어왔느냐를 따져보고 다년간 잘못된 소금을 섭취했다면 그에 따른 질병도 안고 있음은 두 말할 필요도 없다.

다음 표는 각 체질별 체중 증가 요인을 제공하는 먹을거리이다. 유의하면서 좋은 소금을 적절하게 섭취해야 한다.

혈액형에 따른 체중 증가 원인과 부작용

혈액형	주 의	체중 증가 촉진 음식 및 부작용
A형	소화기 장애와 관련된 질병 유의	• 육류—소화가 잘 안 되는 육류는 지방으로 축적되어 소화관 내의 독소를 증식시키는 부작용을 유발한다. • 유제품—적절한 영양 대사를 막고 점액분비를 증가시킨다. • 강낭콩—대사의 속도를 늦추고, 소화효소의 작용을 방해한다. • 밀(다량)—인슐린의 효능을 방해하고, 칼로리 소모를 감소시켜 비만의 원인이 되며 셀리아경을 일으킬 수도 있다.
B형	이색적인 면역계 질환에 걸릴 확률이 높다	• 옥수수—신진대사 속도를 늦추고 인슐린을 방해하며, 저혈당증을 초래한다. • 땅콩—간 기능을 저해하고 신진대사를 방해하며, 저혈당증을 초래한다. • 참깨—신진대사를 방해하고, 저혈당증을 초래한다. • 밀가루 음식—소화 작용과 신진대사를 늦춘다. 인슐린 효능을 방해한다. 음식을 연소해서 지방으로 축적되게 한다.
O형	열성 식품의 과다섭취는 여러 가지 질병을 부른다	• 밀, 글루텐—대사 속도를 늦추고, 인슐린 효능을 방해한다. • 옥수수—인슐린 효능을 방해하고, 비만의 원인이 된다. • 강낭콩류—콩 속에 함유된 렉틴 성분은 근육 조직에 침전해 대사를 방해한다. • 양배추, 겨자 잎—갑상선 분비를 혼란시킨다.
AB형	생물학적인 복합 체질로 복합적인 질병에 유의	• 육류—소화가 잘 안되며, 독소를 증식시켜 지방을 축적한다. • 씨앗류, 메밀, 옥수수, 밀, 강낭콩—인슐린 효능을 방해하고, 물질 대사를 떨어뜨리며 저혈당증을 초래한다.

6

체질별 질병치유
김치와 효소

체질에 맞는 식생활 길들이기

목 체질의 김치

목 체질은 24절기 중 동지부터 춘분 사이에 태어난 사람이다. 목 체질은 간과 담의 기능은 왕성하지만 상대적으로 폐와 대장의 기능이 약하다. 이 체질의 경우 온갖 병이 폐와 대장의 허약으로 기가 빠지기 시작하면서 온다. 근본적으로 신맛의 음식이 폐를 보호하고, 단맛이 잘 맞는 체질이기는 하나 과체중인 사람은 체중을 더 불어나게 할 수 있으므로 주의를 기울여 김치가 시기 전에 먹도록 해야 한다. 추운 계절에 태어난 목 체질은 혈관이 수축되고 순환이 잘 안 되는 약점이 있다. 혈액순환이 잘 안 되면 체내의 각 기관에 산소운반 능력이 떨어지는데 뇌에 산소가 부족하면 뇌경색을 일으키고, 심근세포가 괴사하게 되면 심근경색이 된다.

순환기 질병은 유해한 콜레스테롤인 LDL 수치를 증가시켜 동맥경화를 불러오고 혈관이 막히는 혈전을 부른다. 결국에는 기진맥진해서 병을 이겨 내지 못하게 되는 것이다. 그래서 잦은 육식보다는 채식의 생활화를 실천해야 하고, 몸의 냉기를 더하는 채식보다는 약 5~6분간이라도 살짝 익혀 먹는 야채식이나 효소음식이 좋다. 김치가 바로 그 좋은 예다.

일본이나 중국, 한국 여성들의 목 체질은 빈혈, 생리통, 자궁병 등이 많은데 그것을 생 채식으로 다스리면 냉함을 더하기 때문에 득보다 실이 더 많음을 꼭 인식해야 한다.

저장성 김치

무말랭이 김치, 무 깍두기 김치, 무 동치미, 민들레 뿌리 김치 등 뿌리 쪽 김치를 주로 상식(常食)해야 한다. 뿌리 쪽 식물은 목 체질의 초조함을 달래주는 탄수화물이며, 목 체질의 배꼽 아래 하지병(下肢病)에 많은 도움을 준다.

항상 먹는 김치

부추 순무김치, 목 체질에게 부추는 생강, 마늘, 고춧가루와 함께 김치로서의 기능도 있지만 그 이상의 약리 작용을 한다.

부추 순무김치 담그는 방법

1. 부추를 씻을 때 너무 강하게 손으로 비비거나 흔들면 풋내가 나므로 자연스레 흐르는 물에 씻어 건져둔다.
2. 순무 또는 겨우내 저장했던 무를 채를 썰어 준비한다.
3. 언어는 잘 씻어 얇게 썰어둔다.
4. 6쪽 마늘, 황토 흙 생강(껍질을 깎지 말고 흙만 씻어 준비) 적당량을 빻아 준비한다.
5. 여름 태양에 광합성이 잘된 천일염을 빠른 시간에 물로 씻어 불순물을 제거한다.

6. 1, 2, 3, 4의 재료에 5번의 천일염으로 살짝 간을 해둔다.
7. 준비해 둔 유기농 고춧가루를 위의 모든 재료와 함께 손끝으로 슬금슬금 섞는다.
8. 유약을 바르지 않은 황토 옹기 그릇에 담아두었다가 약 3일 후 꺼내 먹는다.

살이 많이 찐 목 체질은 고춧가루 양을 넉넉하게 한다.

위의 김치에 유색 현미 찹쌀과 유색 현미 멥쌀을 5 : 5로 대두 약간을 넣은 밥상이면 목 체질에게 필요한 요소는 다 구비한 셈이다. 부식 한 가지를 더 추가하면 프리페놀 함유량이 많아 간을 다스리는 연근 뿌리 졸임을 권한다. 여기에 체질에 맞지 않는 잡다한 음식을 추가하면 체질 개선은 뒷전이고 넘쳐나는 부작용으로 인한 과체중과 콜레스테롤, 소화불량, 암 등 질병을 부추기는 식사가 된다.

암 체질을 개선하는 마늘, 생강 발효액 요법(5개월~1년 정도 숙성시킴)

• 두 가지 재료는 한 가지씩 분리해서 담근다.
• 죽순을 같은 방법으로 효소액을 만들어 음용하면 아스파라긴산, 글루타민산 등의 필수아미노산이 많아 체내의 단백질 합성을 돕고, 줄기 채소에 많은 식이섬유소 때문에 목 체질의 변비와 대장암을 예방 · 치료하는데 탁월한 효과가 있다.

〈만드는 방법〉
1. 생강은 대 · 중 · 소 생강으로 나뉘는데 우리 땅(완주, 태안, 서산) 황토 흙에서 재배 · 생산된 재래종이 좋다.
2. 알이 굵지 않고 섬유질이 적은 것, 연하고 발이 적으며, 육질이 단단한 것을 선택한다.

3. 마이크로컴퓨터 시스템에 의해 건조된 건조 생강은 효능이 적다.

4. 마늘은 논이 아닌 밭과 참 흙에서 재배해 담갈색의 매운 맛이 강하고, 겉껍질과 속 껍질이 단단히 붙어 있는 6쪽 마늘이 좋다.

5. 유기농 설탕은 재료의 양만큼 준비한다.

6. 생강은 껍질을 까지 않고, 마늘은 껍질을 벗겨 잘 씻어 그늘에서 말린다.

7. 말린 재료는 유약을 바르지 않은 옹기에 1/4 가량을 켜켜이 담고 그 위에 설탕을 뿌려 마무리한다.

8. 한지로 덮은 후 공기가 들어가지 않도록 비닐로 2~3겹 마개를 하고, 고무줄로 묶어 뚜껑을 덮는다.

9. 아파트에서는 주둥이가 좁은 유리병이나 항아리에 담아 공기가 맑고 온도의 변화가 적은 그늘에 두되 검은 천으로 빛이 들지 않게 싸둔다. 땅에 묻어 두는 것이 제일 좋다.

10. 2~4주 후 뚜껑을 열고 발효 상태를 확인하는데 나무 숟가락을 이용해 위에 떠 있는 재료를 눌러준다.

11. 기간이 다 되어 숙성·발효된 마늘과 생강의 효소 원액은 여름철에는 미지근한 물에 3배 정도 희석하고, 가을·겨울에는 따끈한 물에 희석해 하루에 3번 약 30번 정도 씹어 삼키도록 한다.

화 체질의 김치

뜨거움, 열, 불을 상징하는 여름은 모든 사람을 밖으로 나오게 한다. 이때는 유황의 작용이 심한 마늘, 생강, 겨자, 고추냉이 등의 음식은 될 수 있으면 피하고 낙농제품도 삼가는 것이 좋다. 되도록 쐐기풀(nettle)과 같은 철분이 풍부한 식물을 정화된 뜨거운 물에 겉껍질이 살짝 익을 정도만 익혀서 먹는데 이런 방법을 블랜칭(blanching ; 데치기)이라고 한다. 블랜칭 허브차를 냉하지 않게 먹으면서 단식(식이요법)을 시행하는데 이때도 각 체질별 음식 재료를 이용하는 것이 좋다.

화·금 체질은 메밀, 보리 등의 냉성 음식과 열대 과일로 열에 치우친 몸을 다스리고 편중으로 인한 질병을 막아야 한다. 규소의 특질을 가지고 있는 기장(millet)은 감정조절이 잘 되지 않고, 지나치게 화가 자주 날 때를 대비해 배설 증진을 돕는 현미 쌀과 함께 섞어 먹으면 암 예방을 위한 식단이 된다. 수·목 체질은 아무리 더운 여름에라도 에어컨, 냉장음식, 냉한 날 음식 등이 몸에 독이 된다는 것을 인식해야 한다.

화 체질은 음력 춘분 이후부터 하지까지 태어난 사람의 체질을 말한다. 때문에 화 체질은 몸이 매우 더운 편이다. 그 화기로 인해 병이 시작된다.

열기를 받은 관계로 자연히 땀을 흘리게 된다. 열기를 지니고 태어난 화 체질은 심장과 소장의 기능은 왕성한 반면에 신장과 방광의 기능이 허약하기 때문에 땀을 많이 흘리는 여름에는 혈액이 탁해지는 원인인 신장의 물 부족으로 병이 시작된다. 그 결과 혈전증으로 이어지기 쉽다.

저장성 김치

1. 배추는 적당히 천일염으로 심심하다 싶을 정도로 간을 한다.
2. 미나리와 신선초를 준비한다.
3. 오이를 약간 준비해서 심심하게 절여 놓는다.
4. 맵지 않은 고춧가루 약간을 준비한다.
5. 백김치를 담근다는 느낌으로 국물을 넉넉하게 담가 국물을 활용한다.
6. 신선초와 미나리는 신장의 허약으로 인한 발열, 통증, 부기, 혈압상승에 효능을 발휘하는 재료이다.

항상 먹는 김치

녹색피망김치

• 녹색의 피망은 혈전으로 인한 뇌경색, 심근경색 등의 치료 성분인 피라진이 함유되어 있어, 화 체질의 화기를 낮추고 병도 고치는 음식 재료이다.

〈만드는 방법〉
1. 꽈리고추 약간을 준비해서 취향대로 잘게 썰어 둔다.

2. 시금치는 전라남도 비금도산(産)의 갯벌 흙에서 자란 것이 게르마늄 성분이 다량
   함유되어 있어 약성이 우수하다.
3. 청차조기가 없을 경우 쑥갓을 잘 씻어 건져 둔다.
4. 맵지 않는 고춧가루를 준비한다.
5. 새우젓을 준비한다.
6. 참치 생고기를 먹기 좋게 얇게 썰어둔다.
7. 위의 모든 재료를 섞어 그때그때 버무려 먹는다.

그 외의 상식하는 김치로는 배추김치, 나박김치가 좋다. 여기에 현미와 흑미, 보리를 7:2:1의 비율로 섞어 수수, 검은 쥐눈이 콩 약간을 섞어 만든 밥에 등푸른 생선 반 토막(찐 것)을 함께 먹으면 매우 이로운 밥상이 된다.

암이 염려되는 화 체질의 효소 식이요법

인진쑥은 더워지기 시작할 때 캐는 사철쑥을 이용한다. 바닷가 모래밭 부근의 해풍을 받은 사철쑥이 화 체질에게 가장 이롭다.

〈만드는 방법〉
1. 잎을 딴 후 줄기는 따로 준비해서 잘게 썰어 씻어 둔다.
2. 당분 대신에 감초 약간을 준비한다.
3. 2의 재료와 대추, 생강 약간을 섞어 약한 불에 서서히 달이면 진한 액체가 된다.
4. 엿기름과 유기농 흑설탕을 넉넉하게 넣고, 쑥을 다량으로 넣어 밀봉·보관하면
   약 1~2개월 후에 효소액을 얻을 수 있다.

5. 약 2주 후 뚜껑을 열어 상태를 확인하고, 위에 떠 있는 재료는 깨끗이 씻은 돌로 눌러둔다.
6. 온도와 보관 조건은 목 체질의 효소 만드는 방법을 참고하면 되는데 잘못 보관해서 술이 되는 경우 글리세린을 넣어 자연 발효 화장수로 사용하면 화 체질의 피부 미용에 아주 탁월한 자연 화장품이 된다.
7. 잘 발효해서 효소액이 성공적으로 만들어지면, 1일 3회 음용하되 다른 잡다한 음식 특히 육류는 엄격히 금한다.

금 체질의 김치

가을은 저축력을 길러주는 추수의 계절이다. 그 동안 먹지 않았던 너트 종류를 체질별로 먹고 올리브유, 홍화씨, 아마씨, 해바라기씨 등을 짠 기름을 간간히 사용하면 인간의 유기체 안에서 겨울을 준비하는 온기를 만들어 내고, 신경전달 물질을 생성하는데 유익하게 쓰인다. 홍화씨를 달인 물은 관절염에 효능이 있다고 알려져 있으나 반드시 유기농인가를 살펴 선택한다. 제철에 수확한 사과, 배, 살구, 포도, 복숭아 등을 각 체질에 맞게 충실하게 먹으면 복부의 단백질 형성을 돕고, 가을을 지나 겨울의 추위까지 지켜내는 인체 내부의 운동력을 키운다.

암 환자들은 특히 빵 먹는 것에 단호해야 한다. 빵 대신 싹 틔운 곡물(Spouted grains)을 상식(常食)하는 것이 좋다. 자신에게 맞는 곡물을 준비하고 곡물의 2배 정도 되는 물에 곡물을 얇게 편 다음 15℃ 이하의 온도를 유지해 36시간 이상 두면 곡물이 퉁퉁 붇게 된다. 이것을 17℃의 온도에 약 3일 동안 놔두면 싹이 트는데 이 싹을 계절에 맞는 과일과 함께 으깨 날것으로 먹거나 체질별 차와 함께 꼭꼭 씹어먹으면 암 환자의 훌륭한 식이요법이 된다. 빵은 굽는 과정에서 압축 이스트와 합성 산(酸)(Synthetic acid)이 가미되며, 곰팡이 방지를 위한 화학 첨가물이 사용된다. 어떤 것을 먹어야 하는지의 선택은 본인에게 있다.

저장성 김치

일본의 다쿠쇼쿠 대학의 소마아끼라 교수와 일본 농림 수상성의 시노하라가즈끼 농학 박사는 가지를 시험하던 중 가지가 발암 물질을 약 82% 억제한다는 사실에 주목하고 백혈병 세포에 시험한 결과 매우 긍정적인 답을 얻었다. 우리나라는 강원도 지방에서 담가 먹는 가지김치를 활용하면 되는데 방법은 다음과 같다.

가지김치 만드는 법

1. 가지의 속은 쓰지 않고 파낸 후 껍질을 잘 씻어 준비한다.
2. 배추를 준비한다.
3. 제철에 나는 산나물을 약간 준비한다.
4. 조개젓 약간과 맵지 않는 고춧가루 적당량을 준비한다.
5. 위 재료를 천일염에 살짝 절인 후 씻어 물기를 빼는데 국물을 사용하기 위해서 간간한 소금물을 준비한다.
6. 산나물과 가지를 맵지 않은 고춧가루와 조개젓에 버무린 후 배추에 속을 넣고 무쇠(철)로 된 그릇에 담아 보관한 후 익힌다.

가지의 보라색 색소인 안토시아닌 계의 나스닌이라는 성분에는 발암억제 성분이 많다고 한다. 금 체질은 다른 체질보다 여름의 열기와 가을의 한기를 동시에 안고 있는 까다로운 체질이 되기 쉬우므로 병이 나면 심각한 악성 종양으로 치닫는 경우가 많다.

가지장아찌를 담글 때는 얇은 면 보자기에 싼 못(철기)을 함께 넣고 익힌다. 가지의 색소에 들어있는 안토시안 계의 나스닌이 철과 만나면 그 성분이 더욱 안정된 효과를 준다는 실험결과 때문이다.

위의 김치와 율무, 보리, 현미를 5:3:2의 비율로 해당하는 죽으로 식이요법을 하고 밥도 같은 비율로 상식하는 것이 좋다.

항상 먹는 김치

등푸른 생선으로 속을 채운 덜 매운 배추김치를 늘 가까이 두고 먹도록 한다. 채식을 주로 해야 하는 금 체질은 짠듯하게 간을 하고, 육식을 많이 하는 금 체질은 싱겁게 간을 하는데 너무 익은 것보다는 적당히 익은 것이 이롭다.

암이 염려되는 금 체질의 효소 식이요법

금 체질은 청국장이 제일 잘 맞는 체질이다. 화를 잘 내는 금 체질은 혈관 속의 피를 굳히는 혈전으로 인한 질병이 예상되는데 암도 악성으로 오기 쉽다. 청국장에 들어 있는 단백질 분해 효소는 체내에서 약 3~12시간 정도 머물면서 혈관 속의 엉킨 피를 녹이는 역할을 한다.

〈만드는 방법〉

1. 배 적당량을 껍질째 썻어 물기를 뺀다.

2. 유기농 설탕을 배와 같은 양으로 준비한 후 항아리에 담고, 설탕으로 마무리한다.

3. 열이 많은 금 체질은 늦가을에 채취한 구기자 열매를 제철의 맥문동, 오미자, 더덕을 함께 넣고 약 6개월 동안 숙성시키면 위에 부담이 없는 부드러운 효소액이 된다. 시력증진, 빈혈, 간 질환에 효능이 있다.

4. 배추 속, 오이 등의 재료를 사용하면 금 체질에게 과식의 식탐을 줄여주는 효과가 있다.

수 체질의 김치

가을에 씨앗을 여물게 하는 에너지가 겨울의 대지 속으로 깊이 숨어들면 동물은 동면을 하고, 밀과 같은 작물은 그 뿌리를 2m 이하까지 내린다. 겨울을 보낸 우리의 식품인 묵은지(김치)는 이때 땅 속에서 발효해 맛과 영양, 에너지를 비축하고 뇌의 소금작용(Salt Process)을 돕는다.

인간의 뇌는 겨울에 생각하는 것이 많고 정신적인 통찰력을 키운다. 그러한 영양을 땅 속에서 받아야 하는 우주의 섭리를 인식하면 광물질의 에너지(Mineral Forces)를 가진 뿌리채소가 잘 맞는 수 · 목 체질에 천재가 많은 것이 우연이 아님을 알 수 있다.

특히 말린 과일, 채소(무말랭이), 겨울 사과는 암 환자에게 매우 유익한 식품이며, 대지가 빨아들인 소금작용의 혜택을 더 없이 받는 결과가 된다.

이 시기에 수 · 목 체질과 A형이 옻 엑기스를 음용하면 좋은 효과를 보는데 옻은 열이 나게 할 뿐만 아니라 만성 위병(위암)을 치유하는 효능도 있다. 체질상 위에 병이 자주 나는 사람이나 위가 항상 더부룩해 불쾌했던 사람에게 전신의약으로 작용한다.

저장성 김치

수 체질은 진정한 짠맛(왜곡된 소금, 김치, 장아찌, 젓갈)을 잃을 때 병이 난다. 종삼(種蔘)은 인삼의 싹이고, 미삼(尾蔘)은 인삼의 꼬리 부분으로 열성이 대단하다.

냉성의 수 체질이 먹을 저장성 김치는 두 가지 중 한 가지를 선택해야 하는데 아래쪽 하지(下肢)에 병이 있는 수 체질은 종삼 김치를, 복부 위쪽의 질병이 의심되는 수 체질은 미삼을 쓰면 된다. 위, 아래 할 것 없이 이쪽저쪽이 다 부실한 사람은 인삼 전체를 사용하면 된다.

인삼김치 만드는 방법

〈만드는 방법〉

1. 매운 고춧가루와 마늘, 생강을 넉넉히 준비한다.
2. 인삼은 깨끗이 씻어 물기를 뺀다.
3. 약간의 꿀을 준비한다.
4. 준비한 1, 2, 3을 넣고 썰어 놓은 인삼과 함께 버무려 황토로 구운 옹기에 넣고 밀봉해 두었다가 3~4일 후 꺼내 먹는다. 수 체질은 체질상 저장성 김치와 궁합이 아주 잘 맞는다.
5. 무말랭이나 무김치를 담글 때 황새기 젓을 넣고 담그면 체질 궁합이 잘 이루어진다.
6. 살이 찐 수 체질은 새우젓을 머리를 제거한 콩나물과 함께 김치를 담거나 무쳐 먹으면 다이어트에 큰 효과를 본다.

수 체질은 체질상 겉절이 김치가 해롭다. 항상 음식을 5분 이상 익혀 먹어야 한다. 발효 김치는 먹을거리가 부족한 계절에 태어난 수·목 체질에게 하늘이 준 큰 선물임이 틀림없다.

살이 찌지 않은 수 체질은 미역이나 다시마가 좋은 짠맛을 가진 해초류인데 살이 찐 수 체질은 해초류의 끈적거림 때문에 살이 더 찔 우려가 있다. 마는 수 체질에게 잘 맞지만 살이 찐 수 체질에게는 부적합하므로 마와 인삼가루를 5:5의 비율로 꿀을 첨가해 먹으면 식사대용 혹은 건강식으로 좋다. 수 체질은 그 어떤 체질보다 냉함을 더하는 육식이나 등푸른 생선이 맞지 않는다. 조기나 연어를 찌거나 익혀 먹는 요리가 적당하다.

암이 염려되는 수 체질의 효소 식이요법

살이 별로 찌지 않은 수 체질(위암)의 사람에게는 청매실 효소액을 권한다. 매실은 신맛이 주된 맛으로 살찐 수·목 체질에게는 오히려 과체중을 부추기고 해롭게 작용하기 때문이다. 청매실은 독성이 강하기 때문에 반드시 효소화해서 음용해야 한다.

〈만드는 방법〉
1. 청매실을 깨끗이 씻어 하룻밤 정도 둔다.
2. 유기농 설탕을 준비한다.
3. 준비된 청매실을 항아리에 4/5정도 채운다.
4. 설탕을 맨 위에 뿌려 마무리한다.
5. 약 1년간 숙성시킨다.

• 모든 수 체질의 복합 효소요법(발효 1개월 후면 사용할 수 있다)

소화기와 폐기능이 약해 기침과 가래를 수반하는 수 체질에게 약이 되는 효소다.

〈만드는 방법〉
1. 마늘, 생강과 약간의 붉은 고추를 준비한다.
2. 무청은 위의 재료보다 1배 정도 더 준비한다.
3. 무는 위의 재료보다 2배 정도 더 준비한다.
4. 재료의 1/3 정도의 유기농 흑설탕을 준비한다.
5. 주둥이가 넓은 항아리에 반쯤 채운 재료 위에 설탕을 끼얹어 마무리한다.

• 목 체질도 응용 가능한 효소다.

체내에 나타나는 김치의 7가지 효과

첫째, 주원료인 채소에 함유된 칼슘, 구리, 인, 철분, 소금 등은 인체에 필요한 염분과 무기질을 함유하고 있어 체액을 알칼리성으로 만드는 중요한 역할을 한다.

둘째, 동물성 젓갈에서 아미노산을 얻어 쌀을 비롯한 곡물류에서 부족한 단백질을 보완할 수 있다. 김치가 익으면서 새우젓, 멸치젓, 황석어젓 등의 단백질이 아미노산으로 분해돼 칼슘의 급원이 된다.

셋째, 흰 쌀밥을 주식으로 하는 경우 부족해지기 쉬운 비타민 B1(thiamin)의 흡수에 도움이 된다.

넷째, 채소에 풍부한 섬유소를 섭취하여 변비를 예방하고, 장염, 결장염 등의 질병을 억제한다.

다섯째, 다 익은 김치는 유기산, 알코올, 에스텔을 생산하여 유산균 발효

식품으로 식욕을 증진시킨다.

　여섯째, 김치가 익어감에 따라 번식된 유산균은 장내의 다른 유해균을 억제하여 이상 발효를 막는다.

　일곱째, 각종 비타민을 공급하는데 특히 비타민 C가 많고, 고수, 갓, 무청, 파와 같은 녹황색 채소가 많이 섞이면 비타민 A가 많아진다.

7

영재 어린이는
어떻게 키워야 할까?

체질에 맞는 식생활 길들이기

20세기 후반에는 선진국일수록 다양한 교육을 모델로 지능개발을 위한 프로그램이 성행했다. 1960년대 미국에서는 하버드 대학을 중심으로 조기 교육의 커리큘럼이 만들어졌고, 이러한 프로그램은 전 세계 아동들을 위한 교육 자료로 활용되었다. 아마 독자들도 이들이 만든 아이큐 테스트 용지에 긴장된 마음으로 답안을 작성한 경험이 있을 것이다. 그러나 1990년 들어 미국의 교육학자인 골맨과 가드너의 폭넓은 연구 성과로 아이큐시대는 저물었고, 감성지수의 중요성을 받아들이는 EQ 시대가 왔다.

아동의 인지능력을 위한 주입식 교육의 문제점과 특히 취학 전 영어교육 열풍은 아동의 내적 손상을 가져온다는 폐해와 문제점이 대두되면서 미취학 아동의 조기 교육은 얻는 것보다 잃는 것이 더 많은 교육이라는 각성이 있었다. 세계의 교육자들은 그 문제점을 놓고 반성과 개선의 노력을 기울이게 된다.

한 사람의 인격체인 아이를 부모의 소유물로 간주해 형성된 교육관은 무엇보다 아이의 창의성을 망각하게 만든다는 결론이다. 독립적인 적성을 필요로 하는 아이들에게 지적능력의 개발은 언제부터가 좋고, 창의성은 어떤 환경이 좋으며, 디지털 시대의 주인공인 차세대 아이들에게 어떻게 건강관리를 권해야 할 것인가의 모델은 턱없이 부족한 것이 현실이다.

통계에 의하면 3~5세 어린이의 경우 본인이 원하든 원하지 않든 간에 5~6시간 동안 TV(어린이 방송 포함)를 시청한다고 한다. 이런 어린이들은 코믹한 감탄사, 괴이한 소리 흉내내기, 로봇과 같은 부자연스러운 몸동작, 앞뒤가 맞지 않는 문장 따라하기 등 흉내내는 일을 반복한다. 이러한 환경에서는 아이에게 창의적 판타지나 창조성을 기대할 수 없으며, 오히려 언어결핍의 문제로 자폐증이나 말더듬이가 될 수도 있다는 것이다.

영국의 아동 언어발달의 석학인 샐리와드(Sally Ward) 박사는 1996년에 다음과 같은 실험 결과를 발표했다. '머릿속의 가혹한 실험'이라는 이름의 이 실험은 부모가 켜놓은 TV에 장시간 노출된 9개월 된 아이의 20%가 생후 9개월에 이미 장애현상을 보였고, 3살이 되었는데도 2살짜리의 발달 정도를 보였다는 것이다. TV에 노출시키지 않고 부모와 직접적인 대화를 시작한 4개월 후에야 보통의 아이들 상태로 돌아올 수 있었다고 한다.

요즈음 우리의 아이들은 어떠한가? 게임으로 밤을 새우기 일쑤고, 전자파가 데워주는 전자레인지 음식 등 먹을거리는 패스트 푸드 일색이다. 말로 다 표현할 수 없는 가공(可恐)할 만한 현실에 살고 있다.

그 옛날 우리나라의 왕실에서는 왕자와 공주를 교육하는 과정에서 머리를 명석하게 하는 방법의 하나로 의식적으로 볶은 콩을 먹게 했다고 한다. 볶은 콩이 명석한 두뇌와 정서에 무슨 연관이 있느냐 의아하겠지만 그 해답을 알면 고개를 끄덕이게 될 것이다.

창의성을 극대화시키는 슬로우 푸드 방법은 우선 잘 씹는 버릇을 들이는 것이다. 음식을 20~30회 이상 씹으면 치아가 움직이면서 두개골 옆머리 부분인 관자놀이와 아래턱을 움직이는 하악골(측두근)의 관절부의 혈관에 피의 흐름이 활발하게 진행되면서 혈액순환이 좋아지고, 뇌의 기능이 좋아져 뇌의 시상하부에 있는 식욕 중추를 자극해 포만감을 조성한다. 이렇게 되면 과하게 먹는 행위가 통제되고, 뇌에 산소가 충분히 공급되기 때문에 아이큐가 높아질 수밖에 없는 일석이조의 효과를 얻게 된다는 것이다.

이것은 미국의 알 폰다 박사가 치아의 맞물림 효과를 비교·조사해 밝혀 낸 사실이다. 치아의 맞물림이 좋은 아이의 아이큐가 훨씬 높다는 그의 연구 결과는 씹는 음식과 아이의 천재성이 뗄 수 없는 자연의 이치이자 자연 양생법임을 증명한다.

일본의 성 마리안나 의과대학의 보고서에 의하면 식이섬유가 많은 채소를 천천히 오래 씹는 것이 비만 예방에도 아주 탁월한 효과를 보이며, 노인의 치매 예방에도 좋을뿐만 아니라 학생들의 학업성적에도 지대한 영향을 미쳤다고 한다.

아사히 대학의 후나코시 의학 박사는 육아원의 어린이 중 일반적인 식사를 하는 어린이 24명과 단단한 곡·채식 음식 재료로 식사를 하는 어린이 32명의 씹는 힘을 실험했는데 약 6개월 후 기억력 테스트에서 후자의 아이들이 월등하게 기억력이 좋을 뿐만 아니라 씹는 힘 또한 좋다는 것을 밝혔다. 32명의 그룹의 아이들의 몸무게가 7kg이나 증가했다고 보고했다.

21세기는 유추지수, 즉 AQ(analogical quotient)의 시대라고 한다. 학연, 지연 등의 인맥 위주의 시대를 지나 글로벌 세상이 된 지금은 복잡한 비즈니스 사회로 상대를 빨리 읽어내고 다가올 상황을 유추해 행동으로 옮겨야 하는 아이큐와 감성지수를 넘어 전천후 인간을 요구하는 세상인 것이다. 이제 우리는 우리가 먹고 있는 음식이 영양학적으로는 물론 삶의 질과 아이들의 장래에 얼마나 중요한 역할을 하는지 다시 한번 인식해야 한다.

7세 이전의 아이와 노인들의 치아 상태를 같은 차원에서 놓고 보면 어떤 음식으로 대처해야 할 것인가의 방법이 보인다. 위장의 상태나 치아 상태를 고려해 딱딱하지 않은 탄력성을 위주로 선택하면 무리가 없다.

수·목 체질은 몸 안의 소금기가 넉넉해야 하므로 간간하게 해서 체질별 장아찌를 상식하는 것이 좋으며, 이렇게 길들인 식습관은 평생을 두고 생활 습관병을 고치는 전천후 자연양생식이 될 것이다.

그 사람이 먹는 것이 곧 그 사람이다

일본의 후쿠야마 단과대학 스즈키 마사코 교수의 연구 보고서는 청소년들이 섭취하는 음식물이 인체의 호르몬 균형, 학업성적에 얼마나 많은 영향을 미치는가에 중점을 두고 있다. 머리에 좋은 음식물(비타민B1)과 인성을 바로 잡는 음식물 등에 대해 상세하게 조사한 결과 그는 충격적인 결론을 보고했다.

총 1,169명의 청소년들을 5개 그룹으로 나누어 13개의 문항을 조사한 결과 폭력적이거나 따돌림을 가하는 학생들은 하나같이 밥, 야채, 해조류 등의 자연식을 멀리했고, 튀김, 볶음, 인스턴트, 육류, 단음식을 좋아하는 학생들이 주를 이루었다.

다음의 표는 식생활의 불균형이 학업성적 저하와 정서 불안의 주 요인이라는 것을 여실히 드러내고 있다. 이는 아무리 좋은 환경(집, 공부방 등)과 학교를 제공한다고 해도 균형 잡힌 식생활의 개선 없이는 어떠한 노력도 사상누각(砂上樓閣)에 불과하다는 결론이다.

학업성적과 먹을거리

균형식 학생	감 정	불균형식 학생
32%	불안하다	93%
29%	화가 난다	67%
25%	어떤 일에 발끈한다	89%
23%	쉽게 포기하거나 끈기가 없다	85%
29%	학교에 가기 싫다	85%
12.9%	죽고 싶은 생각이 든다	30%
0%	친구를 따돌리고 있다	45%
13%	따돌림을 당하고 있다	11.5%

학업성적과 1주일 섭취한 식품

상위 그룹	하위 그룹
곡류(밥) 25회 이상	21회 내외
채소류 43회 이상	23회 내외
콩류 11회 이상	6회 내외
어패류 12회 이상	7회 내외

고대의 지혜로운 선조들은 이 시기에 겨울 동안 쌓여 있던 노폐물을 빼내기 위해 단백질과 지방의 섭취를 줄이고(예비절식 요법) 농약이나 소독약에 노출되지 않은 청정한 야채 죽이나 스프를 먹는 조절식, 즉 식이요법에 들어갔다.

특히 성장기에 있는 수·목 체질은 유황의 원리(Sulphur Principle)가 들어 있는 양파, 마늘, 고추냉이, 골파, 무와 쐐기풀, 민들레 뿌리(ground elder)와 잎사귀, 괭이밥(Sorrel), 자작나무 어린 잎 등에 꿀을 가미한 효소를 만들어 두었다가 사용(효소 요법)하면 탁한 피가 맑아지면서 정화 작용을 하고, 무엇과도 바꿀 수 없는 영약으로 명품 체질이 될 수 있다. 결혼을 앞둔 젊은이들은 반드시 이 과정을 시행한 후 결혼과 함께 아이를 낳아야 한다. 어떤 종교 단체에서는 결혼 시기와 방향, 방위를 보고 시간을 맞추어 합방을 하는데, 우주의 리듬과 섭리를 알게 하는 지혜로운 종교 단체라는 생각이다.

나 역시 내 아이를 보며 영재냐, 아니냐를 깊이 생각한 적이 있다. 아이가 유학 중이던 당시 17세(1996년도 11월)의 나이였을 때 말레이시아를 국빈 초청, 방문한 김영삼 대통령 일행의 통역을 맡아 하루 통역비로 수십 만원을 받았던 일이 있다. 물론 그 며칠을 위해 여러 날, 극비에 붙여진 고된 훈련을 감당해야 했다. 아이는 통역비를 받으면 어디에 쓸까? 고민도 하고 엄마에게 말을 해야 할까, 말까 훈련 도중에도 철없는 생각을 했다고 한다. 어찌 됐든 간에 대견한 일이 아닐 수 없다.

아주 어렸을 때는 떡볶이가 좋으면 떡볶이 사장이 되고 싶다고도 했고, 학교 앞 뽑기 과자가 맛있으면 뽑기 장사를 하고 싶다고도 했다가 돈이 필요하면 돈 만드는 회사 사장이 되고 싶다고 했다. 노래도 꽤 잘해 한때는 가수를 하겠다고 조르기도 했고, 춤 실력이 좋아 댄싱대회에도 나간 적이 있다. 한때는 나래○○통신사의 프로게임 세계에 입문해 세계대회를 제패한 적도 있었다.

아무튼 여러 가지 재능을 보이는 아들을 본 깊은 산사에 계신 의식의 차원이 높으신 한 노스님이 나에게 아들의 머리를 만져 보았느냐고 물었다. 나는 놀라지 않을 수 없었다. 아들 머리의 백회 부분이 불룩 솟아 마치 달마도의 달마 스님의 머리(정수리 부분)와 흡사한 것이었다. 어느 날 스님은 편지로 안부를 물으시며 "아들을 함부로 다루지 마세요. 그 아들은 나랏님을 만나게 되어 있답니다. 아들의 백회는 하늘과 통신하는 수단이랍니다." 라고 말씀하시는 것이었다. 도무지 보통의 상식으로는 이해가 되지 않는 말씀이었다. 그런데 그 일이 있고 얼마 지나지 않아 김영삼 대통령 일행을 수행하는 일을 맡았던 것이다.

나는 그 모든 일들이 단식을 비롯한 철저한 자기 관리의 효과가 아닌가 생각한다. 하늘은 반드시 그렇게 열심히 정진하는 사람에게 선물을 준다는 것을 명심하면 못할 일이 없는 것이다. 영재는 태어나 길러지고 길들여지는 것이다. 여기서 중요한 것은 아무리 영특한 존재로 태어났다 해도 바르게 길들여지지 않으면 실패하고 만다는 사실이다.

영재성의 아이가 실패하면 보통의 아이가 실패하는 것보다 훨씬 더 심각한 사태가 나타난다. 속된 말로 미치든가, 생사의 갈림길에서 낙오하는 등의 얘기치 못한 일로 사고를 당할 수 있다는 것이다. 그래서 영재를 바라보는 시각을 너무 크게 다루면 좋지 않다. 그래서 심의(心醫), 식의(食醫)가 중요한 포인트가 되는 것이다. 자연의 섭리는 스스로 그러하기를 원하는 자에게는 그러함을 부여한다. 그러나 그 선택을 부모라고 해서, 선생님이라고 해서 강요해서는 안 된다. 그 깨달음은 순전히 본인의 몫이다.

체질별 공부하는 방법

공부하는 장소

A형, B형, O형, AB형, 화·금 체질의 아이는 공부방의 벽지를 호수 그림이나 푸른 초목의 공원 같은 분위기로 연출하는 것이 좋다. 화·금 체질은 여름의 기운을 받았기 때문에 갑갑한 곳의 풍경이나 여름의 색인 붉은색은 이 체질의 화기를 더욱 부채질하기 때문이다. 성인도 중요한 시험을 앞둔 사람이라면 호숫가나 넓고 한적한 곳이 공부하는 장소로 제격이다. B형, O형 화·금 체질은 머리는 차게, 발쪽은 따뜻하게 하는 두한족열(頭寒足熱)의 원칙을 정확하게 지켜야 공부방으로서의 기능을 최대한 살리고 건강을 지키는 최적의 장소가 될 것이다.

냉성 체질의 A형, AB형의 수·목 체질은 몸과 마음이 서늘해지는 한성(寒性)의 기운을 받으면 손과 발이 차가워지면서 집중이 잘 되지 않고, 따뜻한 환경(한옥의 아랫목 같은 곳)이 그리워진다. 이것은 만사가 짜증나고 의욕을 잃게 하는 요인이 된다. 또 너무 뜨거운 곳에서는 식곤증을 비롯한 졸리는 현상이 나타나므로 따뜻한 색인 노란색의 벽지나 커튼, 황토색, 오렌지색의 소품으로 공부방을 꾸며 주는 것이 좋다.

A형의 학습 장소 중에 최적의 조건으로 작용하는 곳은 화장실이다. 위생 상태가 좋다면 길지 않은 시간에 최대의 학습 효과를 올릴 수 있어 영어 단어 스무 개 정도는 거뜬히 외울 수 있다.

책상정리

A형

A형은 완벽주의적인 성향으로 이런 저런 물건들을 채워 놓는다. 그래서 책상 위에 많은 것들이 널려 있기 쉽다. 다소 아깝다는 생각이 들더라도 집중을 방해하고, 공부의 효율을 떨어트리는 것들이라면 과감하게 버리거나 필요한 친구에게 주는 것이 생색도 내고 인심 좋은 친구라는 이미지를 전달할 수 있는 방법이다.

B형

B형은 자신의 취미와 적성에 맞는 책(물건)을 가까이에 두면 그것에서 오는 안도감과 위로의 파동을 받아 책상 정리의 최대 효과를 올릴 수 있다. 예를 들어 자신이 잘하는 과목에 관계된 상위권 성적표, 상장, 상패, 트로피 등을 잘 정돈해서 가지런히 놓아두는 방법 등이다.

O형

O형은 어지럽혀진 책상을 보면 치우는 일이 엄두가 나지 않아 책 자체가 손에 잡히지 않는다. O형에게는 책상정리가 공부하는 방법의 최선이라 할 수 있을 정도로 큰 비중을 차지한다.

AB형

AB형은 샤프한 이미지 그대로 책상 위에 별다른 것이 없고 항상 깔끔하다. 그러나 가족의 눈으로 볼 때 AB형의 책상이 어지러워져 있을 때는 무언가 문제를 안고 있거나 어떤 심경의 변화가 있다는 증거이다. AB형에게 건강 문제가 있을 경우 책상은 더욱 심각한 어지러움으로 나타난다.

선생님이 싫다

어떠한 과목의 선생님이 싫어지면 그 과목의 성적이 떨어지는 경험을 대부분 해보았을 것이다. A형과 AB형이 그 경험의 대표적인 케이스에 속한다.

나 역시 중학교 때 수학 선생님의 날카로운 인상과 성격 때문에 수학이 싫어져 성적이 형편없이 바닥으로 떨어지는 경험을 했다. 독일의 인지학(人智學)을 표방하고 싶은 까닭이 당시 선생님의 표독스러운 수업 방식으로 평생 수학 성적을 아쉬워 해야 했기 때문이라고 해도 과언은 아니다.

성적이 떨어지는 이유에는 여러 가지 환경적인 요인이 작용하지만 담당 과목 선생님과의 마찰로 인해 손해를 가장 많이 보는 체질은 A형과 AB형이다. 특히 A형은 중요한 입시에서 부주의로 인한 실수로 낭패를 보는 일이 허다하다.

예를 들어 문제를 자기 방식으로 풀이해서 해석하고는 자기 방식으로 답을 적는 것이다. 머리가 좋은 A형은 그 양상이 더욱 심하다. 고정 관념의 틀에 스스로를 가두는 것이다. 그래서 A형은 머리로만 문제를 인식하거나 대충 건너뛰는 형식적인 인지 방법을 버리고, 책이나 문제를 소리 내어 읽거나 밑줄을 치거나 손가락을 짚어 가면서 확실하게 인식을 한 다음 답을 적어야 실패를 줄일 수 있다. 물론 이것은 B형, O형에도 마찬가지지만 AB형과 A형은 인생의 낙오자가 될 수도 있는 심각한 사태를 부를 수 있기 때문에 당부하는 것이다.

공부하면서 음악듣기

각 나라의 영재나 천재들의 공통점은 음악을 상당히 좋아한다는 점이다. 얼마 전 어느 영재의 엄마가 다른 것은 몰라도 집안에서 음악을 직접 연주하거나 감상할 수 있는 최고의 시스템을 마련해 준다고 발표한 적이 있다.

음악은 상상력을 넓혀 주고 창의력을 고취시킨다. 모든 예술의 세계는 현실을 뛰어넘는 넓은 세계로 우리를 인도한다. 그 넓은 세계를 접하는 인간은 창의력을 이끌어 내게 되고, 그것을 마음껏 발산하게 된다.

그러나 공부를 하면서 듣는 음악은 집중력에 도움이 되기도 하지만 상당히 해를 끼치는 경우도 있다. 음폭(음력)이 좁은 유행가나 가사를 따라하게 만드는 음악이 그렇다. 가사에 이끌려 따라가다 보면 공부하는 내용과 노래 가사의 내용이 섞여 정신이 산만해지고, 결국 집중도에 따라 성적이 나오는 입시에서 낭패를 보게 되는 것이다.

바람직한 음악 듣기는 음역과 음폭이 넓은 클래식 계통이 좋다. 공부에 집중이 되지 않고, 지루한 느낌이 들 때는 장엄한 필하모닉 오케스트라의 연주도 도움이 된다.

영재를 많이 배출한 뉴올리언스는 재즈로도 유명하지만 필하모 닉 오케스트라를 보유하고 있는 음악적인 도시이다. 19세 기 후반 재즈가 연주되기 시작했을 때 루이 암스트롱과 젤리 롤 몰튼과 같 은 흑인영가의 대가들을 배출했다. 성가를 비롯한 블루스, 댄스 음악이 혼 합되어 있는 음악의 대부분이 흑인 음악가들이었다.

비엔나라고도 불리고 독일어로 빈이라고 불리는 도시는 인구 150만의 오스트리아의 수도인데 도나우 강변에 위치한 동·서 유럽의 통로로 음악, 극장, 박물관 등 수세기 동안 세계 음악의 본고장으로 이름이 높다. 하이 든, 모차르트, 베토벤, 브람스, 슈베르트, 그리고 스트라우스 가문이 모두 이곳에서 음악 활동을 했고, 세계에서 가장 유명한 오케스트라 중 하나인 비엔나 필하모닉의 본고장이기도 하다. 주립 오페라 하우스 또한 세계적으 로 유명하다.

비엔나는 유구한 역사를 가지고 있다. 1365년에 유럽에서 가장 오래된 대학이 개설되었고, 1558~1806년까지 로마제국의 수도였으며, 문화와 예 술의 도시 그리고 18~19세기를 배우는데 있어 가장 중요한 중심지로 심리 학자 지그문트 프로이드가 이곳에서 연구 활동을 하기도 했다.

리버풀은 영국에서 런던 다음으로 두 번째로 큰 항구 도시로 인구 448,300명의 영국 북서부 머지 강변 위에 위치하고 있다. 1207년에 존 왕이 리버풀이라는 이름을 지었는데 18세기에 아프리카, 영국, 미국, 그리고 서 인도 간의 설탕, 향신료, 노예 거래의 중심지가 되면서 번성했다. 리버풀의 가장 유명한 뮤지션들은 바로 비틀즈다. 1960년대 등장한 이 락(Rock) 그 룹은 30곡의 히트 곡을 남겼는데 이들 모두 리버풀에서 태어났다.

이들은 1959년 케번이라는 나이트클럽에서 처음 연주를 시작하면서 그 룹 활동을 시작했고, 세계 순회공연을 했으며, 멤버 중 한명인 폴 메카트니 는 현재 세상에서 가장 부유한 음악가의 한 사람으로 꼽힌다. 지금까지도 수많은 관광객들이 비틀즈의 본 고장을 보기 위해 리버풀을 방문하고 있다.

음악은 인간이 단순히 어떤 음악을 듣고 머리가 좋아지거나 음악 자체에 치료의 효과가 있어서라기보다 음악이 갖는 비언어적인 요소의 강점 때문에 정신질환, 정신지체, 자폐, 노인, 일반아동, 일반인의 스트레스 관리 등 광범위한 분야의 치료에 관여한다. 음악을 매개로 사람들이 교류하고 자신을 표현하고 자존감을 얻어가는 과정에서 전인적인 치료가 이루어진다. 심리학, 인체 생리학적 식견이 있는 음악치료사들이 대상자에 알맞게 음악활동 그룹을 만들고 치료에 개입하면 그것은 음악치료가 되고, 개인이 자신의 취향대로 음악을 듣거나 연주 활동을 하면 취미생활이 된다. 그러나 중요한 것은 자신이 내키는 대로 듣는 음악은 정서와 정신에 위험한 결과를 초래할 수 있다는 사실이다.

청소년들에게 음악치료는
왜 필요한가?

서양학적 체질론에서 우리의 인체는 4가지의 기질, 즉 다혈질, 점액질, 담즙질, 우울질로 나뉜다. 이 4체액 이론은 음악을 치료의 목적으로 사용하는 현상에 자연스럽게 기여했다.

예를 들어 우울한 형의 사람(A형)은 근엄하고 딱딱하며 화성적으로 슬픈 감정을 주는 것을 좋아하고, 다혈질(B형)의 사람은 피를 동요시키는 무도 음악을 좋아하고, 담즙질(O형)의 사람은 부푼 담즙을 요동치게 하는 격정적인 화성을 좋아하고, 점액질(AB형)의 냉담한 성격의 사람은 여성의 음성을 좋아하는데 여성의 높은 음역의 소리가 점액질에 부드럽게 영향을 미치기 때문이다. 그러나 기질과 체질이 원한다고 해서 그러한 음악만을 고집해 듣는다면 그 역시 음악적으로 편식을 하게 되는 꼴이 된다.

편식, 편협, 편중 등의 단어가 가진 부조리는 다음에 소개되는 서번트(savant syndrome) 신드롬과 아스페르거 증후군(Asperger syndrome)을 불러올 수 있다. 그 장애 요소를 이해하고 인식한다면 그리고 그 결과를 안다면 굳어진 사고 방식과 편중된 식생활, 편협한 사고를 고쳐야 할 것이다.

아그립파 (Agrippa, 1533)는 4성부를 우주적 요소들과 결부시켜 베이스는 땅, 테너는 물, 알토는 공기, 소프라노는 불에 비유했고, 도리안 모드를 물과 점액질에, 프리지안을 불과 황담즙에, 리디안은 공기와 피, 믹소리디안은 땀과 담즙에 연관지어 설명했다.

고대 원시부족의 인간은 질병의 원인을 심신의 부조화 상태라 믿어 육체와 영혼 간의 균형을 복원하는 치료에 중점을 두었다. 금기사항을 깼기 때문에 신이 노한 것으로 생각했고 또 그렇게 믿었다. 이때 음악은 다른 양식, 즉 춤과 북소리 등과 더불어 신과의 영적인 교감을 위한 도구로 사용되었다. 그러니까 음악이 치료의 수단으로 사용된 것은 인류 문명의 시작과 시기를 같이 한다고 해도 과언이 아닌 것이다.

음악 활동은 정서적 감동에 의한 카타르시스적인 배설작용으로 심적 긴장을 해소하는 중요한 것으로 여겨졌으며, 이는 연극이나 음악을 통해 이루어졌다. 왕실이나 나라의 행사, 가족 간의 잔치나 단체 파티에도 음악은 빠질 수 없었다.

음악은 사람의 인격과 품성에 영향을 미친다. 고대에서 근대까지 음악의 그 강력한 영향 때문에 플라톤은 음악의 사용이 국가에 의해 통제되어야 한다고 주장하기도 했다. 그는 오랜 시간 미천한 감정을 불러일으키는 음악을 습관적으로 듣게 되면 사람의 성격이 미천하게 바뀔 것이라고 믿었기 때문이다. 그래서 아리스토텔레스는 어떠한 감정을 모방하거나 표현하는 음악을 들을 때 사람들은 그 파동 현상에 의해 똑같은 감정을 느끼게 된다고 했던 것이다. 의학의 신인 아폴로가 악의 신이기도 한 것처럼 음악과 의학은 분리될 수 없는 동전의 양면 같은 성격을 가지고 있는 것이다.

중세에는 질병의 원인을 인간의 죄로 인한 신의 형벌로 인식했고, 정신병의 경우 마귀와 관련된 질병으로 받아들였다. 당시에는 마귀를 쫓기 위해 여러 가지 잔인한 방법이 동원되었는데 이 시기에 음악은 인간의 질병을 고치는데 공헌한 성자들을 아스트랄체 위의 차원으로 찬양하기도 하고, 직위가 높은 사람들이 병에 걸렸을 때 반드시 음악을 사용했다는 기록이 있다.

르네상스 시대에는 과학적인 의학이 생겨나 그 접근 방식으로 전염병이 돌 때 질병에 저항하기 위해 정서적 측면을 고양시키는 음악을 사용하기도 했다. 당시 음악은 질병 예방을 위한 부수적인 방법으로 채택되었다.

19세기 중엽에는 해부학, 수술, 박테리아학, 생화학, 신경정신과학 등의 과학적 방법에 의해 음악에 의한 치료가 감소했다. 불행히도 음악과 의학 간의 철학적 뿌리에 금이 가기 시작한 것이다. 현대의학의 눈부신 발전은 그 후로도 지속적으로 이루어져 기계론적인 발전을 거듭하게 되었고, 이러한 물질론적인 지식의 증대와 과학의 발달로 질병의 예방과 치료는 단지 과학적 뿌리에만 기초한 매우 의타적이고 의존적인 의학으로 자리 잡게 되었다.

현대의 음악치료

음악과 웃음 치료가 환자의 스트레스를 덜어줄 것이라는 가정 아래 음악치료사들이 병원에 투입되었는데 세계대전 당시 전쟁 부상자들이 음악에 노출되지 않은 환자에 비해 신체적·감정적 반응이 뛰어났다고 한다. 그 후 병원에서는 음악치료사들을 고용하게 되었고, 이는 병원 음악가들이 생겨나게 된 계기가 되었다.

환자에 대한 사전 이해나 음악 치료 적용에 대한 훈련 과정의 필요성이 절실해지면서부터 전문가 양성을 위해 1944년 미시간 주립대학에 세계 최초로 음악치료 교육과정이 생겨났다. 그 후 1946년 켄사스 대학 등 다른 대학의 학부와 대학원 과정에 음악치료 학위 프로그램이 보급되었고, 현재 미국의 종합병원에서는 이러한 음악치료를 포함한 예술치료를 의무화해 좋은 임상효과를 보고 있다. 현재 약 5~6천 명의 음악치료사가 활동 중이다. 우리나라는 걸음마 단계라 할 수 있는 실정으로 가수 윤항기씨와 윤복희씨가 음악신학대학을 설립해 음악 치료사로 활동 중이다.

혈액형별 음악치료

B형

바하—칸타타(Cantata) 2번

이태리 민요—라 팔로마

베토벤—월광소나타(Moonlight Sonata)

브람스—자장가

국악—回心曲, 대금연주

경쾌한 민속음악

공복 시에 위의 음악을 적당한 음량으로 감상한다.

AB형

차이코프스키—백조의 호수

D단조로 시작되는 성가

부루크너—미사곡 D단조

바하—바이올린 협주곡 D단조

이바노비치—다뉴브강의 잔물결

크라이슬러—로망스, 아 목동아

국악—대금연주곡

나라 별 민속음악

인도 민속음악—사랑가(Indian Love Call)

한가한 시간을 택해 적당한 음량으로 감상한다.

O형

슈베르트 – 세레나데, 아베마리아, 자장가

멘델스존 – 베니스의 뱃노래

오펜바흐 – 호프만의 이야기 중 뱃노래

차이코프스키 – 6월의 뱃노래

국악 – 가야금 병창, 산조

스페인 탱고 음악

한가한 시간을 택해 적당한 음량으로 감상한다.

A형

차이코프스키 – 호두까기 인형

쇼팽 – 빗방울 전주곡

요한 스트라우스 – 피치카토 폴카

리스트 – 협주곡 2번 A장조

멘델스존 – 엘리야(Elijah)

현악 실내악 연주

느린 템포의 한국민요

식사 시간에도 무방하며, 적당한 음량으로 감상한다.

서번트 신드롬과
아스페르거 증후군

서번트 신드롬(savant syndrome)은 자폐적 뇌기능 장애를 가진 사람들이 천재성을 동시에 갖게 되는 현상을 말한다. 영화 〈레인맨〉은 서번트 신드롬을 영화한 내용이다. 자폐 증상을 보이는 사람들의 입장에서는 축복 받은 일로 그야말로 천재와 바보는 종이 한 장 차이라는 말을 실감나게 한다. 미국, 유럽, 동남아 각 나라의 각종 매체에서 신의 축복으로 다뤄지곤 하는 신드롬의 한 내용이기도 하다. 서번트 신드롬은 판단을 담당하는 좌뇌가 손상을 입어 우뇌에서 그 손상을 과잉 보정하는 현상이라고 할 수 있다.

미국의 교포 2세인 남자 아이는 맹인이었고, 피아노를 한 번도 배운 적이 없었는데 스피커에서 흘러나오는 피아노 소리만을 듣고 정확하게 기교까지 따라한 일이 방송에 소개된 적이 있다. 그 아이는 우리나라에 초대되어 그랜드 피아노를 선물 받고 무척이나 기뻐했다. 이처럼 서번트 신드롬을 가진 이들은 한 분야, 특히 예술 분야에 천재성을 발휘하는 경우가 많다.

아스페르거

증후군(Asperger syndrome)은 사회적 관계 형성이 어렵고, 복잡한 주제에 집착하는 정신발달 장애로 집단에 적응하지 못하는 증후군이다. 오스트리아 빈의 의사인 한스 아스페르거(Hans Asperger)의 이름에서 따온 신경 정신과적 장애이자 일종의 자폐증으로 사회적인 관계 형성이 어렵고, 흥미와 활동이 제한되어 있다. 주로 남자에게서 많이 나타나고, 상태가 오래 지속되기 때문에 사회생활에 지장을 주게 된다.

전문가들은 아스페르거 증후군을 가진 사람들이 일반적으로 고도의 집중력과 일중독 양상을 보이며, 사물을 볼 때 대부분의 사람들처럼 큰 것을 보고 세분화하는 것이 아니라 세부적인 것에서 전체로 나아가는 경향이 있다고 말했다. 시인 W.B. 예이츠의 경우 읽기와 쓰기에 문제가 있어 학교 성적이 매우 좋지 않았고, 트리니티 대학 입학에 실패하기도 했으며, 선생님들은 그를 '저속하고 타락한 아이'로 규정했다. 피츠제럴드 교수는 "이는 아스페르거 증후군을 가진 사람에게 전형적인 것이며, 이들은 부조화하고, 유별나고, 괴짜 같고, 다른 사람과의 관계가 서툴러 대부분 학창시절에 친구들에게 시달리는데 예이츠가 그런 경우였다."고 말했다. 그러나 예이츠는 사회에서 떨어져 있을 때는 왕성한 상상력을 발휘했다.

앤디 워홀의 이상한 인간관계나 독특한 예술로 볼 때 워홀 역시 아스페르거 증후군을 가지고 있었음을 시사한다는 것이 피츠제럴드 교수의 진단이다. 피츠제럴드 교수는 "워홀은 작품 수집광이면서 포장도 뜯어보지 않았고, 학창 시절에 예이츠처럼 똑같은 어려움을 겪었다. 이런 사례들을 수용하고 묵인해야 한다."고 말했다.

천재와 자폐증에 관한 영국 BBC 인터넷 보도에 의하면 이것은 몇몇 위인들이 갖고 있는 현상으로 철학자 소크라테스, 생물학자 찰스 다윈, 팝 아티스트 앤디 워홀 같은 천재들은 자폐증의 일종인 아스페르거 증후군(집단에 적응하지 못해 사회적 관계 형성이 어렵고, 복잡한 주제에 집착하는 정신발달 장애)을 겪었을 가능성이 있다는 연구 결과가 나왔다고 발표했다. 과거의 천재 과학자 아이작 뉴턴과 알베르트 아인슈타인도 자폐증 증세를 겪었을 것이라는 연구 결과가 나오기도 했다.

더블린의 트리니티대학 마이클 피츠제럴드 교수는 자신의 저서 『자폐증과 창조성』에서 이들 천재의 전기에 나타난 행태와 자폐증 환자들의 행태를 비교한 결과 천재성과 자폐증 사이에 상관관계를 발견했다고 주장했다. 피츠제럴드 교수는 『이상한 나라의 앨리스』의 작가 루이스 캐럴, 아일랜드 독립 시기의 총리 이몬 데 발레라 등도 자폐증 증상을 보였다며 "아스페르거 증후군은 신이 이 험한 세상에서 살아갈 장애인에게 창조성이라는 선물을 주는 것 같다."고 말했다.

서번트 증후군에서 다운증후군은 찾기 힘든데 우리나라에는 아직까지 이 서번트들에게 혜택을 주지 못하고 있는 실정이어서 그들의 재능이 발전할 수 있는 가능성은 미비하다는 여론이다. 어찌되었건 서번트 신드롬이나 아스페르거 증후군은 한쪽으로만 치우친 편중된 생활로 평범한 인간으로 살아가기에는 불편하기 짝이 없는 결코 부럽지 않은 장애임에는 틀림없다.

| 출처 : http//www.newtonkorea.co.kr |

8

커피의 광기

커피의 광기(狂氣)

커피는 꼭두서니과로 기억하기조차 싫은 역사를 통해 우리나라에 전해졌다. 식민지 시대에 순종 임금이 커피 한 잔 때문에 병약 체질이 되었다는 것은 이미 역사에 기록된 사실이다. 그러나 오늘날 너무나 많은 사람들이 그러한 사실을 모른 채 커피를 마시고 있다.

커피는 11세기경 이슬람의 수도자들이 밤중에 기도를 하거나 공부할 때 졸음을 쫓기 위한 방편으로 먹기 시작했는데 그때는 비방(秘方)으로써 외부로의 유출을 막았다고 한다. 이디오피아가 산지인 커피나무 열매는 곡식이나 콩처럼 분쇄해서 식량으로 사용되어 오다가 점차 술, 의약품, 음료로 그 사용 범위가 넓어졌다고 한다.

11세기 초, 아라비아의 의학자 라제스(A.B.Lazes)는 커피가 위장의 수축을 부드럽게 하고, 각성제(覺醒劑)로 좋은 약이라고 했는데 그 후 터키로 들어가면서 이슬람교도들과 십자군 원정대에 의해 유럽으로 전파되었고, 그때 개신교인들은 이교도(異敎徒)의 음료라고 해서 커피를 먹지 않았다.

커피는 매우 우연히 발견되었다. 7세기경 아프리카 이디오피아에 칼디라는 양치기 소년이 있었다. 어느 날 얌전했던 양들이 흥분해서 이리 저리 날

뛰더니 그날은 양들이 잠을 자지 않았다. 소년이 관찰한 결과 양들이 주변의 어떤 나무 열매를 따먹은 후에 그런 행동을 보이는 것이었다. 칼디는 열매를 따서 먹고는 기분이 들뜨고 흥분되는 것을 느꼈다. 그는 이 사실을 이슬람 사원에 보고했고, 이렇게 해서 커피는 전 세계로 퍼져 나가게 되었다. 커피전문 체인점 '춤추는 염소'의 간판이 만들어진 사연은 여기에 있다.

이제 세계는 석유 무역산업 다음으로 커피 산업의 비중이 큰 사업으로 발전했다. 커피는 숙취제로 아세트알데히드 분해촉진 물질을 기대할 수 있고, 카페인의 약리(藥理) 작용(作用)은 각성제보다 의존성이 덜한 것으로 나타났다. 하지만 그 중독성은 분명히 짚고 넘어가야 한다.

1895년

고종 임금이 아관파천(俄館播遷)에 약 1년 정도 머물 때 러시아 공사 베베르의 권유로 세자인 순종과 함께 강한 커피 향과 맛에 맛을 들이게 되었다. 그때 미인계 전략으로 투입된 손탁의 역할도 상당했으리라고 본다.

아관(俄館)은 조선 말, 러시아의 공사관을 이르는 말이고, 파천(播遷)은 임금이 도성(都城)을 떠나 다른 곳으로 옮겨 앉음을 일컫는다. 그러나 말이 좋아 옮겨 앉음이지 우리 민족의 가장 암울했던 일제식민 치하에 러시아의 계략이 숨어 있었던 굴욕의 시간이었다.

그때 자신의 세도가 날로 쇠약해 지는 것에 앙심을 품은 역관(譯官) 김홍륙이 익은 음식물을 취급하는 임무를 띤 숙수(熟手), 지금으로 말하면 중요한 위치의 주방장을 매수해 고종과 세자의 커피에 독극물을 타게 했다. 고종 황제는 재빨리 뱉어냈지만, 어린 순종은 한 모금 들이키는 바람에 병약한 체질의 원인이 되었던 것이다. 고종황제와 어린 순종의 순수함과 어리석음을 커피로 악용한 역사적 사건이다. 생각해 보면 커피의 강한 맛으로 인해 나라를 빼앗긴 것이나 다름이 없다.

아프리카 원주민은 O형의 혈액형으로 양적인 체질과 기질을 지니고 있다. 그래서 커피는 O형이나 화·금 체질에게 맞는 식품으로 분류해야 한다.

A형이 주류를 이루는 독일에서는 프리드리히 대왕 시절에 커피 마시는 것을 엄격히 금지했다고 한다. 커피 냄새를 추적하는 경찰관을 배치해 법령을 어긴 사람을 감옥에 가두고 형벌로 다스릴 정도였다. 프리드리히 대왕은 커피 대신 치커리를 마시게 하는 지혜를 발휘해 오늘날 먹을거리와 주거문화 등 생활 속에서 유기농 재배를 비롯해 세계적인 웰빙 문화를 주도하게 된 것이다. 그리고 이것은 1800년대 인지학자 루돌프 슈타이너가 탄생하게 된 배경이 되었다.

유럽에서

독일과 함께 A형이 많은 영국에서는 1700년 찰스 2세 때 인구 60만의 런던에서만 3,000개의 커피전문점이 있었다고 한다. 인구 100명당 하나 꼴로 커피점이 성행했다고 하니 오늘날 우리나라의 PC방이나 노래방 같은 문화를 형성했으리라 본다.

당시 로이드 커피점은 돈을 너무 많이 벌어 후에 '로이드 오브 런던'이라는 거대한 보험회사로 발전했다고 한다. 그러나 커피 마시기의 성행에는 득(得)보다는 실(失)이 많았고, 이것이 사회병리화가 되어가자 급기야 찰스 2세가 나서서 커피를 금했다.

그때 영국은 커피에 중독 된 관료주의 남성들이 밤낮없이 커피점에 모여 앉아 시간을 낭비하고 가정을 소홀히 하여 여성들의 출입을 금지시켰다고 하는데 이때 찰스왕이 철퇴를 가한 방법이 '커피 마시기 금지령'이었다.

독일 민족이 인류를 구원하기 위해 신이 선택한 민족임을 강하게 내세웠던 선민사상(選民思想)의 히틀러 역시 A형(히틀러 학자—베르너마저 박사)으로 알려졌는데, 커피 중독이 그러한 살상행위를 가능하게 했던 것이 아닐까 유추해 본다.

히틀러의 추종자들이 인지학자 슈타이너를 해치려 했던 이유를 보더라도 분명, 중독 현상을 일으키는 음식과 라이프 스타일(악습)은 사람과 동물에게 본래의 체질과 성품을 잃게 하는 해악(害惡)을 일으켜 미치광이가 될 수밖에 없다는 좋은 본보기가 되었기 때문이다.

히틀러가 철저한 사명감과 독일 민족의 우월감으로 수많은 유대인을 살상하는 일에 일생을 바친 일, 프리드리히 대왕이 먹을거리와의 전쟁을 펼치면서 중독 현상을 일으키는 커피 마시는 행위를 형벌로 다스린 일 등은 매우 깊은 관계가 있다. 이것을 인식해 우리는 무엇을 먹는 것이 사람답게 먹는 일인지 깨달아야 할 것이다.

커피는 원산지와 색을 보더라도 양적인 체질에게 맞는 기호 식품으로 각 혈액형별 수·목 체질은 삼가는 것이 체질관리에 유익할 것이다.

우리 몸속의 피는 그 원류가 물로서 어머니의 뱃속 양수에서부터 시작된다. 인체의 70% 이상이 수분이라는 사실과 지구의 70%가 바다와 강으로 이루어져 있다는 사실과 지혜를 터득하면 하늘의 이치를 깨닫는 것이다.

늙는다는 것은 체내의 수분이 줄어든다는 의미로 이 수분은 피부는 물론 생명의 연장과 질의 문제와 깊이 관련되어 있다. 수분 관리만 잘 해주어도 최소한 자신의 나이보다 20년은 건강해질 수 있다. 그러나 많은 사람들이 이 중요한 물을 소홀하게 다룬다.

언젠가 아기 이유식을 만드는 유럽의 레슬레라는 회사는 음식물의 내용에는 하자가 없었지만 포장 용기의 유해성 문제가 거론되자 가차 없이 전 세계로 수출된 제품, 수백만 톤을 수거하는 상도덕을 보였다. 소비자들의 건강을 생각해야 하는 절체절명의 과제를 안고 있는 그들의 살아있는 양심을 보며 우리 주변의 상도는 어디에 있는지 생각해 볼 일이다.

우리 연구진은 각 혈액형별로 기능을 부여한 맞춤 체질 커피를 고안해 진정한 인류애를 가진 기업과 win−win하기 위해 분주히 움직이고 있다. 우리의 본성(본 체질)을 찾는 데는 물이 중요한 역할을 한다. 물은 쉬지 않고 흘러 자신이 머물러야 할 곳에 고인다. 우리가 먹는 먹을거리도 여러 종류의 수분과 함께 우리의 몸을 흐르다가 제 역할을 다한 후에는 빠져 나갈 것은 반드시 빠져 나가야 한다. 그러나 여기저기 순환 기능이 마비되거나 부실해진 각 장기들은 제 기능을 다하지 못해 찌꺼기들의 저장고가 되어 썩고, 이상 발효를 일으켜 발암 물질을 만든다.

여기서 소개하는 커피(체질별 음료 류)는 우리 몸에 악영향을 미치는 물의 하나이다. 긴장하거나 휴식 시간에 반드시 물(음료)을 먹는 습성이 있는 사람들의 기호 음료 중에 하나인 커피는 시쳇말로 몸 버리고 체질을 망가지게 하는 큰 원인으로 작용한다. 때문에 체질에 맞는 맞춤 커피를 음용한다면 다소 시간은 걸리겠지만 건강 체질과 명품체질로 돌아갈 수 있다는 희망으로 체질에 따른 4가지 커피를 소개한다.

다음 혈액형별 커피 배합률은 저자가 특허 출원 중인 체질별 쌀 커피의 일부이다. 독자들을 위해 몇 가지 소개하고자 한다.

체질에 맞는 명품커피 만들기

구 분	내 용
A형	• 양파의 제일 겉 부분인 마른 껍질은 양성 식품으로 이 양파 껍질 적당량을 끓여 우려낸다. • 유기농 원두커피를 양파 껍질 우려낸 물에 섞는다. 감미료는 꿀 2/3, 죽염 1/3로 하는 것이 바람직하다. • 체질의 냉함을 줄여주고 톡 쏘는 맛이 가미되어 의기소침해지기 쉬운 A형에게 활력을 주는 커피가 되며, 특히 담배를 피우는 A형에게 니코틴을 제거하는 장점이 있다.
B형	• 둥굴레는 약간의 감미가 있어 당분으로 인한 설탕의 폐해를 줄여주며, 건강에 좋고 맛도 좋은 구수한 '둥굴레 맛 커피'가 된다. (둥굴레 원산지에서는 지역 특산물로 그 가치를 인정받을 수 있을 것이다) • 둥굴레 적당량을 끓여 유기농 원두커피를 끓인 액과 혼합해 마신다. • 원두커피 맛의 순도는 한두 번 해보면 요령을 터득하게 된다. • 감정 조절이 되지 않을 때 차분하게 마음을 가다듬고 마실 수 있는 필수적인 커피라고 할 수 있다.
O형	• 특히 열이 많은 O형은 열 받는 체질을 중화하는 커피가 유용하게 작용한다. 한 김 내보낸 뜨거운 물에 식용 장미 적당량을 죽염(1/2 티스푼)으로 간을 맞추어 우려 둔다. 죽염이 당도를 높이므로 설탕을 많이 넣지 않아도 된다. • 유기농 원두커피를 끓여 장미 우린 물에 혼합한다. • O형의 변비를 개선시켜주는 장미향이 은은한 커피가 된다. • 도발적인 O형의 기질을 실수하지 않는 차분한 O형으로 돌려주어 건강에도 일조할 것이다.
AB형	• 체질이 민감한 AB형은 그늘에 말린 민들레 뿌리와 잎을 뜨거운 물에 우려 유기농 원두커피와 조금씩 혼합해서 마시면 진한 맛의 건강 커피가 된다. 감정 조절이 힘들 때 약이 될 수 있다. 또는 칡 10%, 페퍼민트 잎 10%를 뜨거운 물에 우려 유기농 원두커피와 섞어 마시면 페퍼민트의 톡 쏘는 맛과 차분한 칡의 향이 AB형의 감성을 조절하는 역할을 한다. 감미료는 꿀과 죽염을 1 : 1로 한다.

9

먹을거리는
우리를 죽일 수도 있고
살릴 수도 있다

체질에 맞는 식생활 길들이기

소화관 내 세균수의 불균형을
바로 잡자

미국 예일대 출신의 의사 시드니 멕도널드 베이커는 35년간의 현장
경험을 바탕으로 엮은 그의 논문에서 우리 몸속의 장기들을
건강하게 지켜줄 세포들을 위해 7가지 사항의 포인트를 실행토록 권하고
있다. 2000년 리누스 폴링상(Linus Pauling)을 수상한 그가 말하는 7가지
사항은 큰 힘을 들이지 않아도 자신의 의지와 가족들의 협조만 있다면 해
낼 수 있는 것으로 164 동서 체질론을 대입시켜 제시해 보기로 한다. 특히
음식을 통한 건강 체질 가꾸기는 개선하려는 스스로의 노력만큼 효과를 볼
수 있다.

소화관 내 세균수의 불균형은 단 한 번의 항생제 복용으로도 디스바이
오시스(Dysbiosis)라고 하는 증상을 불러올 수 있다. 이 문제는 우리들의
식단에서 이스트 식품을 제거하고 장내에서 이스트균의 이상 성장을 막아
야 해결이 가능한 것으로 정제된 탄수화물 식품의 섭취를 금기시하지 않으
면 소화관 내의 환경 문제를 정상적으로 유지할 수 없다. 이러한 노력은 우
리들의 의지만 있다면 얼마든지 가능한 일이다.

소화관 내 세균의 불균형은 우리의 수명을 단축시키는 원인의 하나다.

헬싱키대학의 허만 앨더크로우츠(Dr Herman Aldercreutz) 임상화학 교수는 전통적인 방법으로 발효시킨 음식을 먹는 사람들은 그렇지 않은(이스트 사용) 다른 유럽 지역 사람들에 비해 생식기 암의 발생률이 현저히 낮았다고 보고했다. 김치, 된장, 고추장 등 전통 발효 음식 문화를 가지고 있는 우리의 식단을 다시 한번 생각해 보자.

음식물에 대한 알레르기

매스미디어의 발달로 우리는 정보의 홍수 속에서 살아가고 있다. 웰빙시대가 도래한 것도 매스컴의 역할이 크다. '잘 먹고 잘 사는 것' 이라는 구호는 참으로 진실 된, 유기농의 먹을거리에 양심을 걸고 붙여야 하는데, 툭하면 웰빙을 말하는 통에 독자들은 어떤 기준을 두고 음식을 먹어야 할지 애매모호할 때가 많다.

하루 세 끼 끼니때만 되면 식당을 찾아 이리 저리 골목을 누비는 직장인부터 오래 살려면 뭘 먹어야 하나 고민하는 사람들, 자녀와 남편이 좋아하는 먹을거리만 고심하는 주부에 이르기까지 음식에 대해 하루도 빠짐없이 생각해야 하는 우리 인간에게 먹을거리 문제처럼 쉽고도 어려운 문제는 없다.

음식에 대한 알레르기 여부는 어떤 음식을 먹고 난 후에 나타나는 증상으로 제대로 파악해 대책을 세워야 하는데 음식을 먹을 때 그 음식이 나의 체질에 맞는 음식인지를 알아 섭취한다면 실험(먹고 난 후에야 비로소 알게 되는 알레르기나 부작용) 대상은 되지 않을 것이라는 결론에 이른다.

글루텐 과민증에 대한 경각심

글루텐으로 인한 병을 예방하기 위해서는 '글루텐을 제거한 음식을 먹거나 글루텐이 함유된 음식을 먹지 않으면 된다'라고 생각할 수도 있다. 하지만 곡·채식을 위주로 하는 우리의 식문화에서 그것은 쉽지 않은 일이다.

불용성 단백질인 글루텐은 밀, 보리, 귀리 잡곡 등에 들어 있는 끈끈한 성질의 점성이 강한 단백질이다. 민감한 반응이 일어나면 소장의 장내 점막이 손상되면서 발생하는 알레르기 질환으로 유전되기도 하는데 만성 소화장애증과 스프루라는 질환으로 나타난다. 유럽에서는 글루텐이 원인이 되어 나타나는 질병으로 셀리악(Celiac disease)이라는 병이 100명 중 1명 꼴로 나타난다는 보고다.

특히 인체 내에서 비타민과 미네랄의 흡수율이 저하되어 엽산결핍이 나타나기도 하는 글루텐이 원인인 병은 키스만 해도 죽음에 이를 수 있다는 공포의 신종 질병으로 불린다.

글루텐으로 병을 앓고 있는 환자는 영국에서만 약 30만 명에 이른다. 그러나 우리나라에서는 아직까지 정확한 통계가 발표되지 않고 있다. 얼마나 많은 진통(식품업계의 반발 등으로)을 겪은 후에 발표될지 모르겠다.

실제로 나는 빵을 먹은 후 대사 장애(글루텐 과민증)로 인해 소화불량을 겪은 적이 한 두 번이 아니다. 빵을 비롯해 부침개, 밀전병 등 밀가루로 만든 음식은 종류가 다양한데 나의 경우 어떤 음식이든 밀가루 음식을 먹은 날은 반드시 소화제 신세를 져야 했다. 음식 먹고 몸 버리고, 버린 몸에 약을 먹는 이중 삼중의 손해를 본 셈이다.

글루텐이 소화 장애와 면역학적인 해악을 일으킬 수 있다는 사실은 근래에 밝혀진 일이지만 가만히 생각해 보면 우리의 식탁에서도 글루텐의 해악은 얼마든지 있을 수 있다.

요즘 젊은 주부들은 빵(밀, 귀리, 잡곡 등으로 만든 빵)과 우유로 아침을 해결하는 사람이 많기 때문에 셀리악이라는 질병은 이제 더 이상 남의 나라 얘기가 아니다. 밀가루는 글루텐 함량이 13% 이상이면 강력분, 10~13%이면 중력분, 10% 이하면 박력분으로 나뉘는데 밀가루를 써야 한다면 박력분으로 하고 마카로니, 라면, 국수, 빵 등의 상식은 피하는 것이 좋다.

우리는 수은의 무서움을 너무 모른다

2005년 4월 28일까지의 통계에 의하면 한국 남성의 암 사망률 1위가 위암, 2위가 폐암, 3위가 간암, 4위가 대장암, 5위가 방광암, 6위가 식도암이었다. 여성의 암 사망률 역시 1위 위암, 2위 유방암, 3위 대장암, 4위 자궁경부암, 5위 폐암, 6위 간암으로 밝혀졌다. 그런데 위암의 경우 아말감이 위암과 식도암을 일으키는 요인의 한 부분을 차지한다면 치아 관리를 철저히 해서 치과에 자주 가지 않는 방법밖에 없다.

먹을거리 중 대형 생선(참치, 황새치)은 유기 수은의 농축 정도가 다른 생선에 비해 높기 때문에 이러한 생선을 즐겨 먹는 사람들의 몸은 수은의 농축 정도가 높을 수 있다. 또 우리의 생활에서 사용되는 농약, 살균제, 곰팡이 제거제, 방청페인트 등의 화학 재료들은 모두 강한 독성을 띠는 수은을 포함한다. 온도계와 기압계 등에도 역시 수은이 사용된다.

1652년 일본의 어촌 미나마타 연안은 유기 수은을 흘려보낸 공장의 폐수로 바다가 오염돼 한때 해변 일대가 아수라장이 되었다. 개와 돼지들이 날뛰었고, 해변으로 밀려나온 썩은 조개를 먹은 까마귀가 퍼덕이며 허공을 맴돌다 죽는가 하면 연안에서 잡은 물고기를 먹은 주민의 1만 여명이 현재까지 앓고 있으며, 그 중 47명이 사망했다. 결국, 중앙 정부(미나마타 행정 관청)의 안일한 대처로 그 괴이한 질병은 확산되었고, 12년 후인 1968년에야 비로소 수은 중독으로 인한 미나마타 질병임을 공식적으로 인정했다.

수은 중독은 크게 두 가지로 나타난다고 한다. 하나는 중추신경계 파괴에 의한 정신과적 증상, 또 하나는 성장 조직에 미치는 생리적 이상 현상인데 태아인 경우 뇌 조직에 손상을 입을 수 있다. 치과적 치료로 인한 수은 중독은 턱뼈 조직을 공격해 구내염을 일으키고, 소화기로 흘러 들어간 수은은 전신경련을 일으키며 모세 혈관 벽을 파괴해 전신을 붓게 하기도 하고, 무기력증, 반사과민증, 구강 쓰라림, 설사, 메스꺼움 등 다각도에서 인체를 공격한다.

우리나라에서 최초로 발생한 수은 중독 사건은 1988년에 일어났다. 형광등 제조 공장에서 3개월간 신나와 수은 주입 작업을 한 15세 소녀가 수은 유기용제 중독으로 사망한 기록이 있다. 일부 피부 미용실에서 쓰는 미백 화장품에서도 수은 성분이 검출되었는데, 독일산 리페어 슈프림, 홍콩산 소프트 블리치크림, 하드라 601 등 7개 회사 제품에서 수은이 검출되었다고 한국소비자보호원이 밝힌 바 있다. 어떤 미백 화장품은 수은 양이 기준치의 2만 배가 넘는 것도 있었다고 하니 맹독성의 위험도 불사하는 마케팅의 실체가 두려울 따름이다.

농작물에서 검출되는 수은 함량도 문제가 된다. 1991년보다 92년도에 수확한 현미와 찹쌀 등에서 카드뮴과 수은 등이 더 많이 검출되었다고 한다. 머지않아 우리는 수은이나 중금속의 중독 때문에 체질의 변형과 기질(지나친 신경질, 파킨슨병, 다발성 경화증, 관절염, 두통, 소화불량, 근육약화, 정서불안 등)의 이상 변형을 겪게 될 것이다. 통증을 겪으며 죽어갈 것이다.

중국의 진시황은 수은 중독과 관련된 사건으로 유명한 사람이다. 그는 생명연장의 꿈을 위해 불로초를 갈망했다. 그의 주치의들은 온갖 아이디어를 짜낸 끝에 수은 요법을 처방한다. 수은을 미량 섭취할 경우 일시적으로 피부가 팽팽해지는 것을 느낄 수 있어 효력이 있을 것이라고 판단한 것이다. 그래서 피부미용실에서 문신이나 미백용 화장품에 수은을 첨가하는 일이 일어나는 것이다.

진시황은 당시에는 매우 귀했던 수은을 불노불사의 물질로 여겨 전국 각지에서 수은을 모아 수은연못을 만들어 놓고 사용했다고 한다. 아마도 그는 수은 중독으로 정신에 이상이 생기기 시작했을 것이고, 그 결과가 폭정으로 나타났을 것이다. 그래서 진시황 측근의 경호원들에 의해 살해됐을 것이라는 기록이 전해진다.

항생제가 개발되기 전 유럽에서는 수은이 매독 치료제로 쓰였는데 이로 인해 세계적인 음악가 베토벤과 화가 고야 등이 수은 중독으로 젊은 나이에 청각을 잃거나 요절했다는 일화는 안타깝다.

대기 중에 방출되는 수은은 연간 약 4~5천 톤에 달한다고 한다. 이 수은은 주로 금속 제련, 펄프 및 플라스틱, 전기, 의약품 공장 그리고 광업관련 공업사, 병·의원을 통해 배출되는 것으로 토양에 침식되거나 바다로 흘러 들어 간다. 자연으로 방출된 수은은 미생물과 산소 작용에 의해 강한 독성이 수은화되는데 식품 속에 농축된 이 수은이 인체에 흡수되면 요세관 장애를 일으키고, 위장 계구체의 특수한 장애로 배설을 억제해 체내에 농축되는 고약한 현상을 일으키는 것이다.

배설 장애는 체내에서 배출되지 못한 분비물의 독성으로 인해 인체가 독에 찌들어 죽게 되는 것을 말한다. 농약 성분이 있는 음식물을 오랫동안 먹은 사람(현대인들)이 변비가 있다면 이러한 질병을 간과해서는 안 될 것이다.

상처에 바르는 머큐름도 수은 화합물의 일종이며, 치과에서 사용하는 아말감 역시 수은이 함유되어 있음을 인식해야 한다. 치과에 다녀온 뒤에는 반드시 자연의학적인 방법으로 독소를 배출해야 하며, 평소에 약(화학약)을 스스럼없이 쓰거나 먹는 사람은 필히 자연의학적인 셀프 힐링 또는 셀프 케어의 방법을 익혀 가꾸고 관리해야 건강한 체질(몸)과 마음을 유지할 수 있을 것이다.

일본의 의식 있는 치의학 박사는 치과 치료를 할 때 치과 재료 자체가 환자와 공명(생체 정보와 합일(合一)을 이룸)을 일으키는지, 아니면 비 공명으로 거부와 해악을 가져오는지에 대한 결과를 얻기 위해 자기공명파동분석기(MRI)로 환자의 생체상태를 면밀히 검토한 뒤 그에게 맞는 재료를 선별해 사용한다고 한다. 하루 빨리 히포크라테스 정신이 투철한 전문의가 우리의 건강을 책임져주길 기대한다.

우리도 모르게 먹고 있는 수은

우리는 치과에 가면 충치와 관련된 상담을 한다. 그 상담의 요지
는 대개 충치 먹은 치아를 치료하고 땜질하는데 의료 보험
이 적용되는 수은합금충전재(아말감)로 하겠는가, 아니면 보험 적용이 안
되는 비싼 합금으로 하겠는가의 문제이다.

수은이 우리의 치아에 심어지면 비록 그것이 이빨에 붙어 있다 해도 입
안에서 끊임없이 생성되는 침과 시간마다 먹는 음식물에 따라 누수현상이
일어난다. 그때 수은의 독은 우리 몸 안으로 자연스레 흘러들어가는 것이
다. 우리의 의지와는 상관없이 질병을 유발하는 독성 물질이 되는 것이다.

닥터 베이커는 미국의 치과협회가 1930년에 결정한 수은의 안전성과 합
법성을 아직까지 밀어 붙이고 있다며 치과협회의 무책임과 한심함을 질타
했다. 그러나 아직도 북미의 치과의사들은 매년 7,000톤의 수은을 사람들
의 치아를 채우는데 사용하고 있다. 그렇다면 지금 우리의 현실은 어떨까?
아마 짐작할 수 있을 것이다.

얼마 전 충치 치료와 스케일링, 그리고 흔들리는 금니를 교체하기 위해

치과에 다녀온 적이 있다. 그런데 약 일주일이 지나자 치료 받은 쪽의 잇몸이 퉁퉁 부으면서 통증이 심해져 견딜 수가 없었다. 다시 그 치과에 가서 응급 처치를 받을 수도 있었지만 화학적인 치료 방법일 것이 뻔해 이번에는 자연치유의학을 적용해 보기로 했다.

빠른 독소 배출을 위해서 아침과 밤, 하루 두 차례 공복에 관장(따끈한 소금물 또는 유기농 커피액)을 하고, 수산화마그네슘을 먹어 설사를 유도했다. 치약은 시중에서 판매하는 화학적인 것보다는 소금이 섞인 치약을 만들거나 숯 치약 등을 사용해 입안의 세균이 번식하지 못하도록 수시로 양치한다. 공복 시 고운 숯가루를 물고 있으면 통증과 세균 번식을 막을 수 있다. 그리고 물(수 체질―하루 약 2L)에 소금(수·목 체질은 보통, 화·금 체질은 짠듯하게)을 타서 먹으면서(물도 씹어서 삼킨다) 약 일주일 동안 금식을 했다(이 경우에 신장 방광이 나쁜 사람은 퉁퉁 붓는 경우가 있다).

더 좋은 방법으로 죽염 알맹이를 20알 정도 먹은 후 약 2시간 후에 미지근한 물이나 음양탕을 마시면 독소가 빠져 나가는데 용이하다. 여기서 모든 체질은 음양탕을 사용(한 끼에 온수 반 컵, 냉수 1/4컵 비율)해야 한다.

그렇게 일주일 동안 자연치유 방법을 행한 결과 붓기가 가라앉았고, 통증도 나아졌다. 그 후 일주일 동안 보호식(체질에 맞는 미음이나 죽)을 해서 약 14일간 조절식을 해보았다. 심한 경우(암이나 고질병) 체질에 따라 약 14일 금식과 28일 보호식을 해야 하지만 평소 화학적인 약을 멀리 한 덕분에 조절식을 14일만 해도 꽤 효과적인 식이요법이 된 것이다.

커피 관장법이란 유기농 생커피를 우려낸 액체로 장을 씻어 내는 일을 말한다. 알버트 슈바이쳐 박사가 권장한 바 있는 이 식이 요법은 커피에 함유되어 있는 카페인이 관장하는 시간(약 20~30분) 동안 직장에서 간까지 정맥을 타고 올라가 담즙 생산을 촉진,

간을 자극해 간에 낀 독소(불순물)를 휘저어 최종적으로 항문 밖으로 퇴출하는 효과가 있는 방법이다. 그리고 수·목 체질은 복부에 겨자찜질을 하고, 화·금 체질은 된장찜질을 하면 된다. 독일의 내과 의사이자 자연의학자인 막스 게르슨 박사는 이 방법으로 많은 사람들을 살려냈다.

우리는 평생 먹고 마시며 쌓아 둔 독소를 배출하는 방법을 너무나 소홀히 하고 살아온 탓에 인체의 오장육부에 끼어 있는 불순물이 온갖 변수(질병의 요인)를 일으킴을 알면서도 방치했다가 중병이 찾아오면 뒤늦게 악순환의 소용돌이에 휩싸이는 것이다.

유기농 채소가 면역력을 높여 준다

엽산은 비타민 B 복합체의 하나로 녹색 야채, 동물의 간, 효모 등에 들어 있는데 모자라면 빈혈 증상이 나타난다. 비타민 E, 비타민 C12와 엽산을 고갈시키는 화학요법이나 방사선 치료를 받는 사람들(암 환자와 난치성 환자)에게는 새로운 세포를 구성하기 위한 다량의 엽산과 비타민이 필요하다. 다만 인위적인 비타민제는 효율성과 질, 흡수 문제 등의 한계가 있기 때문에 자연식품에서 섭취하는 것이 인체의 파동과 공명현상을 극대화할 수 있다는 결론이다. 그래서 완전한 유기농 식품이어야 한다.

폐암 환자는 특히 강한 항암제(사이클로포스파미드)로 관리하게 되는데 이때 생명 유지의 필요 물질인 베타 카로틴과 비타민 A · E를 함께 섭취해야 한다. 그러나 강한 항암제가 이러한 유용한 것들을 제대로 흡수하지 못하도록 그 기능을 약화 · 파괴해 버린다는 데 문제가 있다. 또 인체 내에 종양이 존재한다는 진단이 내려지면 독소루비신(아드라마이신)류의 항암제로 관리가 시작된다. 어떠한 항암제도 마찬가지지만 항암제는 건강한 세포까지 공격해 인체는 강한 항암제의 내성으로 양질의 음식물과 보약의 효과를 얻을 수 없게 된다. 인체는 움직이는 항암제 덩어리가 되는 것이다. 그래도 Q10 조효소 100 mg과 리보플라빈 5 mg, 비타민 C 1g을 병행하여 복용하면 모근과 심근의 심한 손상은 어느 정도 줄일 수 있다는 보고가 있다.

또 메소트렉 세이트(MTX)라고 해서 관절염 치료제와 항암제로 쓰이는 제제는 유난히 엽산의 인체 내 활동을 방해하는 단점을 가진 것으로 알려져 있다. 그렇다고 인공적인 엽산제를 복용하면 MTX의 치료 효과를 방해할 수 있기 때문에 음식물을 통한 엽산 섭취를 권할 수밖에 없다. 농약이 염려되는 토마토(유기농이라도 유의해야 한다)는 껍질을 벗겨 소금물에 살짝 익혀서(특히 A형이나 B형) 사용하고, 당근과 푸른 잎채소를 자신의 체질(혈액형)에 맞게 식단을 조절하는 것이 가장 바람직하다.

이 외에도 크론씨병, B형 간염 등의 조짐을 보이거나 환자인 경우 비타민 요구량이 늘어날 수밖에 없는데 약으로 된 제제보다는 완전한 유기농 식품이 인체에 유리하게 작용한다. 유기농이 아니면 오히려 농약 성분 때문에 또 다른 문제가 발생하므로 유기 농사를 짓는 '참살이' 농법을 권장하고, 지켜나가는 국가 정책이 시급하다.

지방산은 병원균을 막는
보호막이다

A형과 O형에게 유익한 기름으로는 올리브유와 아마인유(Flax Oil)가 있다. 또 대구간유(Cod Liver Oil)가 유익한 체질도 있다. B형, AB형은 오메가브라이트(Omega Brite) 지방산 보충제가 유익한 체질이다.

다음과 같은 증상을 보이는 사람에게는 질이 좋은 지방산의 섭취가 좋다. 그러나 단기간보다 장기간 적정량을 조절해 섭취하는 것이 바람직하다.

- 복합성 피부─건성과 지성의 혼재
- 피부 얼룩 등 건선, 백납 증상
- 닭살 피부, 팔 다리의 거칠고 오돌오돌한 돌기
- 탈모, 비듬, 두피의 지루성 피부염
- 부서지거나 갈라지는 손톱, 발톱, 뻣뻣한 체모
- 다리 부분에 누비이불 모양의 흰 줄이나 건조한 손과 발
- 자궁적출 수술 또는 자궁질병 치료자
- 자폐증 또는 심한 짜증, 장이나 관절, 피부 등의 이상 현상

닥터 베이커는 인체는 질 좋고, 체질에 맞는 지방을 원하는 부분이 있다고 지적한 바 있다. 모든 씨와 견과류 중 아마유에 가장 얇고 탄력적인 알파-리놀레산이 많이 농축 되어 있음을 강조했고, 호도와 캐놀라유도 권장했다. 질 좋은 기름이나 견과류는 세포막의 탄력성을 회복시키고, 프로스타글란딘(prostaglandin) 호르몬의 합성을 위한 원자재를 공급하는 능력을 가졌다는 것이다. 세포 간의 의사전달을 위한 호르몬 생산의 원자재인 것이다. 좋은 지방의 섭취는 포화지방(육류로 인한 지질)이나 개조된(변형을 일으켜 수소화 된 인공기름, trans(변형된)기름, 마가린 등은 제조업체들이 변형하기 쉽다는 이유로 가장 중요한 알파리놀레산을 제거한다) 지방이 우리 몸의 세포막을 둘러싸고 자리를 잡은 후 산화되어 슈퍼옥사이드디스뮤타제(Superoxide dismutase)의 역할을 방해하는 악영향으로부터 보호해 낼 수 있다는 점에서 견과류나 자연 상태의 식물성 또는 EPA, DHA 등의 생선 기름을 권유한다. 그러나 보관상 산화된 기름일 경우 아낌없이 폐기 처분해야 한다.

무병장수하려면
해독작용이 필수다

우리의 면역계와 중추신경계 그 외 각각의 장기들이 건강을 유지
하게 하려면 해독 활동(간 기능의 보호를 위해 화학적인
약은 삼가야 한다)을 원활하게 유도하는 생활환경으로 돌아가야 한다. 매
일 매일 반복해서 새로운 세포가 만들어지고, 수명을 다한 세포가 자연 도
태하는 과정을 충실히 이행하는 길은 불필요한(체질에 맞지 않는 것) 음식
물이 체내에 쌓이지 않도록 해서 각 장기에 무리를 주지 않는 것이다. 그래
서 질병의 고통 없이 천수를 누리다가 자연사(自然死)하는 것이 가장 바람
직한 삶일 것이다.

에모토 박사의 식품파동분석표에도 나와 있듯 파동의 수치가 높게 나온
다는 뜻은 인체에 유익한 성분과 성질이 함께 있다는 것으로 체질의 냉성
과 열성을 따지지 않고, 성분에만 초점을 맞추었을 때 손해 볼 때가 많다는
것이다. 알로에에 게르마늄 성질이 있다고 해서 냉성의 A형이 먹는다든가
인삼에 게르마늄 성질이 있다고 해서 O형의 열성이 먹는다면 그 파동은 역
파동을 일으켜 체질에 어긋나는 식품이 되고, 그로 인해 체내에 어떤 나쁜
조화가 일어날지는 불 보듯 뻔하다.

건강식품의 파동수치

구 분	고려인삼 (6년근)	P.L.P 벌꿀식품	오골계혈	효 소	GE132 산소식품	솔방울
면역파동	21	20	20	15	21	21
스트레스	21	20	20	–	21	–
억울한 감정	21	21	20	–	21	–
암	20	18	14	14	18	14
위	20	20	–	–	21	–
장	20	20	–	–	21	–
폐	–	–	–	–	–	–
심 장	20	20	20	–	21	–
간 장	21	21	19	17	21	17
신 장	21	21	19	21	21	21
췌 장	–	–	–	–	–	–
비 장	–	–	–	–	–	–
방사능	21	21	–	–	–	–
초단파	21	20	–	–	–	–
고혈압	21	21	19	–	19	–
당 뇨	21	20	19	12	21	12

각종 식품의 파동수치

구 분	시금치	가열한 시금치	모로헤야	일본산 참마	한국산 산마	시몬마 /줄기·잎
면역파동	18	7	21	19	19	19
스트레스	18	7	20	10	19	19
억울한 감정	18	9	21	3	20	19
암	16	–	17	11	15	16
위	19	–	–	–	17	18
장	18	–	21	–	18	19
폐	13	–	18	–	–	–
심 장	18	–	21	16	17	19
간 장	16	–	21	3	20	19
신 장	17	–	20	3	19	19
췌 장	–	–	21	6	–	–
비 장	19	–	–	–	–	–
방사능	11	–	–	–	17	19
초단파	12	–	–	–	19	19
고혈압	18	6	19	–	17	18
평 가	○	×	◎	○	◎◎	◎◎

• 모로헤야 : 이집트 왕실의 〈원기의 식품〉

• 최상 수치는 20~21임
• -가 없는 수치는 수치만큼 이롭다.

소금의 파동수치

구 분	정제염	자연염		氣소금		
		자연염	해조염	P – 염	G – 염	금분 G
면역파동	1	5	8	16	17	19
스트레스	0	4	10	17	17	20
억울한 감정	0	5	7	17	15	18
살 균	20	–	–	–	–	–
고혈압	–3	2	4	12	13	14
신 장	–3	1	3	11	12	12
	꽃소금 백소금	천일염	곤포재	파동기계를 통과한 소금	기를 입력한 특수 소금	금가루를 식용화하여 섞어 만든 소금

- –는 해롭게 작용한다.
- 정제염의 유익한 점은 살균력뿐이다.

여러 가지 식품의 파동수치 비교

파동수치 \ 식품	양배추	상 추	배 추	어린배추	시금치	송이버섯
면역력 파동	+4	+7	+8	+16	+18	+21
스트레스파동	+5	+8	+8	+16	+18	+21
억울 파동	+5	+7	+7	+15	+18	+21
고혈압 파동	+7	+4	+6	+18	+18	+17
당뇨 파동	+5	+5	+8	+13	+15	+11

쌀에 대한 파동 수치

구 분	유색미	현 미	배아미	백 미	백 미	할 맥
면역파동	15	17	9	−2	1	11
스트레스	12	10	9	2	0	9
억울한 감정	14	17	9	−1	0	6
수은 독소	3	9	5	−3	−6	6
납 독소	−	−	−	−	−	−
알미늄 독소	−	−	−	−	−	−
초단파	−	−	−	−	−	−
방사능	−	−	−	−	−	−
암	−	−	−	−	−	−
	계약재배	유기농법	저분도	90년도	91년도	보리쌀
평 가	◎	◎	○	×	×	○

• +는 유익하게 작용한다.

각종 식품의 파동수치

구 분	생 강	현 미	배아미	백 미
면역파동	19	12	21	21
스트레스	14	13	5	17
억울한 감정	14	13	9	8
암	12	−	19	−
심 장	−	−	−	18
간 장	14	17	7	9
신 장	14	−	13	6
냉 증	16	−6	−	−
야 뇨	14	−6	−	−
당 뇨	12	−1	15	13

자녀를 둔 부모라면 과외나 입시학원 한두 군데 두드려 보지 않은 부모는 없을 것이다. 스파르타식으로 교육을 하는 입시학원이 수험생과 부모들에게 관심거리이기도 하다.

기원전 9세기경 고대 스파르타의 입법자 리쿠르구스는 스파르타인들이 나태해져 일하지 않고, 탐욕스러운 짐승처럼 피둥피둥 살이 찌는 것을 염려해 음식에 관한 법을 제정했다. '시커멓고 묽은 스프'만 먹도록 하고, 배가 나온 외국 사절은 쫓아냈으며 이상적인 노동자를 나라의 일꾼으로 만들기 위해 '전 국민 공통식'을 철저히 지켜 음식을 먹게 했던 것이다.

스파르타식 교육은 여기에서 유래된 것으로 강제적인 파동을 교육에 적용하자는 발상이다. 그러나 그렇게 강제적인 입시 교육은 대학이라는 간판을 따게 할지는 몰라도 진정한 창의성과 인성은 함락시키는 과오를 범할 수 있다.

오늘날 맥도날드의 경우도 기술과 시대적인 배경만 달랐을 뿐 스파르타의 공통식을 만든 리쿠르구스의 발상과 다를 바 없다. 공동식당(맥도날드의 매장)은 시끌벅적해 음식이 입으로 들어갔는지 코로 들어갔는지 모를 만큼 정신이 없다. 여유 있게 식사하는 손님에게는 다음 손님의 차례를 은근히 귀띔하는가 하면, 동양인의 체질과 비위에 맞지 않는 메뉴와 많은 양의 음식 재료는 냉장고에 장기간 보관되어 누렇게 변색된 양상추 잎이 나올 때도 있다. 보관이 용이한 피클과 같은 메뉴는 고객의 체질을 전혀 고려하지 않고 일률적으로 제공되며, 그것에 방부제 처리가 되어 있음은 말할 것도 없다. 왜 이러한 정크 푸드를 높은 로열티를 지급하면서까지 들여와 우리 아이들의 정신과 육체를 망가뜨리고 있는가? 이러한 음식의 폐단을 비판 없이 받아들인 우리의 몸은 불필요한 것들을 분해하기 위해 새로운 아군(분해를 위한 분자 만들기)을 만드는 일에 많은 에너지를 소모하게 된다.

이러한 문제의 개선 방안은 자신의 체질에 맞는 음식물을 최대한 적게 먹는 방법이다. 설사 많은 양을 먹었다면 여지없이 식이요법을 통한 의학을 스스로에게 행하는 지혜를 발휘해야 할 것이다. 내 몸은 내가 관리하고 다스려 내 몸 안의 명약을 내가 꺼내 쓸 줄 아는 지혜롭고 명철한 의인의 자세로 바로 서야 한다.

혈액형별 라이프스타일과 유색 쌀 처방전

구 분	A형	B형	O형	AB형
어패류	일주일에 두 차례 정도 섭취하는 것이 좋으나 날것 보다는 익힌 것이 좋음	연어나 대구같이 영양가 높고 지방이 풍부한 생선이 좋음. 조개, 새우, 게 등은 피하는 것이 좋다.	대구, 청어, 고등어 등의 생선은 위장병을 예방해 주기 때문에 좋다.	조개류, 갑각류 이외의 대구, 연어 같은 생선이 좋다.
육 류	육류 알레르기와 과잉반응을 보인다	대다수가 맞는 편이나 과식은 금해야 한다.	적은 양을 섭취하고 위산과다가 되지 않도록 야채를 소량함께 먹는 것이 좋다.	완전히 대사되기가 어려움이 있다.
곡 류	여러 가지 곡물이 잘 맞는 편. 특히 콩류 콩두유가 좋으나 유전자 조작식품은 피한다. 현미 멥쌀 청미 멥쌀 현미 찹쌀 홍미 찹쌀 청태 분쇄 기장(차조)	밀가루는 혈액을 응고시키고 체중을 증가시키는 원인이 됨 깎은 흑멥쌀 홍미 찹쌀 현미 멥쌀 차조 청태(강낭콩) 검은콩(분쇄)	검은 콩 두유는 몸에 좋으나 콩은 소화가 잘되지 않는다. 청미 찹쌀 현미 멥쌀 홍미 멥쌀 보리 할맥 율무	대두로 만드는 된장이 좋으나 팥은 피하는 것이 좋다. 현미 멥쌀 홍미 멥쌀 홍미 찹쌀 차조 청태 분쇄 검은콩(분쇄)

구 분	A형	B형	O형	AB형
채소류	익은 야채(숙채) 위주로 한 식단이 적합	대다수가 맞는다.	콜리플라워나 양배추는 맞지 않는다.	부모의 체질 영향이 어디까지인지 살핀다.
기름, 유제품	약간의 요구르트를 제외한 유제품 모두에게서 거부 반응	항원 성분과 우유의 당이 일치하는 유가공 제품이 좋음 올리브유는 가끔씩 한 큰 술 정도 소화, 흡수에 도움이 된다.	우유는 소화가 잘되지 않는다.	섭취할 수는 있으나 기름기는 트랜스화 될 수 있다.
과일류	알칼리성인 자두, 파인애플, 블루베리 등의 과일이 적합	모든 과일이 다 잘 맞음	무화과, 키위 등의 알칼리성 과일을 섭취하는 것이 좋다.	알칼리성이 풍부한 것이 좋으며 특히 키위가 좋다.
차, 주류	캐모마일차나 항산화력이 있는 민들레차 인삼, 홍삼차, 레드와인 등을 과하지 않게 한 잔씩 마시는 것도 좋다.	커피, 홍차, 와인, 맥주 대다수가 맞는 편이다.	커피와 홍차는 양을 줄이는 것이 좋다.	레몬 반개를 짜낸 과즙이나 오렌지 주스가 좋다.
건강법	걷기나 스트레칭 등 편안한 운동을 하는 것이 몸에 좋다.	즐기면서 할 수 있는 가족운동(배드민턴, 하이킹, 사이클)이나 골프 등이 좋다.	달리기, 수영, 스포츠 댄스, 에어로빅 등이 건강에 좋다.	스트레스가 건강에 치명적이며 명상이나 요가같이 정적인 운동이 건강에 좋다.
취약점	위암이나 난소암, 전립선종 등의 종양에 걸릴 확률이 높으며, 냉한 음식은 강한 독이 된다.	체질에 맞는 식단만 잘 지키면 비교적 병에 잘 걸리지 않는 행운의 체질이다. 복부비만조심	기질이 급해 실수가 잦다. 건강의 자만심 등이 질병의 화근이 될 수도 있다	체질의 특성 때문에 특발성 암 질환에 취약하다

유전자변형식품의 위험성

유전자 변형식품이 처음 세상에 등장한 것은 1994년 미국에서 유전자변형식품이 판매되기 시작한 시점이 아닐까 추측된다. GMO 식품, 즉 유전자변형농산물(Genetically Modified Organism)은 유전자조작식품 또는 유전자재조합식품(GE 식품)이라고도 부른다.

나는 유전자조작식품에 대해 유난히 많은 관심을 가지고 있다. 언제부터인가 우리네 식탁 위에 놓인 채소들은 깔끔하고 고운 색상을 띄고 있다. 가만히 생각해 보면 어린 시절 할머니와 어머니가 직접 텃밭에서 가꾼 채소들은 벌레가 먹어 잎사귀에 구멍이 숭숭했고, 가끔은 미쳐 씻겨 내려가지 못한 애벌레 같은 것들이 눈에 띄곤 했었다. 상추나 배추의 크기는 큰 것부터 덜 자란 것, 못 생긴 것 등 각양각색이었다. 날 채소를 먹는 예방책은 구충제 한 알이면 충분했다. 그야말로 흙냄새 나는 우리의 전형적인 고향의 모습이었고, 우리의 정서 그 자체였다.

감자나 고구마 같은 것들도 때깔이 좋은 것은 장에 내다 팔았고, 못생긴 것은 식구들 차지였다. 그러나 그 맛은 세계 어느 나라에서도 찾을 수 없는 맛이었다. 새참 때 먹었던 감자 넣은 수제비, 바가지에 온갖 나물을 담아 고추장에 쓱쓱 비벼먹었던 모내기 밥은 지금 생각해도 침이 꿀꺽 넘어가는 우리네 토종 맛이다.

그런데 이렇게 순수했던 우리의 밥상은 언제부터인가 기업농을 하는 사람들에 의해 변화되고 있다. 종묘 식품 산업의 등장으로 인류의 체질이 바뀌고 있다 해도 과언이 아닌 것이다. 한 사람이 수천, 수만 마리의 닭을 사육하고, 많은 닭을 생산하기 위한 수단으로 인공 사육장에 인공 사료를 먹이면서 우리의 밥상은 온갖 사료를 먹은 고기로 오염되고 왜곡된 밥상이 차려진다. 우리의 체질 또한 바뀌기 시작했고 산성화된 체질은 많은 사회 문제와 질병의 문제를 안겨주기 시작했다. '종자를 지배하는 자가 세계를 지배한다.' 라는 말을 유행시키면서 신의 영역까지 침범하는 유전자 조작 식품이 범람하기 시작한 것이다. 이때부터 누가 변형 작물을 빨리 개발해 농산물 세계를 지배하는가의 전쟁이 시작되었다.

미국에서는 국가 전략의 하나로 유전자변형식품의 개발을 권장하고 있다는 보고가 있다. 소의 젖이 다량으로 생산된다는 이유로 목장에서 사용하는 소의 생장호르몬 BST라는 제품은 몬산토사와 이라이릴리(Eli−Lily)사가 개발해 전 세계에 공급하고 있다. 전문가를 비롯해 소비자 단체의 반대 운동이 만만치 않았지만 역부족이었다. 그 물질이 인체의 호르몬 불균형을 조장하고, 우유 알레르기를 만들며 여성에게 유방암의 원인 물질을 제공한다는 것이다.

1989년에는 대형 체인 슈퍼마켓 5개 사에서 BST 사용 식품을 강력히 반대했던 일도 있었다. 또 1996년 10월부터 GM(유전자 변형식품) 콩과 옥수수를 거부하는 캠페인이 전개돼 왔는데 현재 이 캠페인에는 전 세계 48개국의 300곳이 넘는 소비자, 건강단체, 환경단체, 농업 분야의 단체 등이 등록해 참여하고 있다고 한다.

우리나라는 '생명안전 윤리모임' 이라고 하여 경실련 환경정의시민연대, 그린 패밀리 운동연합, 기독교 환경 운동연대, 녹색연합, 녹색소비자연대, 소비자 문제를 연구하는 시민모임, 참여연대 과학기술 민주화를 위한 모임, 한국여성 민우회, 환경운동 연합, 한국건강연대 등의 소비자 단체들이 뜻을 가지고 나름대로 '우리 밥상 지키기'를 모색하고 있지만, 거대한 힘으로 밀려오는 농산물 수입 개방의 압력을 어떻게 지혜롭게 헤쳐 나가야 하는지 걱정이 태산인 것만은 사실이다.

수입 미국 농산물의 68%가 유전자변형조작식품이다. 1991년 912,000톤이 들어온 이래 98년 1,261,000 톤이 수입되었고, 2000년에는 그 수량이 엄청나게 증가했다. 이제는 전면개방(FTA) 압력을 피할 수 없는 지경에 이르렀다. 이것이야 말로 분별없는 마키아벨리즘이 아니고 무엇이겠는가?

10

빌 클린턴의 체질은
암 체질일까?

체질에 맞는 식생활 길들이기

제3의학자들이 빌 클린턴의 체질이 암 체질화되었다고 의
심하는 것은 그의 식습관 등의 사생활과
무관하지 않다. 물론 지금의 클링턴 부부는 식생활 개선은 반드시 필요하
다며 주장하는 자연주의의 후발주자로 돌아섰지만 각성하는 마음으로
2005년 3월경의 얘기로 돌아가 본다.

『My Life』라는 자서전을 발표하고, 단번에 베스트셀러 작가의 대열에 오
른 빌 클린턴과 그의 재선이 성공하는데 크게 기여했던 정치 컨설턴트 딕
모리스(Dick Morris), 이 두 사람은 운명을 같이 해야 하는 실과 바늘의 관
계였음에도 불구하고 클린턴의 두 번째 임기 중에 결별했다. 2005년 3월,
두 사람의 관계는 멀어졌을 뿐만 아니라 딕 모리스는 클린턴 부부의 강한
비판자로 돌아섰다. 부인과 함께 엮은 『역사 다시 쓰기(Because He could)』
라는 책을 통해 그는 "클린턴은 상황에 따라 무슨 일이든 할 수 있고, 또 그
런 행동에 전혀 책임을 느끼지 않는 독특한 코드(기질과 체질)를 가졌다."
고 비판했다.

최근 중국에서는 '부적절한 관계' 라는 뜻의 '지퍼 게이트' 라는 말이 등
장했고, 백악관 인턴이었던 모니카 르윈스키의 성(姓)을 딴 '르윈스키 콘
돔' 과 '클린턴 콘돔' 이 만들어지기도 했다. 이 제품은 광주시의 '하오젠'
이라는 생물과학기술회사가 개발한 신제품으로 2006년 1월에 출시해 10만
개를 무료로 지급하겠다고 발표했었다.

딕 모리스에 의하면 클린턴의 주변은 권모술수만 난무한 가운데 소신과
철학이 있는 정치가는 견디지 못했다고 한다. 클린턴이 원칙이 없는 정치
를 한 결과 미국을 종이호랑이로 본 테러 집단에 의해 9.11 사태까지 일어
나게 되었다는 것이다. 스캔들로 인해 탄핵 심판을 받을 때에도 자신의 잘
못이 아닌 특별 검사 케네스 스타 때문이라며 자신의 행동을 솔직히 인정
하지 않는 미숙함을 대중들은 그냥 지나쳐 버린다는 것이다.

빌 클린턴은 동·서 냉전과 테러와의 전쟁 사이에 상당기간 존재했던 과도기의 대통령이었고, 그의 매끄럽지 못한 행위로 인해 미국은 현재 국내·외적으로 큰 어려움을 겪을 수밖에 없다는 견해가 지배적이라는 것이다.

미국은 O형의 대통령들이 지배하는 나라라고 해도 과언이 아닌 듯하다. 아이젠하워, 트루먼, 루즈벨트, 포드, 레이건, 클린턴, 부시 대통령은 모두 O형이었다.

인간 사회에서 비교적 최상부에 위치한 O형들은 실패하기를 싫어하고 포용력과 서비스 정신 또한 투철하다. 호언장담하는 우두머리 기질과 위풍당당한 기세로 밀어 붙여 정치계에서도 자신의 색깔을 내밀어 두각을 나타내는 것이 특징이다. 투철한 국가관이라든가 인류애는 당연히 그 삶의 철학에 담겨 있어야 하는데, 그것보다는 마키아벨리즘(Machiavellism)적 사고와 발상이 우위라는 것이다.

마키아벨리즘은 이탈리아말로 정치에서 목적을 달성하기 위해 권모술수를 가리지 않고, 오직 목적만을 위한 수단이라는 뜻을 담고 있다. 동서고금을 막론하고 대다수의 지도자들은 이러한 절대 권력주의인 마키아벨리즘적 국가지상주의를 구사해 왔다. 마키아벨리의 『군주론(1513년)』에 대해 프리드리히 대왕은 『반 마키아벨리론(1740년)』을 펼치면서 그들의 비인도성을 비판했으나, 대왕 자신도 마키아벨리즘을 행사했다고 하니 지도자의 자리가 사람을 변화시키는 것이라고 이해할 수밖에 없다.

그런가 하면 부탁을 받으면 거절하지 못하는 O형 특유의 우유부단함과 결단력이 다소 약한 면이 있어 워터게이트 같은 사건을 겪기도 하고, 비서관과 추문을 일으키기도 했던 것이다. 누구의 잘 잘못을 따지기 이전에 마키아벨리즘적 사고가 저변에 깔린 스캔들이 아니었을까 생각해 본다.

2006년 올해로 58세가 된 빌 클린턴은 지난해 심장측관형성(바이패스)수술의 후유증으로 왼쪽 폐에 물이 고여 압박에 의한 호흡 곤란을 일으키는 손상 조직을 제거하는 수술을 했는데 뉴욕 장로교 콜럼비아대학교 부속병원의 집도 의사들은 "약 4시간의 수술은 잘 되었다."고 보고했다. 이렇게 수술의 후유증이 일어나는 경우는 6천여 명의 수술환자 중 10% 미만에서 일어나는 희귀한 경우라고 한다. 학자들은 클린턴의 발병을 거국적인 스트레스와 잘못된 식생활(왕성한 소화력으로 인한 식탐으로 가리지 않고 먹은 인스턴트 식품)로 인한 생활 습관병이라고 해석하기에 이르렀다. 언젠가 TV에서 클린턴이 수많은 대중들 속에 앉아 햄버거를 맛있게 먹던 모습을 본적이 있다. 클린턴의 삶을 돌아보며 우리는 과연 '우음마식(牛飮馬食 ; 소 같이 술을 마시고, 말 같이 음식을 많이 먹는다)' 은 되지 않았는지 반성해 볼 일이다.

전형적인 O형의 체질과 기질의 클린턴은 미국 국민을 대표하는 체질이라고 할 수 있다. O형의 남성 중에 생식기능의 약화(조루증, 요도이상, 신장병 등)가 오면 속으로 끙끙 앓다가 그것의 성능을 시험해 보고 싶은 마음에 상식 밖의 외도와 탈선을 하게 될 위험에 노출되는 경향이 있으며, 그에 대한 책임과 파문은 '때가 되면 어떻게든 잘 해결 되겠지' 하는 우유부단한 기질이 한 몫한다는 것이 주된 견해다. 대개 식탐이 많은 사람들의 문제로 대두되는 문제가 정신적 공허감이다. 의붓아버지와의 정서적 문제가 클린턴의 의식 속에 콤플렉스가 되지는 않았을까? 그것의 발산이 르윈스키는 아니었을까?

뉴 바이오테크놀로지는
인류의 체질을 바꾼다

바이오 테크놀로지의 세계는 크게 올드 바이오(Old Bio)와 뉴 바이오(New Bio)로 나뉜다. 올드 바이오는 늘어나는 인구 증가에 맞춘 생산량의 증가가 목표로, 그나마 인간다운 사람 중심의 발상이었다. 그러나 뉴 바이오는 유전자 변형, 세포 융합, 복제기술(핵 이식) 등 유전자를 조작하는 기술로 인간의 기술이 어디까지인가를 시험해 보는, 즉 신의 영역을 왜곡하는 무서운 기술이라는 부정적인 시각이다.

아이러니한 것은 인류를 위한다는 첨단 과학인 바이오테크놀로지의 기술이 개발되지 않았던 시절보다 첨단 과학이 발달한 지금 자꾸만 새로운 병이 생겨난다는 것이다. 에이즈, O-157, 사스, 조류독감, 셀리악 등 이러한 질병의 실체는 변형식물, 변형미생물, 세포융합식물, 세포융합미생물, 바이오 불고기, 복제동물 등 자연계에 존재할 수 없는 생명체가 인간에 의해 인위적으로 만들어져 인간의 내분비를 교란시키고 자연계로 방출되는, 기기묘묘한 악순환 속에 있다.

다시 클린턴의 병과 관련해 짚고 넘어가야 할 부분이 있다. O형의 저돌적이고 열정적인 면모는 미국을 비롯해 호주 원주민, 아메리카 원주민, 자메이카, 과테말라 등 다분히 서양 쪽의 성향이라고 할 수 있다. 미국의 지도자였던 클린턴 역시 O형의 기질을 다분히 드러내는 유형인데 그는 35세에 최연소 아칸소주(州)지사가 되었고, 사설 비행장과 수많은 부하와 동료를 거느릴 수 있을 정도의 돈과 권력을 쥐었다.

그런가 하면 르윈스키와의 사건으로 미국 역사상 유래 없는 형사 사건의 증인으로 법정에 섰던 기록도 있는데 의외로 그의 부인 힐러리 여사는 동양적인 사고의 내조를 유지했다. 힐러리는 의연한 자세로 "내가 비틀거리면 남편이 흔들리기 때문이다."라고 말했는데 그 옛날 우리의 할머니들이 외도하는 남편을 보고도 오직 '가정의 평화와 자식 때문에 참는다' 는 면이 닮아 있다. 자신의 명예와 미래를 생각해 넓은 마음을 전 세계에 알린 담대한 여인임은 틀림없다. 정통한 소식통에 의하면 르윈스키 사건은 사실 빙산의 일각으로 엄청난 사건들이 더 있었던 것이 아닌가를 시사하기도 한다.

클린턴의 기호 식품이자 현대인의 질병 요인의 하나인 패스트푸드 그리고 그것의 모양을 더욱 두드러지게 코디하는 푸드 스타일리스트, 달걀 하나에도 부가가치를 창출하는 미국 제일의 달걀 생산 업자인 카길(Cargill)사 등 O형의 대통령들과 그 측근들은 이렇듯 한나라의 지도자로, 세계를 자신들의 손에 넣기 위해 온갖 수단과 방법을 도출하고, 막강한 돈줄을 동원해 거대한 피라미드 구조를 형성하면서 세계 곳곳에 세력의 씨를 뿌린다. 그것이 부족하면 어떠한 명분을 내세워서라도 전쟁을 일으켜 통합하려 하고, 이제는 우리들의 밥상까지 점령하고 있는 것이다.

세계의 밥상을 점령한
유전자변형식품

부루스터 닌 (Brewster Kneen)은 월간지 발행자이자 캐나다의 농업 분석가이며 비평가다. 닌은 그의 저서 『보이지 않는 거인』과 그 개정판 『누가 우리의 밥상을 지배하는가?』에서 끔찍한 사실을 폭로하고 이를 비판하고 있다. 닌은 약 10년 전 한국인들의 향후 식량조달 방식과 유기농 식량 생산 단지를 검토하기 위해 한국을 방문한 적이 있다.

닌은 15년이라는 긴 세월을 오직 인류의 '올바른 먹을거리의 주권'을 위해 세계 곳곳을 누비며 자신이 목격하고 체험한 것을 저서와 비평을 통해 바로 세우고자 했던 존경 받아야 할 인물의 한사람으로 평가되고 있다.

카길사는 곡물의 원료 공급을 필두로 완제품(통조림, 병 제품, 건식품 등)에 이르기까지 전 세계의 대형 마켓을 공략해 석권하겠다는 야심을 가진 기업이었다. 닌은 그들이 이미 그렇게 실행(36년)하고 있었다고 폭로했다. 미국의 유전자 변형 식품의 선두주자인 몬산토사와 애그래보사, 시바게이지사 외에 자신들이 통제하는 식량체계의 생산자이자 소비자 군단이라고 보는 나라들, 즉 한국을 비롯해 아르헨티나, 중국, 캐나다 사람들에게 식품의 질 같은 것은 염두에 두지 않으며 오직 '돈이 되는가?' 만을 따진다는 것이다.

특히 한국인은 국산 쌀로 밥을 지어먹을 일은 꿈도 꾸지 말아야 하며, 산업화된 식량 산업에서 우리의 고전 음식인 김치, 된장, 고추장 따위는 낭만주의적 발상이라는 것이다. 그러한 통제권을 카길사와 동질의 회사인 벙기나 아처 대니얼 스미들랜드(ADM) 같은 극소수의 곡물 메이저들과 공유하고 있기 때문인 것이다. 벙기사는 1818년 암스테르담에서 곡물 무역 회사로 출발해 대두 수출을 비롯, 옥수수 식용유 가공업, 최대의 밀 제분 기업이자 브라질 최대의 비료 일관 생산 기업이다.

벙기는 1998년 10개국에 37,000명이라는 직원을 두고 세계의 밥상을 채워 나간 결과 2001년 순익이 115억 달러에 달했다고 한다. 원료의 판매자이자 생산품의 구매자로서 조언을 제공하며 상당한 지배력을 행사하는 산업적 농업 시스템을 구축해 자기들의 입맛에 맞는 글로벌 시스템을 가동하고 있는 것이다.

세계를 지배하려면 밥상을 지배하라는 발상에 힘을 입어, 호랑이(정부 보조금)의 등을 타고, 토끼(특혜)를 싹쓸이 하러 우리의 밥상으로 쳐들어온 것이다. 카길은 비공개 기업으로 분기별 배당 따위에 연연해 할 필요가 없으며, 장기적인 목표를 세워 포괄적이고 수직적인 글로벌 식량수급 체계를 이룩하고 있다는 것이다. 어느 새 우리의 밥상은 인위적이고 유전자 변형 잡종의 곡·채식인가, 자연주의적 토종 경작 시스템에 의한 곡·채식인가를 놓고 심각하게 고민해야 하는 위기에 처한 것이다.

'내가 먹은 것이 곧 나다.' 는 말은 누구를 향해 해야 할까? 유전자 변형의 종자 씨앗들은 유통 경로를 거쳐 우리네 농산물에 유입돼 우리의 밥상을 지배했고, 소, 돼지, 닭의 사료로 둔갑해 우리들의 먹을거리를 지배하고 있으니 인류의 체질은 이제 고유하고 순수한 파동(메커니즘)을 잃어버린 지 오래이다.

쇠고기에는 아질산 소다라는 약품이 첨가되는데 이것은 고기의 붉은 색을 더 붉게 육류의 냄새를 더 진하게 하기 위한 위장술이다. 그렇게 육류에 첨가된 아질산 소다는 그것을 섭취한 사람의 위장으로 들어가게 되고, 위에서 아민이라는 물질과 만나 니트로사민이라는 것이 형성되는데 이 물질이 바로 암을 일으키는 발암 물질로 판명되었다.

그것뿐만이 아니다. 미국을 비롯한 전 세계의 육(肉)가공업자들은 소를 빨리 자라게 하고 무게가 많이 나가게 하는 DES라는 호르몬제를 소에게 먹이는데 이 호르몬제 역시 사람에게 암을 일으키는 물질로 판명되었다.

지자기장과 전자기장
그리고 귀소본능 체질

나에게는 유민정이라는 AB형의 친구가 있다. 친구라고는 해도 나보다 나이가 3~5살 더 먹은 언니뻘이다. 그녀는 일본에서 어린 시절을 보낸 그 나이 또래에서 보기 드문 인텔리 여성이다. 미인인데다가 일본 문학과 그림을 전공한 자타가 공인하는 실력파 여성이다.

그녀는 AB형답게 인간관계를 조정하는 능력이 뛰어나고, 냉정하리만큼 합리적인 면모를 가지고 있다. 그녀는 대형 고급 식당을 운영하는데 수년 전에는 이태리식 양식당을 했다. 경험부족이었는지 아니면 자금난 때문이었는지 식당을 건물 주인으로부터 강제 퇴거당하는 수모를 겪기도 했는데, 비슷한 시기에 또 다른 친구인 강순남의 경영난을 지켜보며 두 친구가 어쩌면 가는 길이 그렇게 비슷할까 싶었다. 그리고 식당은 아무나 할 수 있는 사업이 아니구나 생각했었다.

그러나 그녀는 수완을 발휘해 일본과 동남아와의 무역업으로 다시 재기했고, 요식업에 대한 미련을 버리지 못했는지 근래에 다시 식당을 준비한다는 것이다. 하지만 나는 개업식에 가지 않았다. 왠지 가고 싶지 않았다.

앞서 발간한 『혈액형과 체질별 식이요법』에서 소개한 '강순남 원장'이 경영하는 식당 '장독대'에서는 현미밥에 각종 김치 그리고 된장찌개, 고추장아찌, 보리개떡, 고추장떡을 맛볼 수 있었고, 갖가지 나물이 토속적인 맛을 풍기는 투박한 옹기그릇에 담겨 나오는 순수한 우리네 식단 그대로다. 고향 맛을 느끼기에는 그만한 집이 없었고, 음식이 고향이자 약이 되는 식당이었던 반면 유민정의 식당은 겉보기에 거창한 일품요리가 나오는 곳이었다. 일본식, 한국식, 중국식, 양식이 차례로 등장했고, 주방장의 작품인 듯한 기기묘묘한 음식들이 분위기 좋은 방안에 그득히 차려진다. 마치 옛날 어느 벼슬아치 안가의 상차림처럼 그릇도 대부분 명품이다.

음식 맛은 달착지근 고소하며 보기에도 좋은 요리들로 그야말로 입에 착 달라붙는 요리였다. 그러나 유민정이 경영하는 식당의 음식은 순간의 얕은 맛은 있을지 몰라도 깊고 순수한 우리네 고향 맛은 아닌것 같았다. 식사비용도 30~40만 원 정도로 심적 부담이 다소 큰 식당이었다.

같은 요식업을 하는 강순남과, 유민정. 그 두 사람의 의식세계는 왜 그렇게 차이가 나는 것일까 곰곰이 살펴보았다. 그 차이는 두 사람이 생각하는 음식의 철학과 그들의 생애를 통해 짚고 넘어갈 필요가 있다.

유 사장은 한국전쟁이 발발했던 해의 어스름 보름달이 뜬 어느 날 아버지가 사망했다는 통지서를 받았다고 한다. 그의 사망 원인은 급체였다. 전쟁의 혼란 속에서 정황없는 식생활을 하던 중 급하게 먹은 식사로 손쓸 틈도 없이 별세하셨다고 한다.

그 후 유 사장의 가족은 고인이 저승에서라도 음식을 천천히 배불리 드시라고 제사상을 차릴 때마다 기본적인 상 차림 외에도 살아생전 드시지 못했던 각국의 맛있는 음식을 3가지 이상(사망자의 제사상에는 짝수로 놓지 않는다) 차려 냈고, 반드시 씨리얼을 제사상에 올렸다는 것이다. 그래서인지 유민정 사장은 유난히 다국적 음식을 좋아한다. 그것은 아버지의 유전자를 물려받은 이유도 있겠지만 지극한 효심과 아버지에 대한 그리움 그리고 제사상을 준비하면서 생겨난 식성이 습관이 된 것이 아닐까 생각한다.

초심리학계의

아인슈타인으로 불리며 심령세계를 과학적으로 증명하는 작업(미국 정부의 연구 업무)을 수행하고 있는 딘 라딘(Dean Radin)에 의하면 인간의 행동 양식의 영향은 지자기장(Geo-Magnetic Field : GMF)의 전자기적 그리고 자기적(우리는 막대자석처럼 지자기장에 둘러 싸여 있다고 한다) 변화가 일정한 패턴과 주파수를 가지고 있기 때문에 실제로 유사한 단일세포(아버지)로부터 유사한 단일세포를 가진 자식 유민정에게 생리와 행동에 이르는 전 범위에 걸쳐 영향을 미치고 있다는 것이다.

유 사장 부친의 보름날 사망, 그리고 인체의 전자기장과 지자기장과의 연관은 유전적 요인과 함께 무언가 유민정의 의식과 행동, 삶의 철학에 영향을 끼친 것이 틀림없다. 그러한 입장에 볼 때 강순남의 사명감 또한 시공을 초월한 조상의 혈통 덕분이 아닌가 생각해 본다.

음력 보름날 부정 타지 말라며 부럼을 깨먹는 것은 괜한 전통이 아닌 것이다. 요식업을 하는 두 사람의 행동 양식의 메커니즘이 필연적인 논리이며, 인간의 체질과 기질은 태어난 절기를 따져 헤아리는 것이 마땅한 것임을 가까운 이들에게서 다시 한번 느낄 수 있었다.

악마의 부작용은 끝이 없다

서양 문물의 부작용은 끝이 없다. 날마다 접하는 인공적인 방부제, 착색제, 첨가제, 보존제, 살균제, 조미료, 향신료가 개발에 개발을 거듭하고 있고, 그러한 가공품들의 임상 대상자는 바로 소비자인 우리다. 돈 버리고 몸 버리는 이러한 악순환의 현실을 한탄하지 않을 수 없으며, 정신을 바짝 차리지 않으면 내 부모, 내 자식, 내 이웃, 내 나라, 내 국민이 희생양이 되는 것은 한순간이다.

착색제로 쓰이는 색소는 석탄을 원료로 하는 타아르계의 타아르 색소인데, 이 원료들은 원래 옷감에 물을 드릴 때 사용하는 염료라는 것이 보고된 바 있다. 악덕 상술은 이러한 원리를 이용해 먹음직한 상품의 색깔을 내기 위한 방법으로 쓰이고 있다. 그들은 인체에 치명적이지 않을 정도의 양을 사용한다고 주장하는데 그러한 이물질들에 우리의 몸은 가랑비에 옷 젖듯 조금씩 찌들어 산성화 체질, 즉 암 체질화되어 가는 것이다.

이 사건의 예로 트립토판(Tryptophan) 사건으로 알려진 새로운 유전자 식품은 사람이 추풍낙엽처럼 될 수 있음을 증명했다. 미국에서만 이 사건의 측정 대상자는 약 1만 명이었는데 그 중 1,500여 명이 유전자 변형식품으로 피해를 보았으며, 그로 인해 38명이 사망했다. 그리고 1989년 가을, 원인 불명의 근육통이나 호흡곤란, 기침, 이유 없는 피부발진 등으로 치료를 요구하는 사람들이 나타났다.

원인을 조사한 결과 백혈구의 일종인 호산구(好酸球)가 이상 현상을 일으켜 발생하는 '호산구 증가 근육통증후군(EMS)' 때문이라는 것이다. 건강식품인 트립토판을 먹은 환자들에게서 나타난 이 병은 일본 쇼와(昭和) 전공의 유전자 변형으로 개조한 세균으로 트립토판을 만들어 추출·정제해 미국 시장에 판매된 건강식품이었다. 1981년 스페인에서 발생한 EMS와 비슷한 중독사건이었던 이 사건은 일본의 국립예방위생연구소 우찌야마미쯔루 소장에 의해 원인이 규명되었다.

트립토판은 고초균(枯草菌 ; Bacillus subtilis) 유전자의 일부가 유입된 것으로, 쇼와전공은 EBT나 PAA같은 불순물과 환자의 체질 등이 복잡하게 얽힌 것을 예측하지 못해 일어난 사건이라는 결론의 보고서를 접했다.

체질을 연구해 보면 O형 같은 열성 체질들이 한번 병에 걸리면 맥없이 쓰러지는 경우가 많음을 발견할 수 있다. 그도 그럴 것이 O형은 결과를 바로 봐야 직성이 풀리는 스타일로 폭식하거나 누가 무엇이 좋다고 하면 서슴없이 입에 넣는 습성이 있기 때문이다. 그래서 보기 좋은 광고 속의 인스턴트에 자신도 모르게 손이 가기도 하겠지만 클린턴의 햄버거 먹는 습관은 아마도 대중을 의식한 정치인의 액션이 습관화된 것이 아닌가 유추해 볼 수 있다.

모든 식품 첨가제에는 발암 물질이 첨가되어 있음을 많은 전문가들이 지적한 바 있다. A.패스워터 박사는 그의 저서 『암과 영양학적 치료법』에서

적색 2호 색소는 붉게 만드는 식품뿐만 아니라 많은 식품에 사용되고 있으며, 흰 빛깔의 케익을 더욱 희게, 초콜릿의 갈색을 더욱 선명하게, 과자류, 젤라틴, 코코아, 캔디, 푸딩, 잼, 젤리, 요구르트, 스프, 시리얼, 아이스크림, 과일주스, 소다 음료수 이외에도 수많은 비타민정제, 화장품, 기침약 등에 식용 색소를 첨가하고 화학적으로 정제한 설탕을 넣는다고 말한다. 또 노란 색소는 마가린이나 버터 또는 달걀이 들어간 것처럼 눈속임을 하기 위한 얄팍한 상술이라는 것이다. 흰 빵에도 발암 물질이 다량 첨가되는데 자연밀빵처럼 보이게 하기 위해 흰 빵에 이중 삼중으로 색소를 칠해 발암물질이 되게 한다는 것이다. 그러니까 클린턴은 자의반 타의반 현대병 체질의 표본이 되어 버린 것이다.

미국의 전형적인 정크 푸드의 피해자이자 가해자가 될 수도 있는 클린턴식 산성 체질을 탄생시킨 것이다. 이렇게 산성화된 체질은 쉽게 흥분하고, 무슨 일이든 단번에 답을 얻으려고 하는 체질과 기질을 갖게 된다. 건드리면 터져 버리는 폭탄처럼 전쟁을 일삼는 체질로 변하는 것이다.

파란 뉴스에서 우리나라 대학생 만여 명(자료)을 조사한 결과 햄버거나 인스턴트 음료를 분위기에 휩쓸려 먹게 되는 기호식품이라고 말했다. 소비자 문제를 연구하는 시민의 모임에서 어린들이 선호하는 위해식품의 폐해를 고발하며 강력한 참살이를 주장하고 나서자 매출이 떨어진 패스트푸드 체인점들은 가격할인과 양으로 승부에 나섰다. 그러나 양보다는 질로 승부하는 사람이 최후에 웃는 자가 되지 않을까?

과학의 발달은 인류를
전쟁 체질로 바꾸고 있다

온갖 과학기술로 발전해 온 각종 무기, 핵, 자동차, 바이오 기술, 의료 기술은 잘 이용하면 과학의 개가요 잘못 쓰면 살상무기가 된다는 양면성이 있다. 그러나 과연 그것들이 진정 인류를 위한 것일까 의심스러울 때가 많다. 양식 있는 어느 과학자가 죽음을 앞두고 "다시 태어나면 시골 농부로 태어나겠다."고 한 말을 새겨볼 일이다.

특히 인간을 비롯해 생태계를 위태롭게 만드는 유전자조작식품은 왜 만들어지고, 연구되는 것일까? 이윤의 확대를 위해 기업은 학자들의 명예욕과 연구욕을 이용해 그들과 교묘한 커넥션을 이루고 있다. 오묘하게 조화롭고 균형 있는 절대적인 창조의 개체들이 왜 도외시 되는지 알 수 없다. 지구에 생존하는 동·식물은 유한한 것이며, 고유의 생체 본질을 가진 귀한 존재라는 사실을 그들은 언제쯤 깨닫게 될까?

엄마의 젖을 뗸 이후부터 아이들은 BST 우유를 먹어 이상 변형을 일으키는 체질로 변화되고, 자라서는 착색된 빵, 백설탕이 다량 함유된 주스, 농약 성분이 첨가된 커피, 트립토판 건강식품 그리고 발암물질 덩어리인 햄버거를 먹는다. 인간 생명의 본질이 흐려지는 것은 불 보듯 뻔한 일이다.

O형의 국민성을 보면 투쟁을 일삼고 저돌적이며, 욕심이 많고 단번에 해치우는 체질로 그냥 조용히 일생을 보낼 수가 없다. 총기 사용이 허용된 미국 땅에 조기 유학이다 뭐다해서 기러기 가족이 되는 수많은 사람들, 그 부모는 어떤 체질이 되었을까?

앞에서도 지적한 바 있지만 우리 아이들은 어른들이 참견하고 말릴 사이도 없이 체질이 산성화되어 그 결과 매사에 부정적이며, 이기주의, 선·악의 분별없이 거침없이 행동하고, 투쟁적이며 시기와 질투가 많다. 협력이나 봉사의 개념이 부족한 것은 두말할 필요도 없다. 이러한 아이들이 혼자 이국땅으로 떠날 때 얼마나 훌륭한 인재가 되어 돌아올 수 있을까 하는 의문이 남는다.

Y 선생은 휴가 중입니다

체질에 맞는 식생활 길들이기

고대 이집트인들은 환자를 수목원으로 안내해 그곳에 머물러 있기를 권하였다. 숲에서 방출되는 음이온과 식물이 내뿜는 여러 가지 유익한 에너지는 정신병은 물론 각종 질병 치료에 많이 활용되어 왔고, 그 효과 또한 입증되었다. 이러한 방법은 18세기 말부터 미국과 유럽을 비롯한 선진국에서 보다 구체적으로 실용화되었고, 우리나라는 최근에 그 필요성을 인식해 소수 의식 있는 대학들이 원예치료학과를 개설해 운영하고 있는 실정이다.

본격적인 치료 수단으로서는 20세기 이후 미국에서 1, 2차 세계대전 중에 상처 입은 군인들의 재활프로그램의 주요한 부분을 차지했는데 1950년 미시간주립대학교의 원예 강좌를 시작으로 캔서스 주립대학교가 주축이 된 '원예를 통한 재활치료 전국협의회(National Council for therapy and Rehabilitation through Horticulture, NCTRH)'가 결성돼 원예치료의 성장기를 맞았다. 이후 AHTA(American Horticultural Therapy Association)로 더욱 발전해 우리나라 치료 분야에도 영향을 주었으리라 추측된다.

가까운 일본만 해도 초등학교에서 원예학을 도입해 교육하고 운영하는 곳이 많다. 자연과의 교감은 그 어느 교육보다 인간에게 미치는 영향이 탁월하다. 인성의 기초를 땅에서부터 찾아야 한다는 귀한 교육의 현장을 우리나라의 교육자은 몇 사람이나 실천하고 있을까? 땅 속의 미네랄이 부족해지면 우리 인체 역시 당연히 영향을 받을 수밖에 없다.

사람의 몸을 만들고 있는 원소와 우리가 먹는 곡식과 채소, 씨앗류 등의 구성 요소와 흙에 존재하는 원소들이 모두 유기적으로 일련의 관계를 맺고 있는 것을 보면 사람이 자연의 한 부분임을 깨닫는다. 이러한 생태적 특성을 고려하지 않은 현대 농법은 오직 인공적 비료로 식량 증산에만 힘을 써 왔다. 그 결과 땅의 성분은 빈약해졌고 오염되었으며, 인류의 체질 또한 유기미네랄이 고갈된 메마른 인간성으로 전락했다.

인간과 지구의 위기를 다룬 〈하나뿐인 지구〉라는 EBS 다큐멘터리(2005년 5월 16일)는 그런 점에서 유익한 점이 많았다. 도심의 건축물 옥상을 생태공원처럼 꾸미고 'BIO TOP'을 만들어 곤충이 서식하고 자라게 한 결과 시각적인 효과는 물론 에너지 효율도 극대화 되었다.

어린이들의 자연학습장을 멀리서 찾을 필요가 없어졌고, 환자들의 심신을 위한 원예치료의 차원은 아니더라도 옥상에 녹지 공간을 만들어 환자들을 배려한 것이다. 무엇보다 옥상 공원이 생긴 후 가족들의 사이가 더욱 돈독해졌다는 주부의 자랑이 결코 거짓이 아님을 느낄 수 있었다.

Y 선생은 휴가 중입니다

K모 대학병원의 내과 의사인 Y 선생은 나이만 어렸을 뿐, 그 외모와 목소리가 손석희 아나운서를 빼닮아 '닥터 손'이라는 별명을 갖고 있다. 그의 혈액형은 A형이었다. 변호사인 부친(A형)과 산부인과 의사인 모친(O형)의 장점만을 고루 닮아 외모가 준수했고, 성품도 훌륭했다.

그러던 약 2년 전의 일이다. 아들이 군에 입대했다가 '급성간염'을 판정받고 집으로 귀가 조치를 당해 아들을 데리고 Y 선생을 찾아갔다. 그러나 Y 선생은 자리에 없고, 선생의 진찰실 문에는 이렇게 쓰여 있었다.

"Y 선생은 휴가 중입니다." 혹시 꾀병 휴가가 아닐까 싶어 아들과 나는 웃었지만, 약속은 칼같이 지키는 Y 선생이기에 '피치 못할 일이 있겠지' 생각하며 병원을 나왔다.

미리 예약을 하고 시간에 맞춰 찾아갔던 터라 약간 기분이 언짢았지만 '사정이 있겠지' 싶어 다른 선생님한테 아들의 상태에 관한 소견을 듣기로 했다. 큰 병은 아니었고 긴장과 스트레스로 인한 것이라 안정을 취하면 괜찮아질 것이라고 했다. 예견은 하고 있었지만 아들의 입장을 고려해 오랜만에 Y 선생을 만나 그 동안의 안부도 물을 겸 병원을 찾은 것이었다.

250

그런데 며칠 후 Y 선생이 그가 근무하는 병원의 중환자실에 입원해 있다는 소식을 듣게 되었다. 병원 일이 고되니 과로로 인한 것이겠지 생각은 했지만 의사가 자신이 근무하는 병원의 중환자실에 입원을 하다니, 거기에다 중환자라는 것이 마음에 걸렸다. 후에 전해들은 소식은 Y 선생이 위 절제 수술을 한다는 것이었다.

순간, 암으로 사망한 시댁 식구들(주로 의사들이었다)의 어두운 모습(앞서 출간한 책에 자세히 소개했다)들이 교차되면서 죽음의 빛이 문득 시야를 가렸다. 나는 설마 하는 마음을 가다듬었다. 이런 저런 생각들이 머리를 어지럽히는 사이 Y 선생은 순식간에 의사에서 중환자로 젊은 나이에 운명적인 위기를 맞고 있었다. 당장이라도 달려가 수술이 결코 능사가 아니라는 사실을 전하고 말리고 싶었지만 참아야 했다. 위에 생긴 암 덩어리는 잘라내야 한다는 대학병원의 고집을 누가 꺾을 수 있단 말인가? 한심하고 안타까운 마음에 잠을 이룰 수가 없었다.

사냥감을 보면 반드시 그것을 총으로 쏘아 잡아야 하는 수렵 행위의 서양의학이 그 한계를 분명히 안고 있으면서도 과학의 주류를 장악하고 있는 현실이 안타까웠다('현대의학은 수렵 의학이다' - 토인비). 뉴턴의 기계론적 패러다임은 모든 사물을 쪼개고, 또 쪼개 미분으로 추적하다가 끝내는 사냥(암 덩어리를 도려낸다)하는 것이다.

현대 과학인가, 전통 민속의학인가를 따지기 이전에 Y 선생과 같은 희생자가 생겨나는 근원적인 이유는 서양의학의 수렵적인 기질과 요소 환원주의(reductionism)적 짜깁기 과학이 빚어낸 약육강식의 의학, '암 하면 죽는다' 라는 패배주의의 말로라는 결론을 내릴 수밖에 없다. 그리고 이제야 시각을 달리해서 일부 의학자들은 패러다임을 전환해 나무만 볼게 아니라 숲을 봐야 한다고 소리를 높이고 있다. 그나마 목소리를 높이는 의학계 부류는 양심이 살아 있는 부류이다.

　원래 Y 선생은 성격이 급하거나 호들갑스럽지 않고 차분한 사람이었는데 수렵 생활과 같은 직업의 성향과 업무 환경이 그를 다급히 몰아친 것이니 어쩔 도리가 없었을 것이다.

　이제 우리 의료 소비자들은 기득권자들의 목소리에 귀를 기울이기보다는 내 몸은 내가 지킨다는 의식으로 체질의학에 좀 더 가까운 자세를 가져야 한다.

Y 선생

집안의 내력을 보면 부부가 모두 의사 신분이라 끼니를 제대로 챙겨먹기가 바쁘게 일을 해야 하는 관계로 가정부 할머니가 살림을 도맡아 했다. 중학생 딸과 이제 막 초등학교에 입학한 아들은 부모와 있는 시간보다는 가정부 할머니의 손이 더욱 익숙한 전형적인 도시 가정에서 자라고 있었다.

　가장 도시적이면서 하이클래스의 상류층이었던 그 집의 냉장고를 들여다 본적이 있었다. 항상 냉장고를 가득 채운 음식은 햄, 소시지, 계란 그리고 인스턴트 통조림과 빵 등으로 우리(자연치유학자)의 시각으로 볼 때 가장 혐오스러운 음식뿐이었다. 위가 섬세한 A형들은 먹을거리에 대한 조심성이 각별해야 했다. 한번은 하도 보기가 딱해서 "이렇게 인공 음식만 먹이다가는 아이, 어른 할 것 없이 다 죽습니다."라고 조심스럽게 가정부 할머니를 타일렀던 기억이 있다.

　그러나 돌아오는 대답은 뻔했다. 아이한테 매달리다 보면 반찬이라고 정성스럽게 준비할 시간도 없을뿐더러 아이들 또한 그런 것들만 잘 먹는다는 것이었다. 가족 전체가 가공식품에 길들여진 현대인의 표본이었다. 거기다 한술 더 떠 할머니는 자신이 나이가 많아 가정부 일을 그만 두고 시골 아들한테 가고 싶다는 것이었다. 그럴 때마다 할머니의 손에는 월급과는 관계

없는 만만치 않는 액수의 용돈이 쥐어졌다. 그만두면 어쩌나 하는 걱정에 어쩔 수 없었던 것이다.

Y 선생과는 가까운 집안이기도 했지만 그가 K 대학 부속병원의 의사였고, 나도 K 대학 대학원의 강의를 수년 간 맡아 왔기 때문에 학교 앞 식당에서 우리는 자주 마주치곤 했다. 바쁜 일정 때문에 서로 깊은 얘기는 주고받지 못하고 그저 웃으면서 식성대로 허겁지겁 밥을 먹고 각자의 일터로 돌아가기 바빴다. 엄밀히 말하면 식성에 맞춰 먹는 것이 아니라 식당 메뉴에 맞춰 그냥 한 끼 때운다는 의미였다.

한번은 Y 선생에게 그 집 냉장고를 떠올리며 도시락으로 싸온 현미밥을 권했더니 "아유 껄끄러워서요."라며 시켜 놓은 국수를 후루룩 입안에 말아 넣고는 누가 쫓아 오기라도 하는 것처럼 도망치듯 가버리곤 했다.

하얀 의사 가운을 휘날리며 병원을 향해 종종 걸음으로 나가는 Y 선생의 뒷모습을 보며 인생이 저렇게 바쁘면 저승도 빨리 갈 텐데 하는 요망스런 마음이 들기도 했다.

그때 나는 Y 선생이 가고 난 후에도 A형 혼합식을 꼭꼭 씹어야 했기 때문에 절반도 먹지 못하고 앉아 있기가 일쑤였다. 어쩌다 강의 시간에 맞춰 내가 나타나지 않으면 식당으로 전화가 오기도 했다. "현미밥 소화 다 되셨으면 이제 그만 강의실로 오세요."하는 전화였다. 그러나 강의 시간에 늦은 기억은 별로 없다.

남들은 도시락을 싸가지고 다니는 나를 별난 사람으로 여기며 도시락을 싸가지고 다니면 번거롭기도 하지만 식당 종업원들에게 눈치도 보일텐데 왜, 고생을 사서 하느냐고 묻는다. 그러나 내가 가는 식당 종업원들은 나와의 묵시적인 약속 때문에 전혀 눈치를 주지 않는다. 식당 밥 대신 내 도시락을 먹는다고 해서 밥값을 내지 않는 것은 아니니, 식당 입장에서는 밥 한 공기 절약하는 셈으로 손해 볼 일이 전혀 없는 것이다. 그런 부담이 올 때 한적한 곳에 세워둔 자동차 안은 더없이 좋은 장소다. 주차하는 장소에 따라서 지나가는 행인들의 눈치를 봐야 하기는 하지만 사실 내 건강을 생각하면 아무런 문제가 될 수 없다. 그런 것을 감수하고서라도 자신의 체질식을 찾아 먹어야 한다는 것을 다시 한번 강조하고 싶다.

의사는 가장 잘 알지만, 가장 모르는 바보다

의사의 일터는 늘 아프고 병든 에너지로 가득 차 있어, 의사 개인에게는 스트레스가 많은 열악한 환경이다. 대학병원 당국은 병원 운영을 위해 환자 유치에 열을 올리는 것도 좋지만 일하는 의사와 환자, 그 가족의 휴식 공간을 위해 열과 성의를 다 해야 할 것이다. 죽음의 문턱에서도 '나 아픕니다' 하는 하소연도 하지 못하고, 'Y 선생은 휴가 중'이라는 팻말만 남긴 채 그는 영원한 휴가를 떠나버렸다.

자신의 의지와는 관계 없이 영원한 휴식을 하는 사람이 Y 선생, 그 한 사람뿐이겠는가?

1994년 7월 27일, 미국의 모든 신문의 1면 톱기사는 '국가의료 보험인 메디케어 환자들을 취급하는 의사의 70%가 효과적이고 안전한 치료 방법을 묻는 시험에 떨어졌다'는 것이었다. 과중한 업무에 의사들이 견디기 힘들었던지 이유야 어떻든 1972년, 미국의 하버드 의대에서는 미국 의사회지를 포함한 세계의 모든 의료전문지를 통해 〈의사들의 환각제 불법사용〉에 관한 내용을 다루었다.

처방 마약, 암거래 마약, 코카인, 스피드, 벤젠페놀, 바비츄레이트, 아편 유도체 등 미국의 의사 중 52%가 매주 마약을 한다는 내용이었고, 78%의 의대생들이 매주 마약을 하고 있다는 내용이었다. 이 의대생들이 졸업을 하고 정식으로 의사면허를 취득하면 돈을 잘 벌 수 있으니까 오히려 더 비싼 마약을 한다는 것이다.

마약으로 인한 의료사고는 심각한 문제이다. 미국에서는 당뇨로 썩어 들어가는 환자의 다리를 자른다는 것이 그만 멀쩡한 다리를 잘라버린 사고가 있었다. 물론 미국의 예이지만 의사의 의료태만 사고로 매년 30만 명이 죽는다는 통계다. 우리나라에서도 심심치 않게 의사들이 마약 복용 혐의로 구속되는 등의 사건이 발생하고 있다.

미국에서 두 번째로 큰 신문인 보스턴글로브(Boston Globe)지의 의학부 여기자 벳씨 레이먼은 퓰리처상을 수상했을 정도로 유능한 기자였다. 그녀는 유방암 진단을 받고 치료 성공률과 최첨단 기술력이 뒷받침되는 병원을 조사한 후 보스턴 소재 데이나파 암(癌)센터에 입원을 결정했다. 그녀는 기자 정신을 발휘해 병원을 면밀히 조사한 후 그곳에 자신을 맡겼다. 그러나 그녀는 화학요법인 키모테라피(Chemotherapy)를 받은 후 죽고 말았다. 그리고, 후에 그녀에게 16배나 많은 양의 약물이 투여됐음이 밝혀졌다. 이것은 어제 오늘의 일이 아닌 지금도 일어나고 있는 의료 현장의 단면이다.

이 사실은 곧바로 모든 미국 신문의 톱기사로 보도되어 사회에 경각심을 불러 일으켰으나 계속해서 그런 일은 일어났다. 재클린 케네디 오나시스도 비호치킨성 임파육종이라는 진단을 받고 입원하기 3일 전 친구와 함께 센트럴 파크를 거닐었을 만큼 건재했지만 곧 그녀가 암으로 사망했다는 소식이 보도되었다. 그녀 역시 벳씨 레이먼처럼 키모테라피라는 약물의 과잉 투여로 사망한 것이다. 그녀의 상태는 금요일 밤에 입원해서 화요일에 사망할 정도로 심각한 상태가 아니었다.

이러한 사실은 1993년 1월 12일 소비자 보호 단체인 랄프내더 그룹이 미국 병원에서 환자 사망 원인을 3년간 면밀히 연구 분석한 끝에 1,500페이지에 해당하는 사례를 공표하면서 밝혀졌다.

서구 의학을 맹신하는 오늘날의 우리들은 언제까지나 의료 엔지니어에게 몸을 맡길 것인가? 닥터 웰렉의 『죽은 의사는 거짓말을 하지 않는다(Dead Doctors Don't Lie)』는 책을 보면 의료 현장의 허구와 진실을 100%는 아니어도 50% 이상은 감지할 수 있다.

또 다른 양심적인 의사인 닥터 로버트 S.멘델존의 이야기를 들어보자. 의사인 자신이 의료 현장의 불합리와 모순을 낱낱이 기록한 그의 글을 읽노라면 전율을 느끼게 된다. 그의 저서 『나는 고백한다, 현대의학을 믿지 않는다』는 수많은 생명을 건져내는 역할을 했다.

나는 고백한다,
현대의학을 믿지 않는다

아까운 집안 의사 중의 한 사람이자 가족이었던 Y 선생을 기리면서 닥터 로버트 S.멘델존(Robert S.Mendelsohn)의 책을 바친다. 그는 미국 의학계의 중심 인물로 시카고 마이클 리세 병원의 원장을 지냈으며, 두뇌 계발 프로젝트에 참가해 국가 의학 감독관을 맡아 활동했다. 그의 저서로는 『나는 현대의학을 믿지 않는다(Confessions of a Medical Heretic)』와 『의사에게 방해받지 않고 건강한 아이를 키우는 방법(How to Raise a Healty Child... in Spite of Your Doctor)』, 『여자들이 의사의 부당 의료에 속고 있다』 등이 있다.

그는 일리노이 의과 대학을 비롯한 많은 학교에서 지역 보건학과 예방 의학 등을 가르쳤고, 의학과 의학 교육에 끼친 지대한 공로로 국가로부터 많은 상을 수상한 바 있으며, 전 미국의 일간지에 연재한 『대중의 의사(The People's Doctor)』라는 칼럼을 통해 많은 사람들로부터 칭송받았다. 그는 환자들이 대부분 수술에 대해 이해하지도 못하고, 확신도 없으면서 단지 의사의 권유라는 이유로 선뜻 수술에 동의하고 있다고 지적한다. 그는 화학적인 성분의 물질이 체내에서 어떤 작용을 하는지 제대로 알지 못하고 환자들이 그것을 순순히 받아들이는 현실이 안타깝다고 했다.

사실 그가 처음부터 현대의학을 믿지 않았던 것은 아니었다. 대부분의 의사들이 그러하듯 그는 현대의학의 열렬한 신봉자였다. DES(디에틸스틸베스트롤)라는 여성 합성 호르몬제 연구가 활발했던 의과 대학생 시절, 그 약을 투여 받은 여성들이 낳은 자식들에게서 약 20년 후쯤부터 자궁경부암이나 임신중 생식기에 치명적인 손상과 이상이 발생한다는 보고서와 임상 데이터를 목격하면서 자신이 몸담고 있는 의료 현실에 회의를 갖게 되었다고 고백한다.

박사의 연구생 시절

그가 연구생이었던 시절, 최신 의료 설비를 자랑하는 큰 병원에서 미숙아에 대한 산소 요법이 시행되었는데 이 치료를 받은 약 90% 정도의 미숙아가 실명 또는 시력의 치명적인 손상, 약시 등 중증의 시력 장애(미숙아 망막증)를 보였고, 그로부터 1~2년 후 미숙아 망막증의 원인이 고농도 산소 투여로 인해 발생했다는 사실을 알게 되었다.

아이러니한 것은 의료 수준이 열악한 의원급 병원에서의 미숙아 망막증 발생률은 10% 미만이었다는 것이다. 최신식의 고가(高價) 플라스틱제 보육기를 설치했던 큰 병원의 기계는 산소가 새지 않고, 보육기 안에 산소가 가득해 미숙아가 실명하는 요인으로 작용했지만 열악한 환경의 병원에서 사용한 틈이 많은 덮개가 달린 보육기는 산소가 많이 새는 탓에 미숙아를 실명에서 구해준 전화위복의 기구가 된 것이다. 이 사건은 첨단의 과학이 능사가 아니라는 교훈을 시사해준 사건이었다.

그런가 하면 '호흡기에 관한 병'에 테라마이신을 사용하는 문제에 부작용이 없다는 제약회사의 주장과는 달리 테라마이신이 함유한 테트라사이

클린계 항생제로 인해 수천 명의 아이들 치아가 황녹색이 되거나 변색되었고, 테트라사이클린 침착물이 뼈에 생기는 등의 부작용이 확인되었다는 것이다. 또한 테라마이신을 비롯한 모든 항생제는 미숙아 호흡기 감염증에 별다른 효과가 없음을 고백하기도 했다. 미국 식품의약청(FDA)은 테트라사이클린의 과잉 투여를 염려해 의사에게 별도의 경고문을 삽입하도록 하고 있다는 것이다.

박사는 그것이 인체에 전혀 해가 없는 방사선 치료법이라고 확신했던 연구생 시절, 편도선, 흉골 뒤쪽에 있는 내분비선의 하나인 흉선과 림프절 질환에 방사선 치료가 대단한 효과가 있다고 믿었던 자신을 반성하고 있다. 그 치료법에 대해 해당 교수들은 '방사선을 쬐는 것은 위험하지만 치료에 사용되는 정도의 방사선은 전혀 문제가 없다'고 했기 때문에 박사는 그 말을 믿을 수밖에 없었던 것이다. 방사선 치료를 받은 약 10~20년 후 갑상선암이 발병할 수 있다는 사실이 뒤늦게 밝혀지자 이것이 박사의 양심을 울리는 계기가 되었고, 그는 자신으로 인해 방사선 치료를 받은 환자의 얼굴을 떠올리며 죄스러움의 후회와 용서의 기도를 했다고 한다.

그는 대부분의 사람들이 첨단 의료술이 참으로 믿을만하며, 그 기술을 가진 유명한 의사에게 치료를 받으면 건강해질 것이라는 믿음은 대단한 착각이라고 경고했다. 또한 박사는 다음과 같이 당부하고 있다.

"임산부는 병원에 가지 않는 것이 좋다. 그 이유는 임산부는 환자가 아님에도 불구하고 누구나 병원 문을 들어서는 순간, 환자로 취급받기 때문이다." 의사에게 있어 임신과 출산은 약 1년여 기간에 걸친 '병'이고, 임산부는 의사에게 다만 환자일 뿐이라는 것이다. 또한 임산부에게 체중의 증가는 당연한 것으로 임신부는 체중계를 의식할 필요가 없다는 것이다. 임산부의 영양 문제도 체질에 맞게 풍부한 음식을 섭취하고 있다면 그것으로 된 것이지, 적당한 분량 등의 수치에 예민해질 필요가 없다는 것이다.

순산을 위한다는 명분 하에 행해지는 태아 감시 장치, 정맥 주사와 각종 약물, 회음 절개 같은 치료를 받고 제왕 절개까지 하고, 아이를 낳은 산모는 기진맥진한 상태에서 모유의 자연적인 분비를 억제하는 약을 처방 받아 분유로 아기를 키우게 되고, 결국 약에 취한 아이와 모유가 잘 나오지 않는 엄마가 되어 위험한 결과를 초래할 수도 있다고 그는 경고했다. 이것은 두 아이를 낳은 나의 경우에 해당하며 많은 여성에게도 해당되는 경우다.

그는 신생아가 육아 책에서 말하는 대로 체중이 증가하지 않거나 하루 동안 모유를 먹지 않는다고 해서 의사의 말에 따라 분유를 먹일 필요는 없으며, 기다렸다가 아이의 식욕이 돌아온 다음에 젖을 물리면 된다고 말한다. 그리고 가급적 아이를 병원에 데려가지 말 것을 당부했다. 지나친 약물 투여가 반복되면 결국 아이를 약물 중독자로 만드는 원인이 된다는 것이다. 감기에 걸린 사람도 병원에 자주 가지 않는 것이 좋다고 그는 경고한다. 의사는 감기에 대부분 항생제를 투여하는데 항생제는 감기나 인플루엔자에 거의 효과가 없으며, 오히려 그것이 원인이 되어 감기를 악화시킬 뿐이라는 것이다.

의사들은 '아이의 감기가 마이코프라즈마 폐렴으로 전이될 가능성이 있기 때문에, 테트라사이클린을 투여할 필요가 있다'라고 말하지만 그것은 근거 없는 말이라고 일축한다. 마이코프라즈마는 세균과 바이러스의 중간에 위치하는 자기 증식 기능을 가진 최소의 미생물인데, 아이가 감기로 인해 그것에 감염될 확률은 지극히 미진하다는 결론이다. 면역력 증강을 힘쓰고 과로하지 않으며 위생을 철저히 하면 자가 치료가 된다는 것이다.

항생제 남용이 부른 죽음

미국의 의료 조사에 의하면 실제로 의사의 약물 남용 의식은 멀쩡한 사람을 죽음에 이르게 하는 위험성을 내포한다. 약물 남용으로 인한 사망률은 마약이나 각성제에 의한 것이 26%, 바륨과 바비추레이트계의 수면 진정제 등에 의한 것이 23%라고 한다. 가령 말기 환자가 그 치료를 받지 않았다면 약물 요법에 의한 사망이나 의료 사고 중의 하나를 당하지 않았을 것이라는 결론이다. 약물요법을 받는 중에 환자가 사망한 경우에도 의사는 약물 부작용으로 인한 사망이 아닌 병사로 진단을 내린다.

적응력이 강한 미생물인 세균은 약물에 길들여지면 질수록 그 약에 대한 내성이 더욱 강해진다. 미생물이란 육안으로 관찰되지 않고, 광학현미경에 의해 밝혀지는데 동물계, 식물계, 원생생물계에서 원생생물계에 속하는 병원성 미생물은 사람과 동물에게 감염된 후 다시 동물과 사람에게 순환하면서 질병을 일으킨다.

항생제의 과다 투여는 부작용도 문제지만 그보다 더 무서운 것은 항생제가 체내에서 특정 세균과의 싸움을 반복하는 동안 세균이 내성을 갖게 되고, 그 다음의 세균은 새로운 슈퍼 변종 세균으로 강한 독성을 가진 균으로 변형돼 더욱 심한 감염증으로 전신의 병을 일으킨다는데 문제가 있다.

다른 한 가지 문제는 입원 환자의 대부분이 통원 치료 단계에서 의사로부터 처방 받은 약을 복용하고, 그 부작용이 원인이 되어 다시 입원하게 된다는 사실이다. 1890년 근대 세균학의 창시자 독일의 로베르트 코흐(R.Koch)에 의해 결핵이 발견되었고, 1928년 발견된 트로트라스트(산화트리움의 현탁액이라고 하는 방사성 조영제)가 적은 양으로도 암을 일으킨다는 사실이 판명된 것은 19년 후의 일이었다. 이것은 장이나 췌장, 림프절의 방사선 촬영에 처음으로 사용되었다.

1937년에 개발된 항균제를 투여한 아이들이 사망했다는 기록이 있는데 그 약제는 독성이 강한 화학물질로 오염되어 있었다는 사실이 후에 판명되었다. 1955년 소아마비 바이러스를 예방한다는 명목으로 예방주사(솔크 왁친)를 과잉 투여한 100건 이상의 유아들이 죽거나 빈사 상태의 중증 환자가 되었다. 1959년 독일에서 약 500명, 그 외의 다른 국가들에서 안정제 탈리도마이드라는 약을 복용한 임신 초기의 임산부 약 1000명에게서 심각한 기형아가 탄생했다고 한다. 이 책을 읽는 미혼 여성은 더욱 그 원인에 관심을 가져야 한다.

1962년 고지혈증 치료제 트리파라놀은 백내장을 비롯한 수많은 부작용을 일으킨다는 사실이 밝혀지면서 판매가 금지되었다. 그러면 그동안 그 약을 먹었던 수많은 사람들은 이것을 어디에 호소하고 어떻게 대처해야 하는가의 문제가 남는다. 부작용을 인식하지 못하는 환자들에게 지금도 변함없이 투여되는 레셀핀계의 강압제(교감신경 억제제)가 유방암 발병률을 3배나 높인다는 부작용이 연구에 의해 밝혀졌다. 또한 '의학의 기적'이라는 극찬을 받으며 애용되는 인슐린은 당뇨병 환자를 실명시키는 원인이 되는 합성 호르몬제임이 밝혀졌다.

부신피질 호르몬제는
부작용이 많다

부신 피질 호르몬제(스테로이드제제)는 항생제와 마찬가지로 본래 중증환자에게 사용되는 극약이었으나 언제부터인가 가벼운 중세의 환자에게도 투여되고 있는 실정이다. 부신피질 호르몬은 체내의 부신에서 분비되는 호르몬으로 거의 모든 장기에 직접 혹은 간접적으로 영향을 미친다. 부신이라는 장기는 대사를 조절하는 인체 최대의 장기이며, 매우 중요한 역할을 맡고 있는 장기이다.

극도로 저하된 부신의 기능 이상이나 뇌하수체의 기능 이상·저하, 궤양성 대장염, 홍반성 낭창, 한센병, 악성 림프종의 일종인 호지킨스병과 같은 중증의 위독한 병에 한정해 스테로이드제 투여가 행해졌으나 이제는 여드름, 발진과 같은 흔한 증상과 단핵증, 햇볕에 탄 피부치료에도 사용되고 있다. 미국 의사용 약품편람(미국약전)에 기록된 '프레드니손'이라는 스테로이드제에 대한 부작용 리스트의 설명에는 이러한 내용이 기록되어 있지만, 사람들이 그 설명의 내용을 인식하는데 게으름을 피운다고 박사는 지적한다.

또 약의 부작용으로 소화성 궤양(위나 십이지장 벽에 구멍이 뚫려 출혈하기도 하는 궤양), 고혈압, 근력 저하, 천공과 출혈을 동반할 우려, 어린아이의 발육 장애, 외상의 치유능력 저하, 발한, 어지럼증, 경련, 생리 불순, 정신장애, 녹내장, 당뇨병이 유발될 수 있음을 경고했다.

박사는 중증의 환자에게만 처방하도록 되어 있는 특수한 치료를 가벼운 증상의 환자에게 당연한 듯 행해지는 것이 현대의학의 현주소이며, 과잉 약물 투여, 과잉 진료 자체를 자랑으로 여기는 것이 대다수의 현대 의학자라고 말한다. 치료 후 오히려 더 건강이 위험해지는 경우가 있으므로 현대 의학을 구성하는 요소인 의사, 병원, 약, 의료 기구를 멀리하면 현대인의 건강은 당장 좋아질 것이라고 그는 단언했다.

예전의 가벼운 성병인 임질은 소량의 페니실린으로 충분했지만, 지금은 다량의 항생제 주사를 두 번 이상 맞지 않으면 낫지 않게 되었다. 문제의 심각성은 의사의 대부분이 지금도 항생제와 같은 강한 약을 환자에게 투여하고 있다는 데 있다. 그런가 하면 박사는 현대의학이 종교화되고 있음을 경고한다. 현대의학은 환자의 맹신적인 신앙이 아니면 병원 경영에 지장을 받는다.

어떤 종교든 우리에게는 선택할 권리가 있다는 것을 인식해 자연치유학이나 선택 의학에 충실할 것을 권한다.

건강검진은 일종의
요식 행위이다

 **닥터** 로버트 S.멘델존은 건강 검진이 의미 없는 행사라고 못을 박고
있다. 병에 대한 특별한 자각 증상이 없다면 굳이 건강 검진을
받을 필요가 없다는 것이다. 주기적으로 받는 건강 검진을 위한 진찰에는
늘 위험이 동반되고, 검사를 받으면 받을수록 별것 아닌 것처럼 보여도 몸
에 해를 끼치는 것들이 발견되기 때문에 검사를 철저히 할수록 몸이 좋아
진다고 믿는 것은 착각이라는 것이다. 환자에게 가장 불행한 일은 불필요
한 치료를 뿌리칠 수 있는 용기가 없다는 것이다. 의외로 많은 의사들이 보
다 극단적인 치료 방법을 아무렇지 않게 행하는 경향이 짙기 때문에 그것
은 위험하다는 것이다.

고혈압 환자가 의사에게 진찰을 받을 때는 긴장감이 고조돼 혈압이 평소
보다 더 상승하는데, 결국 혈압을 내리기 위해 대량의 강압제를 맞고 돌아
오는 경우가 허다하다고 한다. 이 경우만 해도 무리하게 치료 행위를 하려
는 의사로 인해 환자는 성(性)생활에 막대한 지장을 받게 된다. 임포텐스,
즉 조루현상은 심리적인 원인도 있지만 이러한 강압제 등의 약물 부작용에
의한 것이 더 많다는 지적이다. 결국 환자에게 이익보다 불이익이 더 많은

것이 임상검사이므로 의식적인 요식 행위를 더 이상 믿지 말라고 그는 경고한다.

어떤 여성은 건강 검진 과정에서 변에 피가 섞여 숱한 검사를 받아야 했는데 검사 결과 별것이 아닌 것으로 밝혀졌다. 그러나 그녀는 검진으로 인한 고통 때문에 약 6개월 후 몸이 허약해져 병(病)약 체질이 되고 말았다.

박사는 전국 최고 수준의 검진센터에서 발생한 실수에 관한 미국 질병대책센터(CDC)의 조사 결과를 발표했는데 그는 이 결과가 미국 내 전체 검사실의 10%도 조사하지 않은 빙산의 일각이라고 지적했다. 전체 검사실의 (오진 실태) 실수를 조사했을 경우 어마어마한 숫자가 발표될 것으로 예상된다는 것이다. 검사 실수(오진율) 발생 비율은 평균 25~30%가 넘으며, 50%를 육박하는 오진율도 있음을 경고했다.

- 임상 생리 검사의 오진율 30~50%
- 혈액 검사의 오진율(혈청전해질, 헤모글로빈) 20~30%
- 혈액형 검사의 오진율 12~18%
- 세포 검사의 오진율 10~40%

항생제의 허구는
환자의 욕구를 노린다

닥터 로버트 S.멘델존은 그냥 두면 면역력이 증강해 자연히 낫는 감기를 빨리 고쳐달라고 항생제를 요구하거나, 관절통, 신경통을 호소하면서 소염 진통제 같은 극약 처방을 원하는 병원의 고객에게 환자를 배려하는 마음으로 약을 주지 않는 의사는 전 세계를 통 털어 몇 명되지 않는다고 말한다.

환자들의 의식에도 많은 문제가 있다는 얘기다. 10대의 젊은이가 여드름이나 잡티, 뾰루지 등을 고쳐달라고 하면 피부과 의사들은 당연히 호르몬제를 투여할 수밖에 없다고 결론을 내린다는 것이다. 그는 자연 치유를 중요하게 여기는 치료 체계와 약에 의존하지 않는 자연치유에 관한 정보를 알려고 노력해야 하며, 그 방법을 응용해 실천하는 것이 진정한 치유 행위라고 당부했다.

현대의 의사들은 항생제의 대명사인 페니실린의 등장으로 세균성 뇌막염, 폐렴 심한 기침, 호흡곤란, 떨림, 오한, 격렬한 가슴통증 등이 단 며칠만에 가라앉게 되자 이 광경을 목격하고는 기적의 의료를 실감해 그것이 최고이자 최선이라는 환상에 사로잡혔다고 고백했다. 물론 교통사고나 부상 등 응급을 요하는 맹장염과 같은 긴급 사태라면 사정은 달라지지만 응급 치료를 요하는 경우는 불과 5% 정도에 지나지 않는다는 것이다. 그런데도 의사들은 '왜 좀 더 일찍 오시지 않으셨습니까? 좀 더 일찍 오셨더라면, 이렇게 되지는 않았을 겁니다.' 라고 말한다.

대부분의 사람들은 조기 발견, 조기 치료의 중요성을 믿어 의심치 않으며, 치료를 타인에게 맡겨버리는 오류를 자행한다. 이러한 양상은 항생제 남용을 부추겨 만성질환의 약점을 가진 환자의 욕구에 부응하는 상술이 가미된 인술이 아닌가 생각한다.

의사는 병도 주고 약도 준다?

닥터 로버트 S.멘델존이 어느 병원의 외래 병동 소장으로 취임했을 때의 일이다. 그곳의 의사들은 엄마들에게 배변 훈련을 시키고 있는가에 관해 물으면서 네 살이 되도록 배변 훈련을 받지 않은 남자 아이들에게 중·장년의 방광암, 전립선암, 자궁암 등의 검진에 자주 이용되는 검사인 방광경이라는(일종의 내시경을 요도에서 방광 내에 삽입해 방광 내부의 이상 여부를 조사하는 방광경 검사) 가혹한 검사를 아이들에게 시행하고 있었다고 한다.

박사는 즉시 이것을 중단하도록 했지만 매년 150회 정도를 실습해야 하는 수련 의사들의 임상데이터(전문의 실습 교육) 계획서를 위해 이 가혹한 검사는 그 후에도 계속 진행되었다고 한다.

닥터 로버트 S.멘델존 박사는 말한다. 의사는 이상이 발견되지 않더라도 병을 만들어 낼 수 있다고 말이다. 예를 들어 100명의 아이를 검사해 신장, 체중, 소변, 심전도를 측정하면, 통계상 '이상'이라고 여겨지는 아이가 반드시 나온다는 것이다. 검사로 얻어진 평균으로부터 초과된 수치에 틀림없이 몇 명은 속하기 때문이다. 거기에 몇 가지 검사를 추가하면, 전원이 어떤 검사에서든 이상 집단이라고 판명이 된다는 것이다. 그것은 위험에 노출될 수 있는 갖가지 검사를 풀코스로 받는 함정에 빠지게 만들고, 병은 의사의 생각과 사정에 따라 어떻게든 해석되며, 약의 조절은 또한 의사의 처방 여하에 달려있어 이 방법을 사용하면, 환자의 주치의가 의도하는 대로 얼마든지 검사가 변절될 수 있음을 경고했다.

자연현상을 약물로
다스리지 말아야 한다

 로버트 S.멘델존은 자연치유력이나 건강한 사람조차 병자가
되는 위험한 의료 행위인 약물 과다 투여 행위와 불필요한 수
술의 남발, 방사선의 과다한 사용 등은 인간의 건강과 행복에 아무런 도움
이 되지 않을뿐더러 불행의 씨앗을 만든다고 경고했다.

가벼운 자각 증상이나 감기 같은 증상도 건강한 사람에게서 나타나는 자
연현상인데 그것을 약물로 잠재우려는 것은 우매한 행위이며, 그렇게 해서
약에 찌들면 그에게 다음의 약은 없다. 평소에 약을 많이 먹은 사람은 그렇
지 않은 사람보다 나이가 들어 치매에 걸릴 확률이 더 높음을 지적했다.

이에 관한 중국의 유명한 일화가 있다.

중국 위나라 때 죽은 사람도 살려냈다는 의사 편작은 의사인 두 형과 살
았다. 그러나 두 형은 편작보다 유명하지 않았다. 어느 날 임금이 편작에게
다음과 같이 물었다.

"그대들 3형제 가운데 누가 병을 제일 잘 치료하는가?" 임금이 묻자 편
작은 이렇게 대답했다.

"큰 형님은 어떤 이가 아픔을 느끼기 전에 얼굴빛을 보고 병이 있을 것을

예감하여 병의 원인을 제거 합니다. 그래서 환자는 아파보지도 않은 상태에서 고통이 사라졌기 때문에 스스로가 환자라는 사실을 미처 알지 못하지요. 큰 형님은 의술이 가장 출중한 명의지만 소문이 나지 않았습니다. 둘째 형님은 환자의 질환이 경미한 상황에서 병을 알아차리고 치료해주기 때문에 환자는 둘째 형님이 자신의 큰 병을 낫게 해주었다고 믿지를 않습니다. 그리고 저는 병이 커져 환자가 고통을 호소할 때 비로소 병을 고치려고 했습니다. 이것이 제가 명의로 소문이 나게 된 이유입니다. 사람들은 그런 저를 보고 자신의 병을 내가 고쳐주었다고 믿게 되었답니다."

큰형은 자연현상을 겸허이 받아 들여 자연치유를 유도하는 상의(上醫)이고, 둘째 형은 큰 병으로 환자가 되기 전의 상태에서 병을 미리 예방하는 차원의 중의(中醫)이며, 편작은 통증까지 수반해 나타난 질환을 약을 사용해서 고통을 덜어주는 하의(下醫)임을 솔직히 시인하는 대목이다.

이 이야기의 교훈은 오랜 역사를 통해 전해져 자연의 섭리에 의해 저절로 검증된 수많은 식물, 약초들을 통한 양생법을 과학이라는 이름 하에 경시하고, 배척하는 행위가 스스로를 죽이는 행위와 마찬가지라는 것을 말해준다. 현대의학은 화급을 다투는 교통사고나 위급한 일이 있을 때, 그때 찾아가는 곳이다.

12

병은 마음에서 시작된다

체질에 맞는 식생활 길들이기

웰빙은 마음에서부터
시작해야 한다

웰빙은 2000년대 들어 라이프 스타일을 소개하는 여성지를 필두로 등장한 신조어이다. 웰빙이라는 단어의 사전적 의미는 행복한 인류, 가정의 안녕, 바람직한 사회복지 등으로 삶의 질을 높여야 한다는 뜻을 내포하고 강조한다. 말 그대로 건강한 인생을 살자는 의미인 것이다. 물질적 가치나 명예를 얻기 위해 앞만 보고 치닫는 현대인의 삶보다 건강한 정신과 신체 조건을 갈고 닦아 균형 있는 삶의 구현과 실행을 행복의 척도로 삼는 사람들의 라이프 스타일을 본받자는 말이기도 하다.

언론 매체를 통한 웰빙 붐은 유행병처럼 번지면서 급속도로 확산되었고, 그 리듬을 틈타 국내에서는 상업적인 웰빙 요가가 등장하는가 하면 비싼 유기농 식재료를 사용한 음식을 선호하고 지나치게 고급화한 미용에 대한 집착 등으로 진정한 의미의 웰빙을 왜곡하는 경향을 보이기도 한다. 심지어는 웰빙을 구가하려는 사람들을 일컬어 웰빙족이라 부르기도 한다.

그렇다면 웰빙의 참 의미는 무엇일까? 웰빙의 참 의미는 물질 만능의 세계와는 거리가 멀다. 나와 내 가족만의 행복을 추구하는 이기적이고 타산적인 생활양식이 아니다. 타인이나 사회 전체를 생각하고, 자연을 가꾸고 아끼며 묵묵히 실천하는 데 웰빙의 참 뜻이 숨어 있는 것이다.

사실 경제적으로 어느 정도 윤택한 삶을 누리고 있는 사람들은 값비싸고 좋은 음식만을 골라 먹으며 기(氣)를 쓰고 웰빙을 한다. 이러한 웰빙은 본래 웰빙이 가지고 있는 기본 정신을 해치는 것 같아 왠지 우려된다.

웰빙이 단순히 몸에 이로운 것만을 찾아 잘 먹고 잘 사는 인생을 뜻하는 것만이 아니기 때문에 트렌드가 아닌 문화로 자리 잡아야 한다. 그리고 더 나아가 진정한 웰빙은 정신적으로 풍요롭고 육체적으로 건전한 삶의 문화로 자리 잡아야 한다.

사실 왜곡된 웰빙 중에는 과시형 웰빙이 많다. '웰빙'이라고 칭해지는 무언가를 찾아 하지 않으면 유행에 뒤지기라도 하는 것처럼 자기현시 욕구를 위한 피트니스, 건강 스파, 클럽의 활동을 은근히 자랑하고 경쟁적으로 웰빙에 참여하는 것은 상업주의에 편승되는 느낌이다.

사실 웰빙은 비싼 것이 아니다. 그리고 여유 있는 자의 전유물도 아니다. 경쟁심과 속도전, 탐욕, 승부의 세계는 더더욱 아니다. 이런 것들을 덜어내야 비로소 참다운 웰빙이 된다. 진정한 웰빙은 고정관념을 깨트리는 자의식, 긍정적인 삶의 가치관, 부드러운 몸가짐, 아름다운 미소, 함께 나누고 가꾸는 정신, 자연을 사랑하는 마음 등에서 이루어지는 것이다.

그러나 현재 우리의 주변에는 진정한 웰빙을 방해하는 것들이 즐비하다. 수입 소를 한우라고 속여 팔고, 중국산이 국산식품으로 둔갑하고, 유기농이 사실은 농약 덩어리인 일들이 비일비재하기 때문이다. 웰빙을 하려고 애를 쓰면 쓸수록 그 틈을 파고드는 상술에 몸과 마음이 더 상해 버리는 이것이 웰빙의 가려진 이면이기도 하다.

도대체 이런 일은 왜 계속되는가? 이것은 자신의 내면의식과 외형적인 세계를 나누어 생각하는 분리된 서구문명을 신봉한 현대인의 말로라고 할 수 있다. 러시아의 저명한 의사이자, 물리학자이며, 저술가인 디팍쵸프라 박사는 "마음이 없으면 물질은 존재하지 않는다." 라고 말한 바 있다. 불가에서는 일체유심조(一切唯心造)라 하여 세상의 모든 것이 사람의 마음에 의해서 만들어진다고 했다. 자신의 마음 안에 모든 물질이 존재하고 있음을 깨달을 때, 비로소 삼라만상의 태양, 물, 흙, 나무, 돌, 공기 등이 나와 진정한 합일(合一)을 이룬다는 것을 깨달을 때야 비로소 참 웰빙의 목적과 부합되는 삶을 살 수 있는 것이다.

웰빙은 수단이 아닌 목적이다

사람은 누구나 잘 먹고 잘 살고자 하는 욕구를 가지고 있다. 그래서 웰빙에 대한 사람들의 욕구는 너무나 당연하고 바람직한 징조이다. 그러나 내면적인 참 자아의 만족 없이 외면적인 웰빙만을 추구하다 보면 웰빙은 쉽게 공허해지고 만다. 바쁜 삶을 살아가다가 정신이 바짝 들어 웰빙하는 삶을 살겠다는 목표를 가지고 남들이 좋다는 것은 다 해봐도 무언가 해소되지 않는 허망함과 빈곤해진 자신의 영혼을 누구나 한두 번쯤 느껴봤을 것이다.

밤을 지새워 게임을 하거나 쇼핑에 중독 된 사람, 과음을 즐기며 소모적이고 파괴적인 방식으로 욕망을 채우던 사람의 경우는 그 정도가 더욱 심각했을 것이다. 그 이유는 웰빙을 목적이 아닌 일방적인 방편이나 도구로 생각하기 때문이다. 웰빙을 목적이 아닌 도구로 생각하는 것은 심각한 환경오염 속에서 살아가는 현대인의 건강 염려증이 낳은 부정적인 결과라 할 수 있다.

그러나 매우 긍정적인 현상은 웰빙의 동기가 유행에 편승하기 위해서였다 할지라도 후에 웰빙을 목적으로 인식하게 되면 자신의 악습관을 바꾸려고 노력하게 되고, 오염되지 않은 음식을 찾아 먹으려 하고, 기도와 명상을 하게 된다. 그러한 과정에서 사람은 자연스레 인간의 욕심이 헛되고 어리석다는 것을 깨닫게 되고, 이치에 어긋난 사념(邪念)이나 망념(妄念) 등의 번뇌가 사라지는 기분을 느끼게 되는 것이다. 그리고 이러한 내면의 변화가 서서히 육체의 변화로 이어지는 것을 느끼게 된다.

반성하고 변화한다는 것은 우리 삶의 질을 한층 향상시키는 좋은 징조이다. 눈에 보이는 행동으로 몸을 변화시켜 나아가다가 마음의 세계에 눈을 뜨게 되면서 삶의 질이 순수한 본성을 향하는 변화의 행군이기 때문이다. 그래서 연구자들은 이러한 현상을 지켜보며 웰빙을 체험의학이라는 차원으로 끌어올리려 노력한다.

중국의 명의(名醫)로 불리는 손사막(581~682, 당나라) 선생은 주변의 물건을 이용해 간단히 질병을 고쳐 하늘에서 내려온 의사(天醫), 또는 의술이 신과 같다고 하여 신의(神醫)라고 불린 인물이다. 102세를 살았다는 그는 길을 가다가 우연히 마주친 죽은 아이의 관을 열고 침 하나와 나무 봉으로 아이를 살려낸 일화로 유명하다. 아이의 피 응고 상태를 보고 살아날 가능성을 짐작해 막힌 피의 줄기를 찾아 경혈(經穴) 침을 놓고, 막대기(봉)로 파동을 주어 아이를 살아나게 했다는 것이다. 또 죽어가는 산모를 봉으로 두드려 원기를 회복시킨 후 건강한 아이를 출산하게 한 기록 등은 사물이 마음먹기에 달렸다는 염력(念力)의 힘을 증명한 신기(神技)에 가까운 비법이다.

대나무 봉 하나로 장기의 맥(경락)을 두드려 막힌 부위의 혈관을 통하게 하는 대나무 봉 건강법, 말린 살구씨를 면 주머니에 넣고 신경통이나 기타 통증 부위를 두드려 혈액이 원활하게 순환하도록 하는 파동 건강법 등의 방법은 몸과 마음이 하나이며, 우리의 신체는 스스로 완전한 치유체계를 가지고 있어 그것을 북돋우는 여건만 갖춘다면 몸이 스스로 병을 이겨낸다는 자연치유 철학에 바탕을 둔 의학체계이다. 손사막 선생은 여기에 침을 비틀어 퉁기는 신통력의 염침법(捻鍼法)을 사용하기도 했다.

예로부터 인도는 선(仙)의 세계를 추구하며 수행하는 성자가 많았는데 그 중의 한 사람이었던 아유르베다의 요법으로 알코올 중독자를 성공적으로 치유한 실험 결과가 보고 된 바 있다. 초·중기 알코올 중독자에게 술을 끊어야 한다는 암시나 요구를 하지 않은 상태에서 행복한 마음과 평화를 지향하는 체험명상을 지도한 결과 6개월 뒤 100% 가까이 스스로 술을 끊게 되었다는 것이다.

실제로 미국에서 알코올 중독자를 대상으로 실험을 했던 인도 출신의 한 의사는 '사람들은 누구나 스트레스에서 벗어나고 싶어 하는데 대다수의 사람들이 그것을 술이나 기타 말초적인 방법으로 해결하려 한다. 그러나 많은 비용을 들이지 않고, 자신의 의지대로 시행하는 아유르베다식 명상 웰빙 프로그램은 스트레스에서 해방감을 느끼게 하고, 스스로의 자연치유 능력으로 술에 중독 된 사람을 더 이상 알코올의 노예가 될 필요가 없게 만들었다.' 고 결론을 내렸다.

지금 우리는 자의든 타의든, 급변하는 세계 속에서 일과 공부, 사람과 사람간의 관계 속에서 자신도 모르게 무엇인가에 중독되어 가고 있다. 더 나은 현실을 위해 이제 우리 스스로를 컨트롤하고 병을 치유해, 스스로를 해방시키는 새로운 웰빙 체험 의학을 실현할 때이다.

현대의학은
암을 완치할 수 있는가?

화급을 다투는 급성이면서 외과적 수술이 필요한 질환과 전염병 등 외인성(外因性) 질환 치료에 획기적인 발전을 이루어 낸 현대의학의 성과를 부인하는 사람은 거의 없을 것이다. 그러나 혈액의 오염으로 인한 고혈압, 당뇨, 간질환, 암, 갑상선, 각종 염증성 질환 등 내분비 기능 장애에 의한 내인성(內因性) 만성질환의 경우는 사정이 조금 다르다. 혈액의 산성화와 체질의 변형, 체력감퇴, 면역력 저하 등 그 요인의 대부분은 우리의 몸 안에서 문제를 일으키는 피의 독(血毒)이 원인이기 때문이다.

혈액이 오염되면 혈액의 상태가 걸쭉해지고, 점조도(粘稠度)에 의해 혈관 벽에 콜레스테롤을 비롯한 과잉영양소 등에서 내뿜는 이물질들이 달라붙어 혈관 벽을 좁힌다. 이것은 동맥경화나 고혈압의 원인이 되고, 좀 더 방치하면 심근경색을 일으켜 돌연사를 불러오며 뇌혈전, 뇌출혈, 협심증의 원인이 되기도 한다. 피가 PH 7.0~7.5의 정상일 때 인체의 모든 기능은 원활히 활동하지만 PH 7.0 이하인 상태가 되면 모든 기관이 저하돼 인체는 맥이 다 빠진 기진맥진의 상태가 되고, 이는 암의 근본 원인이자 전신 질환으로 이어진다.

현재 국내와 일본 등 선진국에서 사용하고 있는 방사선, 항암 요법들은 전쟁 터의 융단폭격에 비유할 수 있다. 그 파괴력은 암세포뿐만 아니라 정상세포도 파괴해 오히려 후유증으로 인해 생명을 단축할 수 있고, 수술로 절제하는 것 역시 인체를 벌집을 헤집어 놓은 듯한 환경으로 만들어 면역력을 떨어뜨리고 추후의 치료나 질병에 대처할 수 없게 만드는 것이다.

권위를 자랑하는 모 의학지에서는 내인성 만성병에 대한 원인을 'DNA 이상' 이라고 발표했으나, DNA 이상이 무엇 때문에 발생하는지 그 이유는 밝혀내지 못한 채 지금까지 침묵으로 일관하고 있는 실정이다.

내인성 만성질환의 대표격인 암의 경우, 서양의학이 과연 어느 정도의 성과를 올리고 있는지 통계청에서 나온 한국인의 사망 원인 자료를 분석해 보니 1999년 인구 10만 명당 110명이 넘는 암 사망률을 보였다. 2000년의 자료에 따르면 암으로 인한 사망은 인구 10만 명당 122.1명으로 뇌혈관 질병(10만 명당 73.2명)을 크게 앞지르면서 사망 원인의 1위를 차지했다. 이 같은 수치는 현대 의학을 비판하기 위한 것만은 아니며 통계자료를 인용한 것이니 만큼 의학계의 양해를 바란다. 현대 의학의 발전 사례나 첨단 치료술에 의한 막대한 의료비에도 불구하고 이것들이 암 치료에 별 도움이 되지 않는다는 것을 반증하는 자료라 할 수 있다.

암 수술 후 재발이 가장 염려되는 시기는 3년 내지 5년 차인데 수술 받은 후의 생존율이 수술 받지 않은 사람의 생존율보다 결코 높지 않고 오히려 고통을 수반한 수술로 인해 경제적, 정신적 부담이 더 크다는 사실이 내가 겪은 현대의학이자 모든 암 환자들이 말하는 중론이다.

의학계는 현대의학이 추구하는 기존의 치료법의 결과인 이러한 사실을 명확히 밝히지 않은 채 암 치료의 높은 성공률만을 홍보하고 있는 실정이다. 물론 많은 국민들에게 희망을 안겨주는 플라시보 효과는 있을 것이다.

그러나 질병 퇴치율을 높여 인류에 공헌하자는 분홍빛 꿈은 이미 퇴색되었고, 현대의학의 난제만이 남아 있다. 몸의 전체를 살리기보다 질병세포를 공격하는데 주력했던 수렵(狩獵) 의학인 현대의학은 이제 약물의 부작용을 비롯한 여러 가지 난관에 봉착해 있다. 따라서 이제라도 전통적인 자동약리작용을 살려 자정(自淨)능력을 살리는 데 주력해야만 한다.

대자연의 섭리는 우주만물의 모든 것들에게 자연양생법이나 선천적으로 자동약리현상을 갖게 했다. 이제 우리는 이러한 자연 양생법을 익히고 약물과 타인(의사도 남이다)에 대한 의타심을 버려야 한다. 서양과학은 '질병을 정복한다', '우주를 정복했다'는 식의 표현과 함께 정복이라는 단어로 위안을 얻으려 하지 말아야 한다.

현대의학에서 암이라는 판명은 무서운 조직 세포의 발견이자 전이되면 큰일이라는 위기의식의 공식,

즉 '암=패배'라는 공식에 인류를 붙들어 매고 있다. 이러한 인식 아래 현대의학은 자신이 할 수 있는 모든 방법을 암 치료에 동원한다. 암 세포 주변 조직의 증식을 차단하고, 다른 장기로의 전이를 막기 위해 환부를 도려내고 방사선을 조사(照射)하며, 항암제를 투여하거나 복용하게 한다. 이것은 엄밀히 말해 암세포를 기절시켜 도려내고, 때려눕히고, 땜질을 해서 봉해 놓으면 어쩔 수 없이 암이 정복된다는 단순한 발상이다.

그러나 우리 인체의 모든 장기는 자신이 길들이는 대로 다듬어지기 때문에 어떻게 먹고 사느냐에 관심을 두지 않으면 약 3년에서 5년 사이 암이 재발하는 문제는 뾰족한 대안이 없게 된다. 더욱이 암이 재발할 경우 많은 독성(악식습관, 항암제, 방사선, 전자파, 스트레스)을 껴안은 채로 재발하기 때문에 더욱 심각한 사태가 벌어지는 것이다.

약물이나 인위적인 차단 방법은 우박이 섞인 장대비를 얇은 우산 하나로

버티며 옷을 적시지 않겠다는 어리석은 생각이 낳은 미시적(微視的) 서양관일 뿐이다.

　이를 깨기 위해서는 자신의 체질이 무엇이고, 본성이 무엇인지를 들여다 보는 명상의 시간이 필요하다. 이로써 자신이 분리할 수 없는 자연계의 한 부분인 것을 자각하고, 전인치유적 치료법을 적용할 자세를 갖는 것이 자신을 다듬고, 질병을 정복하는 길임을 깨달아야 한다. 우리의 몸은 정복의 대상이 아니라 스스로 그러하길 바라는 자연이기 때문이다.

암 선고가 죽음을 의미하는 것은 아니다

우리 사회의 일반적 통념으로 암 선고는 곧바로 사형선고로 받아들여진다. 암에만 걸리면 바로 죽을 것이라고 생각하기 때문이다. 그래서 대부분의 사람들이 암 선고를 받게 되면 말로 표현하기 어려울 정도로 심각한 심적 고통을 느낀다. 그래서인지 생기가 넘치던 사람도 암이라는 진단을 받으면 곧바로 병원에 드러눕는 경우가 많다. 반대로 금방 죽어가던 환자도 암이 다 나았다고 하면 원기를 회복한 듯 보일 때가 있다. 이처럼 암은 육체에 생기는 병이지만 마음까지도 무너뜨리는 내적·외적인 병이라 할 수 있다. 그러나 암을 감기처럼 쉽게 고칠 수 있는 병이라고 생각한다면 사람들이 곧바로 드러눕거나 죽음만을 생각하지는 않을 것이다. 중요한 것은 암이 곧 죽음이라는 생각이 잘못되었다는 것이다. 의료 선진국인 미국에서만 암 진단의 45%가 오진이라고 한다.

나 역시 처음 암 선고를 받았을 때 세상이 온통 검게만 보였다. 살기 위해 병을 고칠 수 있는 방법이라면 다 시도해 보았다. 외과 수술, 방사선 치료, 항암제 투여, 식이 요법 그러나 다양한 치료법들은 오히려 내 몸을 망가뜨렸다. 한 주먹씩 빠지는 머리카락을 보며 '내 몸을 병원에 더 방치했다가는 병 때문에 죽는 것이 아니라 약 때문에 죽을 것이라는 불안감으로 죽겠구나' 싶어 나는 병원을 박차고 나왔다.

가족과 한시적인 이별을 고하고 산 따라 물 따라 동남아를 거쳐 이 나라, 저 나라 약초를 연구하는 연구자들과 그들의 규칙대로 같이 생활했는데 거기에는 구구절절 말이 필요 없었다. 일반적인 치료 방법이 아닌 자신의 체질에 맞는 맞춤 치유법으로 내 몸이 알아서 반응하는 대로 마음이 움직이고, 마음이 가는 곳에 몸이 가면 되는 자연양생법이기 때문이었다.

나의 몸과 마음은 점차 죽음이 다가온다는 초조함에서 벗어나 마음의 평안을 되찾았고, 모든 암을 치유할 수 있는 방법과 효능을 연구하기 시작했다. 암이란 과연 무엇인지, 무엇 때문에 생기는 것인지, 암에 걸리면 어떻게 되는 것인지 하나씩 알아가기 시작했다. 결국 나는 내 몸의 상태를 정확히 알아 암이 찾아온 이유를 이해하고, 암을 해결할 수 있는 방법을 찾아 계획을 세워 차분히 한 걸음 한 걸음 나아가 암을 이길 수 있었다. 그래서 나는 두 번째로 위장에 암이 재발했을 때도 침착할 수 있었다.

스스로 암을 치유했던 체험과 기억에 대한 확신이 있었기 때문에 암이 유발하는 부정적인 문제의식은 나를 속박할 수 없었다. 나는 내가 체득한 지혜와 지식으로 다시 암을 치유하기 시작했고, 가족들조차 암이 재발했는지 눈치채지 못할 정도로 자연스럽게 치유를 진행해 결국 언제 암에 걸렸냐는 듯 회복될 수 있었다. 암에 걸려도 절대 암이 죽는 병이라고 생각하지 말자. 암에 걸려 죽는 것은 몸에 찾아온 암 때문이 아니라 스스로 죽음을 선택하는 나약한 마음 때문이라는 것을 알아야 한다.

병을 치유하려면
의사만큼 병을 알아야 한다

어느 날 갑자기 절망적인 병에 걸렸다는 의사의 선고를 받은 당사자나 가족들은 혼란과 좌절 그리고 절망 속에서 허우적거린다. 그때부터 평탄했던 가정은 정신적 공황상태가 되어 어떻게 대처해야 될지, 어떻게 치유해야 할지 충격 속에서 갈피를 잡지 못한다.

누구든지 자신의 병에 대해 자세히 알고 있다가 병에 걸리는 사람은 거의 없다. 처음에는 건강했어도 삶의 방식이나 식습관으로 인해 자신도 모르는 사이 병에 걸리는 것이다. 자신의 병에 대해 아무것도 알지 못하는 환자나 보호자에게 의사가 간단하게 병명에 대해 이야기한들 얼마나 이해할 수 있겠는가?

암 선고를 받았다 해도 자기가 걸린 병이 어떤 병인지 알아볼 시간은 충분하다. 자신의 병이 어떤 병인지 철저히 알아야만 의사의 말을 이해할 수 있음은 물론 자신에게 맞는 치료 방법도 선택할 수 있다.

물론 의사에게 도움을 받아야 하는 부분도 있지만 어차피 내 생명은 내가 책임지는 것이지 의사나 주변 사람이 책임져 주는 것은 아니지 않는가? 암에 대해 의사만큼 안다는 확신이 서면, 그때 자신의 병에 대한 치료법에 확신을 갖고 스스로 치유 방법을 선택해도 결코 늦지 않음을 강조하고 싶다. 현대 의학의 놀라운 기술로도 병을 치유할 수 없다면 결국 환자 스스로가 자신의 몸을 치유하기 위해 방법을 찾아야 할 것이다.

스스로를 치유하기 위한 노력은 사람의 정신력에 많은 영향을 미친다. 정신력에 영향을 미치면 인체의 면역력을 증강시켜 더욱 오래 건강을 유지하는 경우를 볼 수 있다. 나의 경우만 해도 살아야겠다는 강한 정신력을 갖게 됨과 동시에 면역력이 증가하는 것을 느꼈고, 더 이상 암세포가 퍼지지 않고 성장이 멈추는 것을 알 수 있었다. 암에 대한 치유법을 익히며 암에 대한 자신감이 생겨남에 따라 암이 물러나는 것을 느꼈음은 물론이다.

환자는 병에 걸리면 그 병의 요인을 정확히 알아야 한다. 그것을 아는 순간 자신감을 갖고, 병을 고치려고 마음을 먹는 순간 병이 물러갈 준비를 한다는 것 역시 반드시 알아야 한다. 그리고 한 가지 더 권유하고 싶은 것은 주변 사람들이나 가족은 환자에게 좌절하고 절망하면서 울거나 낙심하는 모습을 보여서는 안 된다는 것이다. 또한 얼마 살지 못할 것이라는 의사의 소견도 환자에게 전달해서는 안 된다. 그러한 행위는 오히려 환자를 절망에 빠뜨리는 결과를 낳을 뿐이다. 특히 환자 본인이 갈피를 못 잡고 당황할 때 가족들은 곁에서 완치될 수 있다는 자신감을 주고, 차분한 마음으로 병을 이겨낼 수 있도록 도와주어야 한다. 주위의 긍정적인 기운(파동)이 환자의 면역력을 높일 수 있다는 것을 명심하고 환자 가족들은 환자보다 더욱 냉철한 정신으로 환자에게 힘을 실어 주어야 한다.

진정한 완치란 병의 근본 원인을 고치는 것이다

요즘 대부분의 젊은 여성들은 날씬해져야 한다는 강박관념에 다이어트를 한다. 그러나 다이어트 관련 전문 의학자가 발표한 통계에 따르면 '다이어트 여성 폐결핵'이 전체 여성의 13%에서 15%로 점차 늘고 있는 추세라고 한다. 게다가 몸 안의 소금기가 다 빠져나가는 다이어트 후유증으로 관절염이 악화되고, 요요현상으로 과체중이 되는 부작용을 겪기도 한다.

이미 사회에 만연된 이러한 다이어트의 병폐는 현대 서양의학이 인체와 관련된 모든 것들을 외형적이고 물질적인 측면에서 접근하는 것과 다르지 않고, 우리가 그것에 길들여진 결과라고 볼 수 있다.

자신의 본질은 외면한 채 겉만 다듬고 정신계, 즉 의식적 측면은 간과하는 현상임이 분명하다. 겉만 다듬고 그것을 선호하는 지금의 세태는 심인성, 내인성 만성질환의 근본적 발병의 원인을 다스리지 못하는 서양의학의 한계가 낳은 산물로 밖에는 보이지 않는다.

쉬운 예로 당신이 치통을 앓고 있다고 하자. 그 근본 치료는 통증을 잠재우는 것이 아니라 썩은 치아를 만드는 원인인 양치하는 방법을 바꾸는 것,

잠자기 전에 먹은 음식물이 치아에 끼게 하는 것이 해로우며 달고 산도가 높은 자극성 음식물을 피해야 한다는 원인 분석으로, 치통을 앓고 있는 환자 자신이 명심해서 실행하도록 조언하는 것이 근본적인 치료 정신이지 "아프거나 이가 썩으면 치과에 또 오시면 됩니다!"가 근본 치료는 아닌 것이다.

지금 서양의학은 우리의 생활 속에 깊이 뿌리내려 우리가 낸 의료비를 치료 비용으로 쓰면서 이러한 근본적인 치료 원리를 간과한 채 겉으로 드러난 상처 부위만을 염두에 둔 수술과 약물 연구에 매진해 왔다. 그리고 지금 우리는 어쩔 수 없는 환경 속에서, 그 환경이 낳은 결과에 안주하고 살아가고 있는 형편이다.

생명보험사에게 권고한다

단적으로 말해서 자신의 체질을 잘 살펴 건강관리를 잘해온 사람의 보험료는 차등을 두어 보험료를 깎아 주어야 한다. 나이에 따라 당신은 몇 살이니까 젊은 사람보다 얼마를 더 내야 한다는 발상은 바꾸어야 한다.

요즘은 다이어트 폐결핵, 유아성 소년 당뇨, 정신불안정성 신경장애, PC방의 전자파 장애로 인한 만성알레르기 등으로 10대가 50대의 몸을 지닌 노쇠한 현상을 보이는 청소년들이 증가하고 있다. 그래서 현대적인 생활습관성 질환 부류별로 나누어 차등을 두고 보험료를 징수해야 한다.

비록 암 환자였고, 난치병을 앓았던 사람이라도 건강관리가 잘 되어 5년이고 10년 후의 재발 가능성이 깨끗이 해결됐다면 모범적 부류로 분류해 관리해야 한다. 애국자 대열에 놓고 대접은 못할지라도 나이 먹어 죽을 날이 가까웠으니 보험료를 더 많이 내야 한다는 발상은 그야말로 전 근대적인 사고방식이자 상업주의적이며 민주적이지 못한 처사다. 자동차 보험은 사고율에 반한 차등 보험료가 적용되고 있지 않은가?

새로운 해결책을 모색해야 한다

여러 가지 심리적 요인에서 오는 심인성 질환과 내분비 기능장애에 의한 내인성 만성질환으로 나타나는 여러 가지 증상들, 즉 만성 신장병, 간경화, 각종 암, 당뇨병, 심혈관 질환은 유전정보와 자동적인 자정능력과 정신계 사이의 괴리감으로 인해 부정적인 에너지로서 육체를 만들고, 부정적인 자동생리의식의 활성화를 부추긴다.

이것은 우리 인체의 자율신경 실조라는 증상을 일으키고, 갑상선 및 뇌 조직 내의 호르몬 분비의 부조화로 이어져 각 개인의 장기 중 잘못 전달된 뇌 정보에 의해 가장 취약한 부분에 병 세포가 자리 잡게 된다.

이러한 현상은 만성 신장병이나 간염, 감암, 간경색, 뇌경색, 위염, 위궤양, 위암 등으로 나타나는데 이때 간병인, 간호 조무사 또는 의사나 환자 스스로 빗나가 있는 두 의식과 유전정보를 바로 잡으려는 노력 없이 구태의연한 태도로 약물에만 의존한다면 심인성 질환이 내분비 기능장애에 의한 내인성 질환이 만성화로 가는 것은 막을 수 없고, 결국 난치병으로 발전하게 될 것이다.

보정속옷을 즐겨 입는 여성들에게

간단히 말해 여성들은 보정 속옷을 입음으로써 자신의 인체에 해를 가하지 말라는 것이다. 우리의 위장은 먹은 음식물을 위액과 함께 장의 연동운동을 통해 소화시켜야 한다. 위장과 각 장기들이 원활하게 운동하려면 산소 유입이 잘 되어야 한다. 그런데 몸매를 가꾸고 날씬해지기 위한 방편으로

24시간 혹은 일하는 내내 꽉 조이는 코르셋을 입고 활동하는가 하면 심지어는 보정 속옷을 입고 자는 여성도 있다. 이러한 행위는 겉보기에는 날씬해 보여 만족스러울지 몰라도 자신의 육체에는 자해행위를 하는 것과 같다.

보정 속옷을 착용하면 위장이나 조여진 부위의 장기들은 제대로 숨을 쉬지 못한다. 그렇게 되면 산소 공급이 원활하지 못하고 운동능력이 부족해지는데 이러한 시간들이 장시간 이어지면 위염, 장염, 위궤양, 위암을 초래할 수 있다. 이러한 문제에도 불구하고 보정 속옷을 만드는 한 회사의 1년 매출액이 수십억에서 수백억에 달한다고 하니 사용자의 숫자를 가늠하고도 남을 일이다.

인체를 감싸는 속옷은 인체의 소화기관을 덮어 외기(外氣)를 차단해 주고, 내기를 통과하게 하는 중요한 필터 역할을 한다. 우리 인체 내의 물(피)과 피부는 모든 촉감, 색과 무늬 그리고 맛을 인식하며 바람을 느끼고, 빛과 산소를 좋아하기 때문에 속옷은 더욱 신경을 써서 선택해야 할 부분이다. 특히 인체의 아랫부분은 따뜻한 색을 좋아하는데 여성의 경우 생명을 잉태하는 모체로써 속옷에 더욱 신경을 써야 한다. 패션과 유행도 좋지만 건강한 육체를 위해 무채색의 잡다한 무늬는 피했으면 하는 생각이다. 덧붙여 '머리는 차게, 발은 따뜻하게'라는 두한족열(頭寒足熱)의 원리를 항시 염두에 두길 바란다.

수 십 만원을 호가하는 크로셋을 여성들에게 입히려면 우주적인 관점에서 생체와 합일하는 옷을 만들고, 우리의 인체가 어떤 색을, 어떤 맛을, 어떤 무늬를 좋아하는지 연구하고 개발하기를 바란다. 기존의 보정 속옷은 우리 여성들을 위암 환자로 만드는 일등 공신일 뿐이다.

와이셔츠와 넥타이를 즐겨 입는 남성들에게

대다수의 남성들이 착용하는 와이셔츠와 넥타이에 대해서도 언급하지 않을 수 없다. 여러 가지 일로 심한 스트레스를 받게 되면 남성들은 그 화기(火氣)가 위로 향하는 수가 많다. 위로 향한 화기가 머릿속에 안착하면 뇌졸중, 그것이 터지면 바로 뇌출혈로 발전해 사망을 부른다. 현대 사회가 남성들에게 강요하는 넥타이는 화기를 더욱 높이는 촉매제인 셈이다.

넥타이를 강요하는 문화는 두한족열의 원리와 우리의 인체를 제대로 이해하지 못하는 처사다. 화가 치밀어 얼굴이 붉어지는 남성들에게 붉은 색상의 넥타이는 언제 불이 붙어 절명할지 모르는 위험한 패션이며, 열을 잘 받는 화ㆍ금의 체질을 가진 사람들에게 붉은 의상은 더욱 위험하다. 유명한 일화로 모 탤런트는 화기로 인해 오랜 기간 식물인간으로 살아야 했다.

속된 말로 사형수의 목을 매는 곳을 넥타이 공장이라 말하기도 한다. 바라건대 남성들은 이제부터라도 집안에서 넥타이와 삼각팬티를 벗고 건강을 위해 훈훈한 색상의 파자마를 입어 볼 일이다.

전체 질병의 20% 밖에 못 고치는 현대의학

EBS에서 동양의학을 강의했던 한의사 김홍경은 방송을 통해
"나는 의사지만 의사에게만 너무 의존하지 말고 스스
로 치료하는 법을 터득하라. 의사가 병을 고치는 비율은 25% 정도 밖에 되
지 않는데, 비율이 30%가 되면 비로소 명의(名醫) 소리를 듣는다." 라고 말
했다. 이는 스스로를 낮추는 겸손한 자세로 본받을 만한 의사의 자세라고
생각한다.

또한 일본의 의사 오카다 이코는 알레르기성 눈병을 방치했다가 시력을
상실하고, 장님이 되어 쓴 책에 '의사는 다만 환자를 돕는 사람일뿐이며,
암이나 난치병은 스스로의 식습관과 생활 속의 양생법이 더 중요한 것' 임
을 언급했다. 오늘도 그는 그를 찾아온 환자들에게 양생법을 터득하는 일
을 알리는데 인생을 걸고 있다. 그러나 대다수의 의사들은 자동 생리, 자정
작용 의식과, 근본적인 발병 원인을 찾는 데는 안이한 태도를 보이며 노력
을 게을리하고 있는 실정이다.

의사가 병을 고치는 비율과 현대 의료체계의 많은 문제점을 지적했던
『대뇌혁명』의 저자이자 베스트셀러 작가인 일본의 저명한 의사 하루야마

시게오(春山茂雄)나 한의사 김홍경의 말은 일치한다. 하루야마 시게오는 책의 서문에서 '오늘날 병원에서 의사가 고칠 수 있는 질병은 전체 질병의 20% 정도 밖에 되지 않고, 나머지 80%는 의료비를 물 쓰듯 낭비하고 있는 실정'이라고 고백했다.

인위적으로 만들어진 약물 등을 이용해 외향적이면서 물리적인 힘만으로 증상을 완화시키는 데 주력하다 보니 보이고 느끼는 그때뿐, 원인 치료가 없어 오히려 환자를 약물 의존성, 습관성 중증 환자로 만들어 버리는 일을 반복하는 실정인 것이다. 결국 환자들은 증세가 더욱 악화되어 의사들이 포기하고 마는 말기 단계에 접어들어 최후의 수단으로 수혈, 장기이식 수술 등을 시도하지만 그것은 인간이 모두 다른 체질과 기질의 DNA 구조로 이루어진 생명임을 망각한 우주의 섭리를 역행하는 일이다. 설사 그것이 방향을 잘 잡은 치료라 해도 근본적인 완치와는 거리가 먼 임시방편일 따름이다.

약물 치료법이나 수술요법은 인체의 경이로운 자연 치유능력을 떨어뜨려 결과적으로 인체의 재생력과 복구 능력을 감소시키고, 심하게는 파괴를 범하는 심각한 모순을 안고 있다.

우리는 의사들이 수술에 앞서 반드시 받아두는 '사망하거나 수술이 잘못되더라도 이의를 제기하지 않겠다'는 서약서를 기억해야 한다. 이것이 무엇을 의미하겠는가? 그것은 그 치료 행위에 위험이 내포되어 있다는 것이고, 의사들의 입장에서도 수술은 최선의 방법일 뿐 최고의 방법은 아니라는 것이다.

좀 더 심하게 표현하면 의사 면허증으로 막대한 치료비를 받으면서 환자들을 대상으로 부담 없이 임상실험을 하고 있다는 것이 현 의료계의 현실이다. 그것은 한의사 역시 마찬가지로 완치라는 단어조차 쓸 수 없다. 한

번 생각해 보자. 신약이 개발되면 누구에게 임상실험을 하겠는가? 그 대상
은 오직 병원에 진료 혹은 치료를 위해 입원한 환자와 그 가족들이다.

　독자들이 어느 쪽을 선택하던지 그것은 스스로 감당해야 하고 자신의 책
임과 몫으로 남을 뿐이다. 우리 의식이 우주적인 관점으로 변화되지 않는
다면 그 악순환의 희생은 바로 우리 자신이 될 것임을 인식해야 한다.

어떠한 사람이 진정한 명의인가?

서양 의학을 전공한 전문의들이 간염 환자나 위염 등의 환자들에게 하는 말을 들어 본 적이 있을 것이다. 만성 질환에는 뚜렷한 치료 방법이 없으며, 정기적으로 정밀 검사를 받아 위염, 위궤양, 위암, 간경화나 간암으로 진행되는지 수시로 체크해야 한다는 것이다. 이것은 환자들에게 병원 가는 일을 습관화하고, 약물에 의존하게 만들어 의타심을 키우고 거대한 종합병원의 건물만큼이나 병원에 큰 믿음을 갖게 하는 착시현상을 부추긴다. 그러다 보니 이제는 병원이나 의원을 찾아다니다가 생겨난 의원성 질환(病醫原性 疾患)이 생겨났다. 또한 잘못된 식습관으로 일어난 식원병(食原病)도 있는데 위의 병들은 외인성, 심인성 두 가지 모두가 합쳐진 복합성 만성질환을 부추긴다. 이것이 바로 현대 의학의 한계이다.

가장 주된 원인으로 현대 과학의 다음 세 가지 방법론에서 그 한계를 발견할 수 있다.

첫째로 객관화라는 명제는 누가 관측해도 같은 결과를 내는 보편타당한 관점인데 인체는 모두 다른 체질로 지속적인 변화를 겪는 이행형이기 때문에 누가 관찰해도 같을 수가 없다.

둘째는 과거에 했던 관찰 결과를 모순 없이 누구에게나 설명할 수 있도록 간단한 모델이나 이론을 구축해 놓아야 한다는 목적이 있기 때문에 그 이론의 정당성이나 확정, 예측 결과가 같지 않으면 인정되지 않는다는 한계에 부딪치고 있다.

셋째는 예측할 수 없는 모델이나 인정되지 않은 이론은 연구대상으로 삼지 않는다는 스스로의 한계와 맹점을 가지고 있다.

이것은 인체에 대한 기계론적 관점으로 이성적이고 분석적이며, 분리된 의식이 자리 잡은 고정관념의 틀을 깨지 못한 결과다.

참 의(醫)를 이루는 도(道)는 반드시 의사 면허증이 있어 육체를 다루는 의사가 아니다. 고승도 의사가 될 수 있고, 신도의 아픔과 가려운 곳을 함께 하는 신부님과 목사, 교수, 선생님도 의사의 역할을 할 수 있다.

도(道)는 산에서만 닦을 수 있는 것이 아니라 우리의 생활과 마음속에 있으며, 삼라만상의 배후에서 혼란한 그 무엇을 통일하는 개념을 내 안에서 발견해야만 그것이 진정한 의(醫)요, 진정한 도(道)인 것이다.

13

차(茶) 한 잔도
체질에 따라 다르다

체질에 맞는 식생활 길들이기

차, 제대로 알고 먹읍시다!

차는 차나무의 어린잎을 가공해 만든 것(녹차, 황차, 오룡차, 홍차 등)을 말하며, 이것을 뜨거운 물에 우린 음료 역시 차라고 한다. 차나무(학명 : camellia sinensis)는 동백나무과에 속하는 사철 푸른 나무로 실화상봉수이며, 열대에서 아열대까지 남위 30도와 북위 40도 사이의 넓은 지역에 분포되어 있다.

차나무는 품종이나 착생 위치에 따라 변이가 크다. 잎의 질은 단단하고 약간 두꺼우며, 표면에 광택이 있고 양면에 털이 없다. 품종에 따라 잎 빛깔의 짙기와 주름에 차이가 있고, 빛깔은 보라 · 노랑 · 갈색 등 여러 가지가 있다.

역사적으로는 중생대 말기에서 신생대 초기에 생겨난 식물로 식물학적인 기원은 대개 6,000 ~ 7,000만 년 전으로 추정하고 있다. 이와 같이 오랜 역사를 갖고 있는 차를 언제부터 사람들이 마시기 시작했는지에 대해서는 명확히 알 수 없지만, 중국 동남부의 산악지대와 티베트 산맥의 고원지대를 원산지로 보고 있다. 차는 처음부터 마시는 음료로 이용된 것이 아니고, 음식과 약의 기능을 갖는 '식약동원(食藥同源)'의 소재로 이용되기 시작해, 천지의 신과 조상의 제례에 사용되면서 점차 일상생활 중에 마시는 기호음료로 정착했다.

차는 대체로 연평균 온도 13℃ 이상, 강우량 1,400㎖ 이상, 서리가 내리지 않고 안개가 자주 껴 습한 곳, 산지의 높이가 1,000m 이하인 곳이 차 생산지로서 최적의 조건을 갖춘 곳이라 할 수 있다.

요즘 우리가 마시는 모든 마실 거리, 즉 음료인 율무차, 유자차, 쌍화차, 생강차, 오미자차, 인삼차, 모과차 등을 차라고 부르지만, 엄밀히 말해 그것은 차가 아니다. 이들은 차를 대신해 곡류나 식물의 열매 혹은 뿌리 등의 다른 재료를 뜨거운 물에 끓이거나 우려서 먹는 것이므로 대용차(代用茶)라 부를 수 있다. 대용차는 차가 쇠퇴하기 시작한 조선 중엽 이후에 쓰이기 시작했는데 일찍이 다산 정약용은 우리나라 사람들이 탕환고와 같은 약물 달인 것을 '차'라고 습관적으로 부르는 것이 잘못이라고 지적한 바 있다.

차나무를 가리키는 글자는 다(茶) 이외에 도(荼), 가(檟), 설(蔎), 명(茗), 천(荈)이 있다. 각국에서 차를 부르는 말을 보면 영국은 tea, 독일은 thee, 프랑스는 The로 중국은 cha(관동어계) 또는 Te(복건어계), 일본은 cha(복건어계)로 부르고 있다.

차는 알수록 신기한 효능을
가지고 있다

한문을 풀이하는 학자에 의하면 차(茶)는 十十(20)과 八+八 (88)＝108이 된다. 차를 마시면 108세까지 108 번뇌를 없애며 살 수 있다는 것이다.

차나무는 산맥이 뻗어 있는 방향이나 강의 흐름을 따라 자연적인 상태로 자라거나 재배되는데 차나무도 그 땅의 기운을 먹고 자라기 때문에 옛 어른들은 차나무를 심고 수확하는데도 지세를 살펴 정성스러운 마음으로 차 농사를 지었다고 한다.

차는 땅의 기운을 머금고 차를 재배한 이의 정성을 받아 우리의 찻잔에 오기까지 수많은 시간과 땀이 베어 있는 고귀한 음식이다. 따라서 정결한 몸과 마음으로 사랑의 덕담과 함께 차를 마신다면 우리 마음이 진정한 사랑의 파동을 받아 체질별 차는 더욱 우리에게 깊은 치유의 에너지를 선물할 것이다. 우리가 가볍게 차 한 잔이라고 생각하기 쉬운 차 한 잔에는 다음과 같은 놀라운 효능이 숨어 있다.

항암효과

녹차는 차 중에서도 가장 강력한 항암 효과를 가지고 있다. 중국의 예방 의학과학원의 연구 결과에 따르면 녹차, 홍차, 우롱차 등 모든 찻잎에는 N-니트로소 화합물의 합성을 억제하는 항암 효과가 있는 것으로 밝혀졌다. 이 중에서도 녹차의 항암 효과가 강력한데 홍차의 억제율이 43%인데 반해 녹차는 무려 85%에 이른다고 한다.

일본 시즈오카에 있는 어느 대학의 연구 결과를 보면 일본의 주요 녹차 생산지인 시즈오카 현 내에서 차 산지로 유명한 오이키와 지역 주민들의 암 사망률이 차를 생산하지 않는 지역에 비해 매우 낮았고, 위암 사망률은 전국 평균의 1/3에 지나지 않았다. 미국에서 40년간 암을 연구해 온 미국 건강 재단의 존 와이저버그 박사는 조리된 육류나 생선에서 흔히 발견되는 발암 물질에 의해 유방암이나 결장암, 췌장암 등에 걸릴 위험이 차를 마실 경우 크게 감소할 뿐만 아니라 차를 매일 6잔씩 마시면 암을 예방할 수 있다고 하였다. 또한 매일 10잔 이상 마시는 사람들의 몸에는 해로운 LDL 콜레스테롤 수치가 현저히 낮고 심장 질환의 발병도 낮은 것으로 밝혀졌다.

녹차 음용 양에 따른 암 사망 비율			
비교적 화·금 체질에게 유용 (일반 주민 8,500명을 8년간 추적조사)			
구 분	하루에 마시는 녹차 양		
	3잔 이하	4~9잔	10잔 이상
남자 평균 암 사망 연령	65.8세	68.4세	70.3세
남자 사망자수	33 명	47 명	36 명
여자 평균 암 사망 연령	67.6세	70.9세	74.1세
여자 사망자수	25 명	44 명	14 명

일본 사이다마 현 암 연구센터, 1994

노화 억제와 피부보호

차의 성분에는 항산화 작용을 하는 성분이 많이 함유되어 있어 노화를 억제한다. 또한 찻잎에는 일반 음식에서 결핍되기 쉬운 미네랄과 유기물이 풍부하게 들어 있다.

일본 오꾸다 교수의 실험에 의하면 1 *l* 의 용액에 5mg의 비타민 E를 넣었을 때 지방의 산화가 4% 억제되었지만, 5mg의 폴리페놀은 지방 산화의 74%를 억제한다는 사실을 밝혀냈다. 폴리페놀의 노화 억제 작용은 비타민 E의 무려 18배나 된다는 것이다. 또한 레몬의 5배나 되는 비타민 C를 함유하고 있어 피부가 거칠어지는 것을 막아주고, 피하 조직에 탄력성을 주며 보습성을 유지하도록 하기 때문에 피부를 곱게 하는 역할을 한다.

성인병 예방

나이가 중년에 접어들수록 성인병을 조심해야 한다. 차에는 이러한 성인병을 예방하는 성분이 들어 있어 자주 마시면 건강을 지킬 수 있다. 일반적으로 고혈압의 주요 원인은 소금인데, 소금 속의 나트륨 성분이 혈액의 삼투압을 상승하도록 만들기 때문이다. 차에는 칼륨 성분이 있어서 나트륨을 체외로 배출하도록 하며, 고혈압을 막아 주는 역할을 한다.

우리 몸에 콜레스테롤이 많아지면 콜레스테롤이 혈관에 붙어서 혈관 벽을 딱딱하게 만들거나 혈관 통로를 좁게 만들어 동맥경화 등을 유발한다. 특히 녹차에 들어있는 카테킨 성분이 혈관에 축적되어 있는 지방을 녹여주므로 동맥경화를 예방한다.

차에는 EGCg라는 독특한 성분이 있어 콜레스테롤과 중성 지질을 몸 밖으로 배출할 수 있도록 도와주고 특히 찻잎에는 비타민 C가 풍부해 지방의 산화를 촉진하고, 콜레스테롤의 배출을 더욱 왕성하게 한다. 차에는 인슐린의 합성을 촉진시키는 다당류 성분이 들어 있어 당뇨병에도 탁월한 효과가 있는 것으로 알려져 있다.

비만 방지와 다이어트

현대인의 비만은 유전적인 요인도 있지만 주로 고칼로리 음식 섭취와 운동 부족에 원인이 있다. 또한 우리가 생활 속에서 자주 마시는 각종 음료수도 비만을 부르는 한 요인이다. 그러나 차는 열량이 거의 없는 저칼로리 음료이기 때문에 체중 조절에 더 없이 좋은 음료이다. 운동하기 전에 차를 마시면 지방이 우선적으로 연소되기 때문에 다이어트에 그만이다. 식사 후에 차를 마시면 다이어트에 좋은 효과를 볼 수 있다. 차의 카테킨이 지방 분해 효소의 작용을 강화시켜 주기 때문이다.

중국 사람들이 고지방 육류를 많이 먹고, 기름진 음식을 먹는데도 뚱뚱한 사람이 적은 것은 물 대용으로 항상 차를 마셔 비만을 억제하기 때문이다.

중금속과 니코틴 해독 작용

산업화가 될수록 우리가 먹는 과일이나 채소류, 어패류에 이르기까지 중금속에 오염돼 우리의 건강을 위협하고 있다. 일반적으로 중금속은 호흡기나 소화기를 통해 체내에 들어가면 배설되지 않고 축적되어 중금속 중독을 일으킨다.

차에는 이러한 중금속을 해독하는 효능이 있다. 차의 카테킨 성분은 방사성 동위원소가 뼈의 골수에 도달하기 전에 인체에서 제거해주고, 수은이나 카드뮴과도 상호 결합해 몸 밖으로 배출한다. 담배에 들어 있는 니코틴도 마찬가지다. 니코틴이 체내에 흡수되면 교감신경을 흥분시켜 혈관을 수축시키므로 혈압을 상승시키며 호흡을 가쁘게 하고, 폐암까지도 일으킬 수 있다. 차의 폴리페놀 성분은 담배의 니코틴과 쉽게 결합해 체외로 배출하도록 도와주는 역할을 한다.

차 추출액의 카드뮴 제거				
구 분	체외 배설량		체내 흡수율 및 보유율	
	소 변	대 변	흡 수 율	보 유 율
카 드 뮴	16.06 ∓ 0.53	237.51 ∓ 48.27	60.40	57.80
홍 차	17.19 ∓ 0.86	407.59 ∓ 21.54	35.99	29.20
우 롱 차	18.10 ∓ 1.82	498.64 ∓ 15.88	16.54	13.54
녹 차	18.54 ∓ 0.65	564.90 ∓ 17.76	10.28	5.70

피로회복과 숙취제거

만성 피로에 시달리는 현대인들에게 차 한 잔의 여유는 정신 건강은 물론 신체 건강에도 큰 도움을 준다. 찻잎 속의 카페인은 콜린에스테라제의 작용을 억제시켜 아세틸콜린이 분해되지 않도록 함으로써 몸의 피로를 줄여준다. 또한 차는 숙취제거에도 놀라운 효능을 발휘한다. 알코올이 체내에 들어가면 간장에서 분해돼 최종적으로 물과 이산화탄소가 되지만 간장에서 분해할 수 없을 정도의 알코올을 마시면 분해 중간 단계 물질인 아세트알데히드 성분이 쌓여 숙취가 나타난다. 찻잎 속의 카페인은 혈액 중의 포도당을 증가시키고, 간장의 알데히드 분해 효소의 활동을 왕성하게 하여 혈액 중의 아세트알데히드가 빨리 분해되도록 한다. 찻잎 속의 비타민 C가 이러한 활동을 촉진해 숙취 해소 효과를 더욱 높인다.

변비 치료

현대인들은 많은 스트레스와 잘못된 식습관으로 변비에 걸리기 쉽다. 변비는 장기의 긴장이 약해져 수축·이완 운동이 잘 되지 않아 생기는 것으로 찻잎 속의 폴리페놀 성분은 위의 긴장도를 높여 위 운동을 활발하게 해줄 뿐만 아니라 장관의 긴장도를 풀어주어 변비를 치료한다. 특히 차는 소장 운동을 활발하게 하므로 신경성 변비뿐만 아니라 이완성 변비에도 효과가 있다.

충치예방

충치는 입속에 번식하는 세균이 치아를 파먹어 생기는 것이다. 찻잎 속에는 불소성분과 함께 세균을 살균하는 폴리페놀 성분이 있어 충치를 예방해 준다. 입 냄새 역시 차 속에 있는 플라보놀 성분이 없애 주는데, 차의 이러한 효능은 냉장고의 냄새 제거나 각종 육류 음식의 냄새 제거에도 많이 사용된다.

체질의 산성화 예방

현대인들이 자주 먹게 되는 산성 식품은 칼로리가 높고, 체내의 신진 대사 과정을 통해 체액을 산성화시킨다. 산성을 과다 섭취해 몸이 산성화되면 몸의 피로감이 증가하고, 동맥경화나 고혈압, 뇌일혈, 위궤양 등을 유발하기도 한다.

차에는 카페인, 테오필린, 네오브로민, 크산틴 등 알칼로이드 물질이 많이 들어 있어 대표적인 알칼리성 음료인 것이다. 차는 몸에 빠르게 흡수되고 산화되어 농도가 비교적 높은 알칼리성 물질을 만들기 때문에 혈액 속의 산성 물질을 중화시킨다. 차에는 산성을 예방하는 칼륨과 아연, 마그네슘, 망간 등 미네랄이 함유되어 있어 장기간 복용하면 몸을 알칼리성 체질로 개선하는 데 큰 도움을 준다.

염증과 세균 감염 억제

찻잎의 성분이 염증을 억제한다는 것은 이미 많이 알려져 있는 사실이다. 이것은 차의 폴리페놀 성분과 사포닌 성분에 의한 것으로 위궤양이나 위 점막 출혈을 비롯해 각종 부종을 억제하고 치료하는 데 큰 효과가 있다. 또한 차는 장티푸스, 이질 등의 전염성 세균이나 장 속 세균들의 생육을 억제하는 효과가 있다. 차의 항균 성분에 의해 살모넬라균, 장염비브리오균, 웰치균, 보투리너스균, 포도상구균은 완전히 소멸될 수 있다. 여름철의 차 한 잔은 식중독을 예방하기도 한다. 일본에서 살인적인 식중독 균인 O-157 균에 녹차를 투여한 결과 1시간 만에 완전 사멸된 것이 확인되었다.

혈압 상승 억제 효과

차 속의 카테킨 성분은 혈압 상승을 억제하는 효과가 있다. 가바(GABA) 차에도 혈압 상승을 억제하는 성분이 들어있다.

알츠하이머병에 대한 카테킨의 효과

일본 동경대 신야 교수가 알츠하이머병의 발병 과정을 관찰한 결과 β-아밀로이드 펩티드가 알츠하이머병 환자의 뇌에 축적되어 있는 노인반을 구성하는 주요 성분이며, 이 물질의 신경세포에 대한 독성이 알츠하이머병의 주요 원인일 것으로 밝혀졌다. 녹차의 4가지 카테킨 중 EGCg, EGC 및 홍차의 데아플라빈류를 이용한 실험에서 EGCg, EGC 모두 농도가 높을수록 강하게 β-아밀로이드 독성을 억제했으며, 특히 EGCg가 5배나 강한 효과를 나타냈다.

녹차의 전자파 방어 효과

여러 연구에서 항상 전자파에 노출되는 사람은 고혈압, 두통, 기억력 감퇴, 뇌 손상의 증상을 보일 가능성이 높았다. 뇌 암이나 백혈병, 유방암 발생에 대해 보고되고 있으며, 휴대폰 사용 후 시력이 저하되었다는 보고도 있다. 이순재 박사의 실험 결과 녹차의 음용은 전자기파의 영향으로 손상된 항산화계의 유전자 발현을 유도하고, 전자파에 노출되었을 때 생성된 산소라디칼의 제거를 통한 세포 보호 효과와 항산화적 해독작용과 항산화계를 강화시켜 간 조직의 손상을 완화시키고, 회복 속도를 촉진한다는 것을 알 수 있다. O형과 B형 화 · 금 체질에 잘 맞는다.

알레르기 억제

알레르기는 체내에 형성된 항체가 외부에서 들어온 알레르겐의 침입을 저지하기 위해 일어나는 일련의 항원 · 항체 반응으로 콧물, 재채기, 두통, 가려움 등의 증상으로 나타난다. 차에 알레르기를 억제하는 작용이 있다는 사실은 일본 시즈오까 현립대학 스기야마 박사 팀이 알레르기 반응에 깊이 관여하는 항체를 쥐에 실험해 차를 투여한 후 항원을 주사할 경우 알레르기 억제 효과가 탁월하다는 것을 밝혀냈다.

차(茶)도 체질에 따라
효능이 다르다

체질별로 차를 마시면 더욱 효과적인 식물 치료 효과를 볼 수 있다. 한국 식품과학회 주최로 8회째 열린 '녹차와 충치 증상' 과의 상관관계 발표가 있었다. 초등학교 4학년 어린이 300명을 대상으로 식후에 녹차를 마신 아이와 마시지 않은 아이(일반 식수)를 비교했는데, 녹차 100ml를 마신 163명은 치아 우식증의 예방 효과를 얻었다고 한다. 구소련에서 1935년 이래 차의 화학적 성분과 생물학적 활성(효능)에 관한 수백 종류의 연구 논문이 발표되었다. 그들의 논문에 의하면 모세혈관의 저항력 증진 효과, 소염작용 효과, 심장 질병에 대한 효과, 간염 치료 효과, 체온 조절 효과, 충치 예방 효과, 방사선 동위원소 침착 방지 효과, 신진대사 촉진 및 인체기관 내의 비타민 C 유지, 정상적인 눈과 녹내장 환자들의 눈에 대한 압력 감소 효과 등이 있었다. 그러나 문제는 이렇게 몸에 좋은 녹차가 사람에 따라 좋은 사람이 있고, 좋지 않은 사람이 있다는 것이다. '녹차가 무조건 몸에 좋다' 는 부화뇌동 식의 음용은 오히려 몸에 해로운 결과를 초래한다. 따라서 차 한 잔을 우습게 여기지 말고, 체질에 따라 맞는 차와 맞지 않는 차를 구별해 음용하는 지혜가 필요하다. 녹차의 원료는 주로 잎사귀 부분으로 상품가치가 높을수록 자주 빛을 띤다. 잎사귀는 태양을 향해 뻗어 있기 때문에 그 성질이 냉하다.

예를 들어 열성 체질인 O형이나 부모가 열성 체질인 사람에게서 태어난 AB형인 사람은 졸음이 오거나 혼미할 때 녹차를 마시면 기대 이상의 효과가 있다. 그러나 극음의 체질이나 A형 음 체질이면서 수·목 체질인 경우는 득보다 실이 더 많으므로 체질에 맞는지를 먼저 분별한 후 마시도록 한다. 아마 녹차 실험에 참가한 어린이 중 체질에 맞지 않은 어린이들은 충치 예방 효과는 얻을지라도 그 부작용으로 설사를 하거나 메스꺼움, 어지럼증 등을 경험했을 것이다. 체질에 맞지 않는 먹을거리의 부작용은 우리가 생각하는 것 이상이라는 사실을 항상 염두에 두어야 한다.

체 질	차의 종류	효 능
화 체질	연꽃잎 차	뇌 순화, 청혈, 명상 효과
	우롱차, 알로에차	변비 개선, 청혈 작용
	울금차	간장의 활동, 어깨 결림, 변비 개선
	중국산 녹차	이뇨 작용, 청혈 작용
	머위꽃차	천식 개선과 식욕 증진
	금은인동(金銀忍冬)꽃차(청괴불나무)	염증 개선
	산수유꽃차	이뇨 작용
	목련차	축농증, 두통 개선, 집중력 강화
	쇠뜨기꽃차	지혈, 각종 암 치료
	도화차	결석, 해독, 혈관 확장
	모과 꽃차	소화불량
	은행나무 꽃차	기생충 박멸, 해독
	골단초 꽃차	대하증, 노인성 신경통
	마타리꽃차	소염진통, 어혈을 푼다

체 질	차의 종류	효 능
수 체질	인삼차, 홍삼차	자양강장, 피로회복
	쟈스민차	온열 효과
	중국 얀론차	신진 대사작용, 지방 분해 작용
	홍차	생강을 첨가하면 몸을 덥게 한다
	둥굴레차	항당뇨 작용
	청미래덩쿨차	관절염, 이뇨작용
	때죽나무차	인후염, 치통, 사지신경통
	찔레꽃차	당뇨,이뇨작용
	산초나무차	위장병, 복부냉증
	익모초차	해독, 이뇨, 어혈
금 체질	국화차, 백 모란차	변비와 요통 개선 효과
	중국산 푸알차	부종개선, 변비, 이뇨작용
	국화차	항균, 소염작용, 해독기능, 두통, 편도염, 후염
	차조기차,	알레르기 개선 효과
	첨(닥나무)차 꽃만 따기가 힘들면 열매(닥나무)까지 같이 따서 서늘한 그늘에서 약 7~10일 정도 말린 후 밀봉해서 두고 사용하면 된다. 설탕을 사용하지 않는 것이 좋으며, 약간의 소금을 탄 물에 살짝 우려낸 두 번째 세 번째 물은 어떠한 약보다 우수한 건강음료가 된다.	목의 통증과 코막힘을 개선
	병꽃차	이뇨작용
	등나무꽃차	근육통
	모란꽃차	해열, 소염, 치질, 혈액순환
	오동 꽃차	청혈, 해독, 기관지염
	매발톱 꽃차	생리 불순
	자주괴불주머니꽃차	살충, 해독작용, 무릎관절

체 질	차의 종류	효 능
금 체질	골무꽃차	잇몸질환, 월경통
	해바라기 꽃차,	혈압강하, 두통, 감기
	결명자꽃차	간의 열 내림, 동맥경화, 이뇨, 혈압 강하
	옥수수꽃차	신우신염, 단백뇨, 부종
	회화나무꽃차	괴목(槐木)-간열, 눈충혈, 두통
	맥문동 꽃차	혈당, 자양강장, 진해, 거담
	닭의장풀꽃차	해열, 이뇨, 당뇨증
	나팔꽃차	기생충 제거
	무궁화꽃차	이질균, 위장염, 대장균
목 체질	삼백초차	아토피 피부개선
	홍삼차, 종삼뿌리차, 울금차	인도네시아, 중국산으로 간장의 활동, 어깨 결림 개선
	쟈스민차	신경 안정 효과
	구절초차	부인 냉증, 소화불량, 생리통
	개루릿대차	진통, 진정, 치통, 두통 완화
	생강나무차	열을 더해 준다
	유채꽃차	몸을 따뜻하게 한다
	맨드라미꽃차	월경과다, 치질, 자궁출혈, 오십견, 피를 동반한 기침, 가래

- 화·금 체질이 육식을 한 후에는 지방을 분해하는 작용과 독소 배출을 돕는 우롱차를 반드시 마시는 것이 좋다. 단 식후 30분~1시간 후에 마셔야 위액을 희석하는 손해를 보지 않는다.
- 수·목 체질은 꽃보다는 줄기 밑의 뿌리 쪽을 사용하는 것이 유리하며, 예민하고 냉한 체질이기 때문에 평소에 약차를 이용해 건강관리를 하는 것이 좋다. 되도록 따끈하게 마시고, 가끔 잡화 꿀을 첨가하는 것도 좋다.
- 금 체질의 차가 다른 체질의 차보다 숫자가 월등히 많은 것은 대부분의 차 재료가 냉한 재료가 많아 열을 식히는 역할을 하기 때문이다.

똑같은 차도 다리는 방법에 따라 맛이 다르다

차의 맛과 향은 찻잎 속에 함유되어 있는 화학 성분의 복합적인 작용에 의해 특유의 향과 맛이 난다. 차는 기호식품이기 때문에 맛에 대한 기준은 개인에 따라 각각 다르므로 먼저 차의 맛을 알고 난 후 차의 맛에 영향을 주는 여러 인자를 고려해 자기 나름대로 차 마시는 법을 정립해 가는 것이 바람직하다.

차 맛은 차의 종류, 물의 선택, 물의 온도, 차를 우리는 시간, 차의 양과 물의 양의 비율, 다구의 종류에 따라 달라진다. 차를 끓일 때 주의할 점은 뜨거운 찻물을 우릴 때 용기가 많은 영향을 주므로 철제(스테인리스나 양은, 합금류)나 FRP그릇(플라스틱)은 피하고, 토기를 사용하되 유약을 바른 것은 유해하므로 질이 좋은 자연 재질의 옻칠그릇이나 황토 용기를 사용해야 한다.

저장을 잘못하면 독약이 된다

차를 만드는 것도 어렵지만 차를 잘 저장하는 것 또한 쉬운 일이 아니다. 차는 생물이므로 잘못 저장하면 내용물이 변질되어 오히려 우리 몸에 해로운 물질이 된다. 옛날 사람들은 나무 합이나 항아리, 호리병 등에 차를 담고 한지나 죽순 껍질로 몇 겹씩 싸고, 창포 속잎에 차병을 싸기도 했다.

습도가 높을 때나 장마철에는 내부에 잘 피운 화로 등으로 습기를 쫓아 공기가 따뜻하도록 했다. 그렇게 하고도 마음이 놓이지 않을 때는 차를 꺼내 여린 불에 볶기도 하였다. 오랫동안 먹을 차를 보관하기 위해 적당한 크기의 깨끗한 옹기에 한지나 비닐 봉투를 넣고, 그 봉투에 소포장한 차를 넣어 옹기 입을 비닐로 잘 막아 보관한다. 옹기는 습기가 없고 직사광선이 없는 곳, 즉 온도의 변화가 적은 곳에 보관한다. 소포장한 차를 넣은 옹기를 재(灰)를 담아 둔 옹기에 묻어 두면 더욱 좋다.

자주 먹는 차는 밀폐 용기에 보관하며 한번 개봉한 차는 되도록 빨리 먹어야 한다. 손이 젖었을 때나, 화장품, 비누 등의 방향성 물건을 만진 후에는 차를 만지지 않는다. 차 봉지의 개봉 시간은 되도록 짧게 하고, 건조하고 잡 냄새가 없으면서 온도의 변화가 적은 곳에 두고 사용한다.

살아있는 차 잎의 수분은 75~80% 정도지만 만들어진 차는 함수량이 3~4%에 불과하므로 공기 중에 있는 아주 적은 습기나 다른 잡냄새 등을 매우 잘 흡착하기 때문에 개봉 후 빨리 먹어야 한다. 고급 차일수록 습도, 온도 변화, 광선, 냄새 등에 예민해 변질되기 쉽다. 특히 말차의 경우 깨끗한 밀폐 용기에 넣어 냉동실에 보관하는 것이 좋다.

14

체질에 따라
목욕법도 달라져야 한다

체질에 맞는 식생활 길들이기

혈액형별 목욕 방법 찾기

최근 반신욕, 족욕, 냉·온욕 등 각종 건강 목욕법이 유행하고 있다. 그러나 아무리 좋은 목욕법이라 해도 자신의 체질에 따라 실행해야 한다. 자신의 체질과 맞지 않는데 남들이 좋다고 해서 무작정 따라하다 보면 돌이킬 수 없는 사고가 일어날 수 있는 것이 바로 목욕법이다. 가끔 자신의 체질을 모르고 여름에 냉욕을 하다가, 또는 뜨거운 사우나를 하다가, 심장마비로 사망하거나 질식사 하는 경우를 보면 자신의 체질에 맞는 목욕법에 대해 심각하게 고려해야 한다. 자신의 체질이 중성화되었다고 확신이 서면 그때 남들을 따라해도 되겠지만 중성화가 되지 않았을 때에는 우선 자신의 체질에 맞는 목욕법을 골라야 한다.

목욕법을 찾기 위한 체질은 크게 두 가지 유형으로 분류할 수 있다. 한 유형은 에너지가 바깥쪽보다 안쪽으로 치우친 체질이고 또 다른 체질은 안쪽보다 바깥쪽으로 몰려 있는 체질이다. 다음의 도표를 보고 자신의 혈액형에 맞는 목욕법을 찾아 실행해 보자.

동양의학의 고수인 인산 김일훈 선생은 사상 체질과 혈액형을 연계해 다음과 같이 분류했다.

혈액형		목욕법
A형 수·목 체질		냉수마찰이나 찬물은 해로우며 너무 뜨거운 물도 건강을 해친다. 미지근한 물로 가볍게 하는 목욕이 가장 이로우며, 따끈하다 할 정도의 온도로 무릎까지 오는 족탕이 좋다. 운동은 가벼운 걷기 정도가 적합한 운동(한낮에 햇볕을 쏘이는 것이 좋다)이며, 단전호흡을 시도할 때 밖으로 내쉬는 숨을 길게 하는 것이 좋다.
B형 화·금 체질		한증탕이나 찜질, 사우나가 몸의 컨디션을 조절해 주는 목욕법이다. 땀이 많이 나는 달리기, 배드민턴, 등산, 줄넘기 등이 좋으며 운동 후에 흘리는 땀은 몸 안의 양기(노폐물)를 바깥으로 몰아내는 효과가 있다. 특히 화·금 체질은 대금이나 피리 소리의 음악을 들으면서 단전호흡이나 요가, 명상을 하면 최상의 건강요법이 될 것이다.
O형 화·금 체질		뜨거운 목욕은 땀이 많이 나고 화기로 인한 유해함 때문에 사우나보다는 미지근한 온도의 수영이나 찬물 목욕이 좋다. 운동도 땀이 적게 나는 운동을 찾아서 하는 걷기 등이 건강에 도움이 된다. 특히 화·금 체질이 술기운이 완전히 가시지 않은 상태에서 하는 목욕은 생명을 단축하는 길이다.
AB형	수·목 체질	뜨거운 목욕을 하면 일시적으로 기분이 좋아지기는 하지만 겉이 더운 체질은 땀이 많이 나는 목욕과 운동보다는 적당한 온도에 적당히 땀이 나는 운동이 좋고, 따뜻한 물로 샤워하는 것이 좋다.
	화·금 체질	이 체질이 냉수마찰이나 찬물 목욕을 하면 심장마비로 사망할 수도 있다. 반신욕이 이 체질에 제일 잘 맞는 목욕법이다.

가령 예를 들면 태음인 A형은 기본적으로 내음, 외음으로 속도 겉도 차가운 체질이지만, 부모 중에 O형과 AB형의 영향을 받은 사람은 다소 온성

(溫性)과 양성을 띄고 있다. 반대로 태양인에 속하는 AB형은 내양, 외양으로 특히 위의 두 체질은 섭생에 따라 체질이 악성으로 변화할 수 있으므로 각별히 신경써야 한다.

예를 들어 혈액형이 A형인 사람이 양력 3월 22일~6월 22일 경에 출생했다면 A형 화 체질이 되는 것이다.

동양학적 체질	목욕법
소양인 화(火)체질	가슴에 열이 차면 답답해지는 체질이므로 고온욕은 체질적으로 위험하다. 따라서 하반신만 담그는 반신욕이 적당하다. 온도에 특히 주의해야 하는데 저온 위주의 사우나에서 시작해 온도를 서서히 올려가며 느슨한 기분으로 목욕을 즐기는 것이 이롭다.
소음인 수(水)체질	조금만 땀을 흘려도 기운이 빠지고 피곤함을 느끼는 체질이므로 장시간 입욕은 피해야 한다. 온천욕 초반에는 개운함을 느끼지만 오랜 시간 목욕을 하면 어지러우니 주의해야 한다. 입욕 후 미지근한 물로 샤워를 해서 땀구멍을 막아주면 오랫동안 견딜 수 있다.
태양인 금(金)체질	상체에 비해 하체가 약해 한기를 받으면 종아리가 저리고, 다리에 통증을 느끼므로 냉수욕은 좋지 않다. 열탕과 냉탕을 번갈아 하는 냉·온욕도 삼가는 것이 좋다. 갑자기 뜨거운 물에 들어가면 몸에 무리가 갈 수 있으므로 미지근한 물로 몸을 서서히 덥힌 후 온욕을 즐기는 것이 좋다.
태음인 목(木)체질	여름에 땀을 많이 흘리는 체질로 땀이 흘러내릴 때부터 마를 때까지 목욕을 천천히 하는 것이 좋다. 오랜 시간 입욕할수록 개운하기는 하지만, 과도한 열탕의 온천욕은 심장질환이나 고혈압을 유발할 수 있으므로 주의해야 한다.

반신욕

KBS 프로그램 〈생로병사〉에서 반신욕의 놀라운 효과에 대해 보도한 적이 있다. 이로 인해 한때 반신욕의 열풍이 거세게 불었으며, 건강에 관심이 있는 사람이라면 한번쯤 반신욕을 경험했을 것이다. 그만큼 일반인은 물론, 각 분야의 의사들도 반신욕에 대한 관심이 대단했다. 그러나 '반신욕이 모든 병을 낫게 해주는 것은 아니다' 등 반대의 여론도 끊이지 않고 있다.

그렇다면 반신욕을 한 번 해보도록 하자. 아직까지 부작용에 대한 사례가 드문 만큼 한 번 경험해본 후 반신욕이 자신의 몸에 좋은지, 나쁜지 스스로 판단을 내리는 것이 가장 효과적인 방법이기 때문이다.

반신욕은 사람의 모든 병이 상반신의 체온이 높아지고, 하반신의 체온이 낮아지는 체온의 차이, 즉 '냉' 상태에서 온다는 것을 감안한 목욕법이다. 반신욕은 몸에 큰 무리를 주지 않으면서 효과적으로 체내의 차가운 기운을 없앨 수 있다는 점에서 많은 사람들이 애용하고 있다. 보통 사람의 경우 상체의 체온이 하반신보다 높은 경향이 있는데, 반신욕을 하면 하반신의 따뜻한 혈액과 상체의 차가운 혈액 사이에 대류현상이 일어나 체온이 균형을 이루게 된다. 그러면 혈액순환이 잘되고, 수축되었던 혈관이 열리면서 혈액이 잘 흐르게 되어 혈압이 내려간다. 또 체내에 있는 노폐물 및 독소가 땀과 함께 배출되기 때문에 신체의 상태가 좋아진다. 특히 근육이 뻣뻣한 사람, 어깨가 결리는 사람, 관절염·비만증·요통·월경통·감기·당뇨·스트레스 등의 증세가 있는 사람에게 좋으며 피로회복에도 효과가 있다. 다이어트를 하는 사람들에게도 인기 있는 목욕법으로 자리잡고 있다.

반신욕을 하는 방법

1. 식사하기 30분 전, 식후 1시간 이후 또는 운동 후 30분 이상 경과한 후에 한다.
2. 물의 온도는 약간 따뜻할 정도로 반신이 들어갈 만큼 물을 준비한다.
3. 물이 채워지면 심장과 먼 발과 다리 부분부터 더운물을 뿌려 몸의 온도를 올린다.
4. 가슴 아랫부분 또는 배꼽 아랫부분까지만 물에 몸을 담근다. 다이어트 반신욕을 하는 사람은 몸을 움직여 땀을 많이 빼는 것이 좋다.
5. 땀이 날 때까지 하는 것이 좋으며, 통상 20분 정도가 적당하다.
6. 몸이 약한 사람은 5분 동안 몸을 물에 담갔다가 2~3분 쉬는 과정을 4~5회 반복한다.
7. 반신욕을 마친 후에는 따뜻한 물로 샤워를 하고 물기를 잘 닦는다.
8. 양말을 신고 하반신은 두꺼운 옷을 입어 보온하는 것이 좋다.
9. 반신욕 후에는 30분 정도 누워 휴식을 취하는 것이 좋다.

족욕

족욕이란 더운물에 발을 담가 따뜻하게 함으로써, 신진대사와 혈액순환을 원활하게 해 몸속에 쌓인 노폐물을 제거하는 전통 요법이다. 반신욕을 하기 어렵거나 시간이 없을 때는 간편한 족욕이 좋다. 족욕은 따뜻한 물에 발을 담그는 목욕법으로, 발의 피로를 없앨 뿐만 아니라 발끝의 혈액순환을 도와 몸 전체를 따뜻하게 하므로 반신욕의 효과를 얻을 수 있다.

족욕하는 방법

1. 대야나 족욕기에 38~40℃ 정도의 따뜻한 물을 복사뼈가 잠길 만큼만 붓는다.
2. 발목의 복사뼈가 잠길 만큼만 발을 담근다.
3. 20분 정도 족욕을 하면 긴장이 풀어지면서 온몸이 서서히 훈훈해진다.
4. 물이 식으면 따뜻한 물을 조금씩 보충해주고 발가락을 움직인다.
5. 족욕을 마친 후에는 따뜻한 물로 샤워를 하고 물기를 잘 닦는다.

6. 양말을 신고 하반신은 두꺼운 옷을 입어 보온하는 것이 좋다.
7. 반신욕 후에는 30분 정도 누워서 휴식을 취하는 것이 좋다.

주의할 점은 당뇨 환자들은 발을 물에 오래 담그면 발의 피부가 불어 땀구멍이나 모공이 넓어지고, 다른 사람이 사용했던 용기에 발을 담그면 이를 통해 세균이나 무좀균 등이 침투할 가능성이 높아진다. 또한 물 온도에 대한 감각이 무뎌져 화상을 입기 쉬우므로 주의해야 한다.

15

일본 천황가는
체질의 중요성을
알고 있을까?

체질에 맞는 식생활 길들이기

1993년 일본 나루히또(德仁) 왕세자와의 결혼으로 일본 판 신데 렐라로 불리던 마사코 왕세자비가 결혼 후 8년 동안 임신과 유산을 거치면서 급기야 2003년 12월 대상포진이라는 병으로 입원했다고 공식 발표했다. 대상포진은 심한 신경통과 함께 발진이 나타나는데 때로 안면마비 증상이 나타나고, 드물게는 각막염으로 인한 시력 상실로 발전할 가능성이 높은 고질병의 하나이다. 현대의학에서는 대상포진에 항바이러스 치료를 권한다. 극심한 통증이 있을 경우 별도의 진통제나 신경 차단 요법을 쓰는데 다른 합병증을 수반할 때 역시 약물이나 차단 요법을 쓴다.

그러나 오랫동안 체질학을 연구한 입장에서 마사코 왕세자비에 관해 몇 가지 지적하지 않을 수 없다. 마사코의 질병은 왕손을 잇지 못한데 따른 스트레스가 큰 요인으로 작용했다. 그래서 마사코의 병은 단순히 신경을 차단하고 첨단의 약물 요법만으로 고칠 수 있는 병이 아니다.

일부 일본의 남성들은 아이를 낳지 못하는 마사코에게 더 이상 기대하지 말고 외부에서 아이를 낳아오면 어떻겠냐고 말하는 이들도 있었다. 심지어는 아예 새 왕세자비를 들일 수도 있지 않느냐는 얘기도 있었다. 그러나 그것은 단순히 종족 보존을 위해 여성을 생물학적으로 이용하자는 야만적 언행과 다를 바 없다. 마사코와 같은 여성의 입장에서는 통탄할 일이다.

통계에 따르면 10명 중 3명은 아이를 낳지 않는 것으로 나타났다. 아이를 낳지 못하는 사람, 일부러 낳지 않는 사람 등 이유는 다양하겠지만 아이를 낳지 못하는 것이 여자의 잘못만은 아닐 것이다. 단지 여자라는 이유만으로 인권은 무시된 채 불평등을 감당해야 했던 마사코의 스트레스는 우리가 상상하는 것 이상이었을 것이다.

2005년 10월 25일자 일본의 아사히신문에 따르면 나루히토 왕세자 이후 약 40여 년간 남자가 태어나지 않아 왕위 계승을 놓고 고민하고 있었는데 일본 총리 자문기관인 '황실전범에 관한 전문가 회의' 결과 제1자녀 왕위 계승 우선을 만장일치로 결정했다고 한다. 결국 당시 4살의 아이코 공주가 여성으로서 왕위를 이어가게 되었다. 장차 일본의 황실을 맡게 될 몸이기에 누구보다 마사코는 공주의 어머니로서 산적해 있는 스트레스를 이겨내야 할 것이다.

마사코의 혈액형을 추적한 결과 그녀의 혈액형은 AB형이었다. 천황가는 A형 파동을 지닌 나라답게 아끼히토 천황을 비롯해 시오다 미치코 황후, 나루히토 왕세자와 그의 동생들 모두 A형이었다. 1946년 일왕 히로히토도 A형일 확률이 높은데 묘하게도 마사코 왕세자비와 남동생의 부인, 오직 이 두 사람만 전 인류의 5% 이하에 해당하는 AB형이었다.

마사코는 어릴 때부터 외교관 출신의 부친을 따라 미국에서 자랐다. AB형은 특징적으로 A형의 장·단점, B형의 장·단점을 고루 갖추고 있기 때문에 체질과 기질이 다른 혈액형에 비해 매우 복잡한 양상을 띠고 있다. 그래서 AB형이 병에 걸렸을 경우 완치가 힘든 것도 사실이다.

마사코가 자란 미국에서의 생활은 서구식의 섭생이 주를 이루었을 것이다. 그래서 시어머니인 미치코 왕후가 며느리의 라이프스타일을 못마땅해 한다는 기사가 발표되기도 했었다. 미치코 자신도 한때 실어증에 걸렸을 정도로 천황가의 생활양식에 적응하지 못했으니 여러 가지 정황으로 볼 때 마사코는 심적 고통을 겪을 수밖에 없었을 것이다.

혈액형의 분류 방식이 발견된 것이 불과 100여 년 전이고, 그중에서도 AB형은 나중에 발견된 혈액형이므로, 그 속에 숨겨진 수수께끼를 풀려면 더욱 심도 있는 연구와 임상 결과가 있어야 할 것이다. 그러나 그렇다고 해서 어렵게 풀 일도 아니다. 조금만 다른 시각에서 AB형의 체질을 분석해 보면 긍정적인 답을 얻을 수 있다.

마사코가 아이를 전혀 낳지 못하는 것도 아니고, 여러 차례 실패하기는 했지만 자식은 낳았으니 아들을 낳는 일이 전혀 불가능한 일은 아니다. 이 책에서 밝히고 있는 체질분류법을 숙지해 실행해 본다면 좋은 결과를 얻을 수 있을 것이다. 새장에 갇힌 새의 모습이 아닌, 소탈하고 해맑은 마사코의 모습을 되찾을 수 있으리라 확신한다.

일본 천황가의 밥상과 곰 발바닥

천황의 밥을 '고젠'이라고 하는데 천황가의 밥상은 우리와 아주 밀접한 관계가 있다.

백제계가 일본 황실의 주체라는 것이 정설로 인식된 것은 이미 오래전의 일이다. 백제시대에는 현재의 공주 지방을 곰나루(熊津)라고 불렀다. 당시 곰나루는 백제의 수도였다. 여기서 곰 '웅(熊)' 자를 백제 사람들은 '고마'라고 불렀는데 이것이 한국에서는 '곰'으로, 일본에서는 '쿠마(구마, 꾸마 또는 쿠마)'로 불리게 되었다. 이것은 공공연한 사실로 일본에 있는 구마모토(熊本)라는 도시가 이를 뒷받침해 준다.

이 '곰' 자가 들어가는 토템부족들은 모두 비슷한 종족으로 백제가 멸망하자 백제 부흥군을 도우려 왜국에서 파견된 일본인 장수 에치노 다쿠스(朴市田來津)는 '아아 백제가 망했으니 어찌 다시 조상의 묘소를 찾아뵐 수 있겠는가?'라는 탄식을 『일본서기』에 남겼다고 한다. 분명 백제의 후손임을 짐작할 수 있는 대목이다.

백제가 망하자 왕족과 귀족 등 많은 세도가들이 일본으로 이주하게 되었다. 일본은 선진 백제의 문화와 사상을 통해 중앙집권화를 이루고, 국호를 일본으로 바꾸게 되는데 이는 그 후 100년간 일본의 정치적 권력 투쟁, '백제계 대 가야계'의 정권다툼의 도화선이 되었다고 전해진다.

지금의 세계사에서 한국은 중국의 변방쯤으로 그 위치가 심각하게 왜곡되어 있다. 일본의 로비스트들에 의해 일제시대의 진실이 왜곡되는 이 시점에서 진실을 바로 세우는 일은 우리 민족의 큰 과제이며 왜곡된 민족관을 타파하는 것이 급선무다. 그런 의미에서 일본천황가의 밥상을 통해 남의 밥그릇을 가로채는 일이 그냥 벌어지는 일이 아니라는 것을 깨닫게 하는 사건을 소개하고자 한다.

일본은 전국시대(戰國時代)의 오다 노부나가의 선진개혁을 통해 부분적으로 서양문물을 받아들이면서 정치, 사회, 도로망 등의 정비를 꾀하였다. 도쿠가와 이에야쓰의 앞선 정치로 에도막부시대에는 목욕탕까지 갖춘 생활문화로 선진 대열로 발돋움했다.

『조선왕조실록』성종편 권7의 기록에 의하면 분메이 2년 (文明 1470년) 8월, 무로마치 막부의 정치장소에서 군량미로 조선에 쌀 5천 석을 요구했는데 5백 석을 얻어 갔다는 기록과, 왜구가 중국과 조선에서 쌀을 약탈했다는 기록이 있다. 에도시대의 쓰시마(對馬)에서 매년 약 1만 석의 조선 쌀을 사들였다고 기록되어 있는데 이 기록은 메이지(明治) 2년 6월에 조선국공사무역수입금전의 각(朝鮮國公私貿易收入金錢出納의 覺) 등을 기록한 대일본외교문서(大日本外交文書) 제2권 제2책의 255쪽에 기록된 것으로 조선에서 수입한 쌀이 9,492석 7두 1합 1작 3재라고 기록되어 있다.

일본의 어느 역사서에는 고려의 800척 병선의 통상요구를 일본이 거절하자 큐슈를 공격했다는 기록이 남아 있으며, 우리나라 산천의 경치가 수려하고 쌀이 풍부할 뿐만 아니라 금강산으로부터 이어져 내려오는 수맥(물) 또한 경이로운 기운(氣運)을 가졌다고 해서 금수강산이라고 했다는 기록도 있다.

일본의 쌀농사인 '이즈모' 문화가 일어난 당시 고조선(古朝鮮)은 일본을 비롯한 주변 국가들이 군침을 흘릴 수밖에 없는 땅이었을 것이다. 그러나 당시 고조선의 왕실을 비롯한 여러 고관대작들은 그러한 낌새를 전혀 눈치 채지 못한 채 치졸한 당파싸움으로 내전과 혼란을 자초하던 상황이었다. 결국 이것은 일본이 한반도를 침략하는 기회가 되었고, 현저한 국력의 차이로 우리나라는 일제 강점기라는 치욕의 역사를 맞게 된 것이다.

침략의 시발에는 바로 쌀이 있었다. 생명력을 잃은 흰쌀만을 먹어 편중된 영양 상태를 방치하고 살았던 이씨 조선의 치부가 가족과 이웃, 나라까지 망하게 할 수 있음을 보여준 역사적인 기록이다. 그것은 일제에서 벗어난 지금도 독도 문제, 종군 위안부 등의 문제로 남아 우리를 서글프게 할 때가 한 두 번이 아니다.

에너지원인

밥을 매일 먹다보니 사람들은 그것을 하찮은 것으로 생각하고 대충 '한 끼 때우면 되지' 하는 마음을 갖는다. 이쯤에서 일본 황실의 전통을 비교적 잘 살리는 궁중요리를 알 필요가 있다.

연료관(延遼館)에서 만찬을 한 기원(紀元) 2,542년 메이지 15년 2월 6일의 메뉴를 보면 갱즙(羹汁)이라고 하는 요리가 있다. 닭고기와 인삼을 곁들인 요리로 계육인삼합제(鷄肉人蔘合製)라고 기록되어 있다. 이 요리는 천황과 부인 그리고 A형인 황실 사람들의 몸을 뜨겁게 해주는 열성 식품인 닭과 인삼을 넣은 것으로 오늘날의 삼계탕과 같은 요리다. 냉성의 황실 사람들의 체질을 보호할 수 있는 보약 같은 요리이다.

다음은 어육(魚肉)-조중소마령서(鯛蒸燒馬鈴薯 ; 물고기 살과 말고기를 혼합해서 훈제 또는 건조시켜 만드는 요리로 추측)이다. 어육은 일본이 바다로 둘러싸인 덕분에 쉽게 먹을 수 있는 재료로 포화 지방이 아닌 불포화 지방산을 취할 수 있어 일본인에게 잘 맞는다. 사용되는 재료는 돌고래, 도미, 잉어, 붕어, 가자미, 가다랭이, 송어, 연어, 전광어, 오징어, 날치, 낙지, 전복, 소라, 대합, 해파리, 성게, 멍게 등이 쓰인다. 유감스럽게도 돌고래는 영리하기로 유명한 포유류인데 황실의 식단을 위해 죽어간 돌고래는 몇 마리일까 생각하면 안타깝다. 더욱 문제되는 요리는 다음에 소개되는 요리다. 소화기가 약한 A형 황실 사람에게 아주 불합리한 음식으로 판단되는 요리인 수육(獸肉)-우배육양균증소합제(牛背肉洋菌蒸燒合製)이다. 한문을 풀이하면 소의 등살을 화기(和氣)로 찌거나 훈제한 음식으로 추측된다.

수육으로는 곰(발바닥, 웅담 등), 토끼, 산돼지, 사슴, 너구리 등을 먹었다고 되어있고, 그것을 기름에 튀기거나 볶아 수육(獸肉)으로 내는 요리로 우배육유제균(牛背肉油製菌)이 있다(기름을 이용해 짐승고기나 쇠고기를 튀기거나 볶은 것, 돈가스의 시초).

일반적인 상식으로 동물성 단백질은 산성 체질을 부추기는 요리다. 중국에서 지금은 곰 발바닥 요리를 법으로 금지하고 있지만 이것은 광동지방에서 발달한 요리로 오래 전부터 세계 3대 산해진미 중 가장 으뜸으로 여겼던 요리다.

곰에서 주로 약용으로 쓰이는 부위는 간과 쓸개인데 이를 먹기 위한 한국인들의 보신관광이 사회문제로 대두된 적이 한 두 번이 아니다. 2005년 북한을 방문한 정치인 J씨는 북한 당국이 준비한 곰발바닥 요리를 먹고 한국 기자들에게 호되게 지적을 당한 일화가 있기도 했을 만큼 화제의 요리이다.

그 옛날 궁중에서는 임금을 위한 귀한 요리로 바로 이 곰의 발바닥을 사용했다는 기록이 있다. 그런데 재미있는 것은 곰의 오른쪽 발바닥 부위가 훨씬 인기가 좋다는 것이다. 나뭇가지에 매달린 벌통의 꿀을 먹기 위해 곰은 앞발을 들고 일어서 오른쪽 발로 벌통을 쳐서 벌을 쫓는다고 한다. 그러는 사이 벌은 곰의 오른쪽 발에 침을 쏘게 되고, 그 결과 곰은 발바닥이 두꺼워져 아픔을 느끼지 못하게 된다는 것이다. 자연적으로 영양분(로얄제리)이 있는 벌침(봉침)이 집중적으로 오른쪽 발바닥에 쌓이고, 그것이 계속 쌓이면 그 부위에 기(氣)가 잔뜩 고여 영양과 힘이 함축된 곰 발바닥으로 고가의 황실전용 식품이 되는 것이다. 이 사실을 알았던 궁중 요리사들은 바로 그 오른쪽 앞 발바닥 부위를 요리에 썼다는 것이다. 곰 발바닥 요리는 지문이 그대로 보이는 곰의 발바닥을 물기 없이 수육처럼 부드럽게 해서 먹는 요리다.

다음에는 조육(鳥肉)이라는 요리가 있다. 여기에 쓰이는 새는 개똥쥐바퀴, 메추라기, 꿩, 산 새류 등으로 산새 종류는 강한 냉성의 파동을 가지고 있어 A형의 황실 사람들에게는 대사의 불균형을 부르는 불합리한 음식으로 여겨진다. 치자(雉子) 증소양채라는 이 요리는 꿩 종류만 사용하는데 꿩 또한 강한 냉성이다.

계복육미혼합제(鷄腹肉米混合製)라는 요리는 닭의 뱃살과 쌀에 또 다른 고기를 혼합한 요리로 닭은 온성의 식품이지만 혼합한 요리류는 섬세한 위장의 소유자인 황실 사람들의 소화기를 자극해 대사 곤란을 야기하는 요리로 판단된다.

채식에는 양두(洋豆)라고 하는 큰 콩 종류가 쓰였고, 후식에는 계란과 우유를 혼합한(鷄卵牛乳混合 제중) 과자 종류가 만들어졌는데 이러한 후식을 먹은 후에는 앞서 먹은 음식의 영향으로 더부룩한 속에 장이 편하지 않았을 것이다.

궁중 연회요리의 메뉴를 기록한 음식 문화를 살펴보면 흥청망청했던 그 옛날 로마제국을 떠올리지 않을 수 없다. 먹을거리로 인한 제왕병(帝王病)

에 나라까지 망한 로마제국은 일본과 흡사한 부분이 있다. 일본 궁궐의 천황은 구름 위의 존재로 그들의 일상생활은 자세히 알 수 없었고, 그들이 먹는 음식의 이름은 궁정의 공경들마저 입에 올리는 것을 삼갔다고 전해진다. 일본인들은 사람들이 보는 앞에서 음식을 먹는 일을 상스러운 일로 여겨 지금도 연로한 사람들은 작은 밥공기에 적은 양의 반찬으로 숟가락 없이 작은 소리로 살며시 음식을 먹고 치우는 습관이 있다.

벼를 절구에 넣어 방아를 찧고 체에 쳐서 속겨와 쌀을 나누고, 그것을 키로 까불려 잘 여물지 않은 것과 먼지를 없애는 방법으로 쌀을 정백미로 만든 것에는 일본의 잔재가 그대로 녹아 있음을 엿볼 수 있다. 밥 짓는 방법 역시 에도시대의 밥 짓기와 우리 어르신들이 밥 짓는 방법은 매우 흡사한데 시간을 거슬러 올라가 생각하면 백제의 영향이 크리라 여겨진다.

언젠가 잘 아는 목사님과 점심 식사를 함께할 기회가 있었다. 맛있는 음식을 대접한다며 정갈한 인테리어의 한식집에 초대되었다. 그때 나는 맛있는 된장찌개와 따끈한 밥이 나올 것을 기대했었는데 노린내 나는 고기와 그것을 찍어먹는 들깨가루 같은 생전 처음 보는 음식이 나와 얼른 손이 가지 않았다. 알고 보니 그것은 개고기 요리였다. 주저주저 하다가 초대한 분의 체면도 있고 해서 먹는 척은 했지만 김치와 부추 익은 것 몇 가닥을 먹은 것이 전부였다. 목사는 복부비만에 고혈압, 당뇨 등의 성인병을 갖고 있는 상태였는데 늘 그러한 육식을 즐긴다고 자랑하는 것이었다. 사실 그러한 식탐은 성직자의 것이라기보다 우매하고 욕심 많은 한 남자의 것과 다르지 않았다.

개는 지금으로부터 1만 4000년 전부터 인류의 긴밀한 동반자였다. 인간들의 사냥도구에 목숨을 잃은 개의 직계조상인 늑대의 새끼 중 일부가 사람의 손에 길러지면서 개로 발전했다는 설이 가장 믿을만하다.

개는 구석기시대에 유목 생활을 했던 O형의 인류에게 사냥과 목축의 협력자로 중요한 역할을 했을 것이다. 농경생활의 정착으로 A형이 출현하면서 개의 역할과 사냥에 이용하는 횟수는 줄었다. 그러나 유목 생활이 오랫동안 지속된 북유럽은 사냥개와 양치기 개가 여전히 건재하며, 농경문화가 발달한 아시아에 비해 애견문화가 발달했는데 세계 견종의 70%가 프랑스, 독일, 영국, 벨기에에서 탄생한 것도 애견을 좋아하는 A형의 인구가 압도적으로 많은 이유로 풀이된다.

19세기 초까지 좋은 혈통의 개들은 유럽 귀족의 전유물이었다. 사육비가 만만치 않은 탓도 있었지만 개는 신분을 표현하는 한 방법이기도 했다. 1800년대에 산업혁명과 프랑스혁명으로 평민의 소득과 신분이 향상되면서 애견은 오늘날 완전히 사람의 보호 속에서 생활하게 되었다.

인간과 늑대, 승냥이, 코요테, 자칼 같은 개과의 동물은 공통적으로 집단을 형성, 조직화된 생활양식에 익숙하다. 사나운 동물인 개가 순순히 인간과 친해질 수 있었던 이유는 인간과 비슷한 사회적 습성을 지녔기 때문으로 풀이된다. 그런 이유로 인간의 무리에서도 동화될 수 있었다는 것이다.

개과의 동물은 모두 집단에 속하고자 하는 욕구를 지니고 있다. 그래서 개는 혼자두면 신경쇠약에 걸리거나 폭력적으로 변한다. 개는 영리하고 교활하며, 약자에겐 힘을 과시하지만 강자에게는 복종의 뜻으로 항복의 몸짓을 한다. 꼬리를 내리는 비굴한 현명함, 본능적으로 갖고 태어난 서열의식이 있다. 또한 그 서열은 힘에 의해서만 결정되는 게 아니라는 사실도 알고 있다. 다분히 인간의 양면성을 닮은 듯하다.

일본이 세계전쟁을 일으킨 당시를 돌이켜보면 황실 사람이 시시때때로 먹었던 음식인 곰발바닥과 개고기처럼 이웃나라를 그렇게 먹어버린 것이 아닌가? 음식이 곧 그 사람을 만든다는 결론을 내리지 않을 수 없다.

1923년

가을 일본의 시부야에 사는 우에노 박사와 하치라는 개 (1923년 가을)의 이야기가 세계를 떠들썩하게 했다. 하치는 일본 개의 종류로 아키타견(秋田犬)이라는 종이다. 아키타는 일본 토호쿠 지방에 위치한 지역인데, 이 지역에서 전통적으로 사냥견으로 이용되던 종자를 서양개와 교배해 아키타견이 되었다고 한다. 이 개의 주인에 대한 강한 충성심은 우리의 진돗개 못지 않다고 한다. 이 아키타견이 1931년에 일본의 천연기념물로 지정된 이유는 다음과 같다.

하치는 1923년 가을, 아키타현(秋田縣)의 오다테시(大館市)에 위치한 사이토 요시카즈(齊藤義一)라는 사람의 집에서 태어났다. 1924년 1월 14일, 사이토씨는 이 개를 우에노 박사에게 보내기로 결정하고 하치를 보낸다. 당시 우에노 히데사부로(上野 英三郎) 박사는 동경제국대학교(현재의 동경대학교 코마바(駒場) 캠퍼스) 농학부의 교수였다.

하치를 태운 열차는 동경으로 향하는 급행 702호. 영화에서는 그물을 친 나무상자에 넣어 보내는 것으로 묘사되었지만, 실제로는 쌀가마니에 넣어 보내졌다고 한다. 무려 20시간 동안 기차에 실려 하치가 닿은 곳(영화 속에서는 시부야역에 도착한 것으로 되어 있다)은 우에노(上野)역이었다. 우에노 박사(당시 54세)와 하치의 첫 만남이 시작된 곳이다.

우에노 박사는 걸어서 학교까지 출퇴근했다. 시부야역에 가는 것은 당시 관청이었던 농상무성(農商務省)에 볼일이 있거나, 농업 실험장으로 실습을 갈 때였다. 영리했던 하치는 박사의 출퇴근길을 기억해, 박사가 시부야역으로 출근을 하면 저녁에 시부야역으로 마중을 나갔고, 박사가 학교로 출근하면 그가 돌아오는 시간에 맞춰 학교 교문을 지키며 1년 이상 우에노 박사와 절친한 관계를 유지했다.

그러나 1925년 5월 21일, 우에노 박사는 같은 농학부의 동료 교수의 방에 들어가 이야기를 나누던 중 쓰러져 영원히 일어나지 못했다.

이 사실을 모르는 하치는 어김없이 박사의 퇴근시간에 맞춰 학교 교문에서 박사를 기다렸다. 박사를 기다리다가 집으로 돌아온 하치는 집으로 전송된 박사의 유품 냄새를 맡게 된다. 그 후 3일 동안 하치는 아무것도 먹지 않고 박사의 유품을 지켰다. 5월 25일, 우에노 박사의 장례가 끝났지만 하치는 시부야 역에서 돌아오지 않는 박사를 매일 기다렸다고 한다.

더 이상 고인이 된 우에노 교수댁에 머무를 수 없게 된 하치는 친척집에 맡겨지지만 박사를 그리워한 하치가 갈팡질팡하던 중 부인과 재회하게 된다. 이후에도 하치는 박사가 출퇴근하던 시부야역에서 박사를 기다리고, 이러한 사정을 알지 못했던 역무원과 주변의 상인들은 하치를 쫓아내기 바빴다.

일본견 보존회를 조직한 사이토 히로요시(齊藤弘吉)는 우에노 박사가 생존하던 당시, 하치를 눈여겨 본 사람이었는데, 그는 하치의 소식을 듣고 부인과 하치가 재회한 후 사람들에게 미움 받는 하치를 가상히 여겨 사람들에게 하치의 이야기를 알려야겠다고 생각한다. 그는 아사히 신문(朝日新聞)에 사연을 기고하는데, 의외로 하치의 이야기가 크게 다루어져 전국적으로 보도가 된다.

시부야역의 애물단지였던 하치는 순식간에 유명세를 타게 되고, 거기에 하치가 혈통 있는 아키타견이라는 사실이 알려지자, 하치의 유명세는 더욱 상승곡선을 타게 된다. 사람들은 고인이 된 박사에 대한 충심이 지극한 하치에게 감동해, 하치의 이름 뒤에 존경의 의미인 공(公)자를 붙여, 하치를 하치코(はち公)라고 부르게 된다. 그리고 마침내 1934년 3월 10일, 하치코 동상건립기금 모금대회가 열리게 된다. 신궁 가이엔(神宮外苑)에서 열렸던 당시 이 대회에는 하치도 참석하는데, 하치의 모습을 보려고 모여든 사람이 무려 3,000명에 달했다고 한다.

1934년 4월 21일 하치의 동상은 당시 일본 황실에 속해 있던 가고시마 출신의 유명한 예술인 안도 테루(安藤照)가 맡아 시부야역에 세워진다. 하치는 자신의 동상을 본 세계 최초의 개일 것이다.

1935년 3월 8일, 우에노 박사가 세상을 떠난 지 10년을 2달 앞두고 하치는 13살의 나이로 세상을 떠났다. 하치의 시체는 박제되어 우에노 공원에 위치한 국립 과학관에 보관되는데 하치가 세상을 떠난 매년 3월 8일에 참배객들이 찾아온다고 한다.

전쟁이 끝난 1948년 8월 15일, 시부야 인근의 지역 유지들은 해체되었던 하치의 동상을 재건하기 위해 '동상유지회'를 조직하는데 재미있는 것은 하치의 동상을 재건한 사람이 최초의 동상을 만든 안도 테루의 아들이라는 사실이다. 60년이 지난 지금도 하치의 동상은 시부야의 상징같은 존재로서 있다고 한다.

일본 황실 출신의 동상 건립가는 그 정신을 기려 하치의 동상을 세웠지만 황실의 높은 귀족들은 그런 것에는 아랑곳없이 개를 요리해 먹는다. 아무리 생각해도 침략자의 처먹는 행위는 그들이 먹는 것에서 비롯되는 것임이 틀림없다. 그 옛날 우리 조선의 정신과 몸은 그렇게 먹혔다. 그래서 몸과 정신은 먹는 것으로 고칠 수밖에 없는 것이다.

황실이라고 해서 어떤 특권의식을 가지고 동물을 잡아먹을 권리는 없다. 돌고래 또한 바다의 포유류이다. 그들은 때때로 인간에게 길들여진 후 병든 사람을 위해 안마를 해 주는 놈도 있고, 동물원에서 길들여진 놈들은 그 특유의 몸짓과 재롱으로 사람들에게 웃음과 즐거움을 전하는 전령사가 되기도 한다. 이러한 개와 돌고래를 잡아먹을 이유와 권리는 천황뿐만 아니라 그 누구에게도 없다. 그들의 초롱초롱한 눈빛이 악랄한 인간에게 무엇을 말하는가를 들을 수 있어야 한다.

영국 세인트앤드루스대 연구진들의 연구 결과를 토대로 동물행동학 학자인 박시룡 교수(한국교원대 교수)가 증언한 바에 의하면 돌고래들끼리는 서로 대화하며 의사소통을 한다고 한다.

동물의 말이 인간의 귀에 들리지 않는다고 해서 탐욕으로 그들을 잡아먹는 행위는 잡아먹힌 짐승보다 못한 금수(禽獸)같은 행위다. 우리는 마음으로 그들의 대화를 들을 줄 알아야 한다. 그리고 마음 깊이 그것을 간직해야 한다. 그리고 약속해야 한다. 칼로 찌르거나 총으로 쏘아 잡아먹지 않겠다고 말이다. 그리고 온 세상에 공포해야 한다. 이들은 일본 황실과 전쟁을 일삼는 이들의 먹을거리가 아니라고 말이다. 그리고 얘기해야 한다. 내가 먹은 것이 곧 자신이며, 그 나라가 된다는 것을 말이다.

흰 쌀은 마약이다

쌀은 밥이 되어 우리의 식탁으로 올라오고 우리는 그것을 먹음으로써 에너지를 얻는다. 그리하여 쌀은 무엇보다 중요한 인간의 에너지원이 된다.

1953년, 비타민 B 군의 보고인 쌀눈을 연구하던 크렙스 교수는 쌀로 노벨상을 탄 인물이다. 독일 태생이면서 영국의 국적을 지닌 크렙스 교수는 쌀눈이 없는 밥을 장기간 먹었을 경우 인간에게 야기되는 결과를 연구해 노벨상을 받았다. 그의 연구 결과에 의하면 장기간 쌀눈이 없는 밥을 먹었을 경우, 인체는 비타민 B 군의 결핍으로 인해 쉽게 피로를 느끼고, 탄산가스 등의 유독 물질이 체내에 쌓여 배출이 잘 되지 않으며, 질 높은 에너지의 고갈을 불러 인체 내에서 반드시 필요한 회로운동을 저해해 산성 체질을 불러 각기병 등 성인병을 유발한다는 것이다.

곡식은 흙의 구성 성분 요소와 기운을 그대로 담고 있다. 흙으로부터 자라난 곡식은 인간과 일련의 유기적 관계를 갖는다. 그것이 긍정적(유기농)이든 부정적(농약살포)이든 그에 해당하는 기운을 품고 있는 것이다. 때문에 인간에게 곡식을 잘 선택하고 가려 먹는 일은 매우 중요하다.

문제는 조선시대에 일본으로부터 들어온 정미소의 발달로 지금에 이르기까지 입안에서 살살 녹는 듯한 부드러운 백미를 대부분의 사람들이 고집스럽게 습관적으로 먹고 있다는 데 있다. 쌀눈이 다 떨어져 나간 죽은 흰쌀을 먹고 있는 것에서부터 심각한 문제가 야기된다.

기(氣)라는 한자를 보면 쌀 미(米)자가 아래에서 글자를 받치고 있다. 즉 쌀을 먹어야 힘을 얻는다는 뜻이다. 술찌꺼기의 버릴 부분인 지게미를 한문으로 박(粕)이라고 하는데 거기에는 쌀 미(米)자와 흰 백(白)자가 합쳐져 쓸모없는 죽은 쌀이라는 뜻을 담고 있다. 선조들이 흰쌀 자체를 죽은 쌀로 여겼다는 것을 증명하는 한자인 것이다.

앞에서도 언급했듯이 쌀 하면 조선을 빼놓을 수 없다. 완전 곡식인 현미는 고려 때나 신라 때에는 도정을 하지 않고 그대로 먹었다고 전해진다. 그래서 그 시대의 사람들은 체질이 건강하고 정신 또한 건강했기 때문에 그야말로 휴머니즘이 살아 있는 인간다운 모습이었다. 프랑스의 파리 박물관의 발표에 의하면 독일의 구텐베르크가 약 90년 후에 만들어 냈다는 활자를 고려시대에 이미 만들어 사용했다는 기록을 보면 당시 우리나라에 우수한 두뇌를 가진 사람들이 많았다는 것을 짐작할 수 있다.

그런데 조선시대에 도정기술이 도입되어 흰쌀이 생산되면서 그 흰쌀은 왕실에 바쳐진다. 왕실의 고관대작들은 오랜 기간 쌀눈에 들어 있는 에너지를 취하지 못한 결과 체질이 산성화되었고, 그 결과 자기중심적인 이기심에 빠져 자신을 반대하는 세력이 있으면 진실 여하를 막론하고 갖은 구실을 만들어 살상을 일삼고 삼대를 멸족시키는 등의 큰 죄를 서슴없이 자행하게 되었다는 얘기다. 당파 싸움으로 조선은 바람 잘 날이 없었고, 결국 아관파천(俄館播遷)의 고종, 순종 임금의 커피 사건으로 이어졌다. 먹을거리로 인해 조선의 멸망이 왔다고 해도 과언이 아닌 것이다.

먹을거리는 우리 인간의 생로병사를 좌우하는 가장 중요한 자리를 차지하고 있으며, 결국 백색의 마리화나를 비롯한 백설탕, 백색밀가루, 흰쌀은 한 나라를 망하게 할 수도 있는 마약이나 다를 바 없는 것이다.

실제로 영국은 황태자를 비롯해 유기농 먹을거리를 권장하고 있는데 유전자 재조합 식품(GMO)을 반대하는 그 밑바탕에는 오래전 영국군의 슬픔과 괴로움이 깃들어 있다. 세계 제2차 대전의 전세가 서서히 연합군 쪽으로 역전되고 맥아더의 역습으로 인해 일본군이 퇴각을 거듭하자 그에 따라 포로들도 이리저리 수용소를 옮겨 다니게 되었다. 시간이 흘러 전쟁이 끝나자 1만 5천여 명의 영국군 포로들은 모두 본국으로 돌아갔다. 그때부터 문제가 생겼다. 포로생활을 했던 모든 영국군들이 귀향의 기쁨을 누리기가 무섭게 원인을 알 수 없는 병으로 시름시름 앓다 죽어간 것이었다.

급기야 영국국회는 특별조사단을 만들어 상황 분석에 들어갔는데 그 이유는 다름 아닌 밥이었다. 일본군이 먹던 흰 쌀밥이 원인이 되어 비타민 B군의 결핍에서 오는 유독성 중독증상과 각기병이라는 심각한 질병에 걸려 그들은 걷지도 앉지도 못하고 조금만 걸어도 숨을 제대로 쉬지 못하는 괴이한 질환에 걸리게 되었던 것이다. 이 내용을 일컬어 '싱가폴 리포트' 라고 했는데 이때부터 영국은 소위 8분도 쌀인 백미(白米)와 정제한 흰 밀가루를 먹지 못하게 했다는 세계적인 밥 사건의 일화로 기록되고 있다.

일본은 이것을 계기로 흰 쌀만을 고집하는 사람들에게 병원의 원장이 나서서 현미 잡곡밥을 권장하는 등 식단의 일대혁신을 시도했지만 국민들의 길들여진 입맛(습여성성)을 변하게 하는 데는 많은 시간이 필요했다. 그래서 흰 쌀밥이 마약과 같음을 공포하게 된 것이다.

반드시 알아야 할
에너지 응용 의학적 색채와 몸

1930년 미국은 대체의학의 한 분야인 색깔치료의 과학적인 결과를 도출하기 위해 역량 있는 과학자들로 하여금 연구를 진행하도록 했다. 과학자들은 색채가 가지고 있는 에너지가 모든 살아 있는 유기체에 어떤 영향을 미치는지에 대한 연구 결과를 발표하게 되었는데 그 연구의 원천적인 선각자는 인도의 색체과학자인 딘샤 가디알리 (Dinshah P. Ghadiail)의 연구를 도입한 것으로 알려져 있다. 그는 우리 눈에 확인되는 색깔은 스펙트럼 상의 태양광으로부터 발생하는 색체파장으로 색채는 인간 신체뿐만이 아니라 우주 전체의 무기물, 유기물 등 지구상의 존재하는 모든 동장 조건과 결과에 영향을 주고, 인간 삶의 전 영역에 걸쳐 강력한 색조 에너지로 그 힘을 행사한다는 것, 또 모든 물질은 자신이 가진 파장을 색깔이라는 수단으로 표현한다는 것을 알게 되었다.

색깔에서 파생되는 명암, 즉 밝기의 강하고 약함에 따라 인간의 피부와 눈은 끊임없이 교차하는 여러 색깔의 서로 다른 파장을 흡수하면서 뇌에 그 정보를 전달하는데 여기에서 인체와 동·식물계와의 연계성을 발견하게 되었고, 색 치료의 영역인 컬러 테라피, 즉 컬러 셀프 힐링이 시작되었다.

어떤 색의 재료를 선택해 음식을 먹고 몸으로 흡수하는가에 따라서 동·
식물이 지니는 에너지의 값이 달라진다고 한다. 실험에 의하면 특정한 색
은 특정한 파동 주파수를 가지며, 관련된 신체 기능에 강력한 영향을 미치
는데 응용방법으로 질병에 걸린 부분을 특정 색과 관련 색에 노출시켜 그
색채가 내는 파동에너지에 의해 질병 파동이 자연 퇴출하게 되는 원리를
발견하게 된 것이다. 그것은 1930년데 미국의 파동의학자인 로얄라이프 박
사의 MOR 시스템을 탄생시킨 개가를 올리게 하였다.

색은 치유에너지, 즉 힐링에 사용되는 강력한 도구의 하나로서 적절
한 색의 음식과 옷, 집, 가구 등에 강력한 영향을 미친다. 색깔
로 인한 응용분야는 무궁무진하며, 그 중 우리에게 가장 절실한 것은 뭐니
뭐니 해도 우리의 주식인 먹을거리를 통한 식의(食醫)의 한 방법일 것이다.
사람의 신체 장기는 무수히 많은 미세한 선(腺)들의 집합체이다. 그 선
(腺)들은 다양한 색깔에서 발산되는 파장(波長)에너지와 반응을 일으키고,
뇌 정보와 교차하면서 인체를 운용(運用)한다. 색채요법은 힐링 요법에 있
어 뇌하수체에 의해 주도되는 7개의 내분비선을 중심으로 치유에너지를
끌어내도록 유도하는 것으로 오래 전부터 연구해 오던 대체의학의 학자들
에 의해서 밝혀졌다.
구성된 내분비계는 신체의 호르몬과 7군데의 에너지 중심점을 조절하는
내분비(內分泌)계가 적절한 색체에 의해 활력을 띠게 될 때 비로소 각 중심
점에 유익한 결과를 낳게 되는데 그 현상이 역반응(외부로부터의 약물이나
왜곡된 먹을거리로 인한 불균형)을 일으키거나 내분비계가 반대로 운용
(악습에 의한 질병)되거나 제 기능을 하지 못해 호르몬의 균형과 조화가 깨
지면 각 7군데의 에너지 중심(챠크라)에 나쁜 영향을 미치게 되는 것이다.
그 결과 호르몬의 불균형 상태가 지속되는 동안 신체의 각 기관은 파동

(波動)의 난조를 일으키면서 갑상선 조절기능의 역반응인 기능저하, 기능 과잉 등의 혼란을 일으켜 내분비계의 질병으로 나타나게 된다.

그것이 전신의 병으로 발전되고 불균형이 심화되면 시간이 흐를수록 그것을 바로 잡는 별다른 방법이 없게 된다. 이때 인공적인 화학적 약물에만 의존하게 되면 미분적(微分的)이고 부분적인 기계론, 물질론이 주는 미봉책(彌縫策)의 오류와 한계로 완치가 매우 어렵다는 결론을 낳게 되는 것이다.

인체는 인간의 정신영역, 즉 영적(靈的)에너지의 저장고로서 뇌는 그것이 긍정적이든 부정적이든 사물이 주는 그대로 받아들이게 되어 있다. 나는 여기에 착안해 셀프 힐링의 한 방법으로 색체요법을 도입해 인간의 주식인 현미(玄米) 유색(有色) 쌀, 7곡 내지는 12곡을 선택하게 되었다. 이러한 응용 방법은 현미가 가지고 있는 각종 영양분을 섭취할 수 있을 뿐만 아니라 컬러파동을 이용한 고차원의 셀프힐링으로써 주식인 밥을 먹으면서 난치병을 자연적으로 예방하고 해결할 수 있는 에너지 응용의학이 되는 것이다. 에너지 필드인 몸(肉體)이 각 색깔과 서로 반응하는 에너지 장(場)을 응용하는 학문을 우리는 '미세에너지 응용의학'이라 부른다.

미국의 자연치료의학자 닥터 다데모(Peter J. D'Adamo)는 의사인 그의 부친 닥터 제임스 다데모(1957)로부터 '혈액형별 체질에 부합한 먹을거리'로 수많은 사람의 생명을 연장해 준 유업을 이어받아 그 역시 먹을거리를 통한 식(食)의사(醫師) 역할을 한 공로를 크게 인정받았다(1991년 미국 예방의학 최신정보지가 선정한 올해의 의사상). 대체의학자들은 닥터 다데모의 치료세계를 일컬어 미국판 이제마라고 부르고 있으며, 약이 아닌 먹을거리로 밥상문화를 의식동원(醫食同原)의 차원으로 끌어올린 닥터 다데모를 우리의 밥상에 초대하기로 마음먹었다.

<big>우리의</big> 밥상문화를 살펴보면 원래는 쌀눈이 붙은 현미가 양반 식단의 주된 곡류였다. 쌀눈에 함유된 비타민 B 군과 칼슘, 미네랄 등의 섭취는 꼭꼭 잘 씹었을 때 타액과 섞여 소화·흡수되어 영양을 주는 따뜻하고, 편안하며, 고귀한 음식이다. 반면 쌀눈이 깎여 나간 흰쌀밥은 씹지 않아도 입에서 그냥 부드럽게 넘어가는 지게미 쌀, 즉 쓸모없는 박(粕) 쌀로 햄버거나 거리에서 파는 정크 푸드(쓰레기 같은 음식)의 원조 격이다.

발명특허인(제0465340호) 혈액형별 식단제공 시스템에 근거한 유색(有色)컬러 쌀 문화를 선도하고 계몽하여 실천하고자 하는 것은 '음식이 약이 되지 않으면 진정한 의사는 없다'고 말한 히포크라테스 정신을 고양(高揚)시키고자 함이며, 체내에 수많은 불순물이 쌓여 썩고 병들어 가는 현대인들의 왜곡된 체질을 바로잡고자 함이다. 또한 유전자 재조합 콩과 수입 잡곡류의 마구잡이식 혼합 곡물은 현대인의 체질에 산성화를 부추기고 질병을 유발하는 요인이기에 혈액형별(체질별)로 배합한 쌀눈이 있는 현미 컬러 쌀 7~12가지의 적합성을 알려 올바른 밥상문화를 이끌어가고자 함이다.

- A형
  몸이 냉하다. 췌장기능 약화를 돕는 홍색미와 더운 기운의 찰 홍미에 중점을 두어 따뜻한 밥상을 만든다(34.5%)
- B형
  다소 산만하다. 갑상샘, 흉선의 약화를 녹색미와 청태로 기운의 조화를 유도해 차분하고 신중한 밥상을 만든다(27%)
- O형
  열성 체질이다. 푸른 기운이 도는 청·녹미와 검정콩의 시원한 밥상을 통해 열기를 식혀 화기로 인한 불행을 막아주는 밥상을 만든다(28%)

- AB형

A형과 B형의 긍정적인 면과 충돌하는 부정적인 부분으로 인해 까다로운 체질이다. A형과 B형의 밥상을 적절히 배합하여 치우치지 않고 중화시켜 주는 밥상을 만든다(10.5%)

신체기관과 내분비계와 반응하는 색(color)쌀 표

신체기관	내분비계	반응하는 원곡 색(色)
제 1 에너지 중심 생식기, 골반 하부	부신계	빨간색(홍미)
제 2 에너지 중심 신장, 방광	대·소장, 난소, 전립선	오렌지색(깎은 흑미)
제 3 에너지 중심 비장, 간, 위	췌장	황토색(현미)
제 4 에너지 중심 폐 아래쪽 심장	흉선	녹색(녹미)
제 5 에너지 중심 폐 위쪽 인후	갑상선, 부갑상선	청록색(청미)
제 6 에너지 중심 뇌간, 척수, 송과선	양미간	청색(진한 녹미)
제 7 에너지 중심 뇌	송과선(대뇌, 피질)	보라, 흰색, 금색(밀크미)

병을 고치려면
순수한 몸으로 돌아가야 한다

대신 몇 가지 대 원칙을 지켜야 하고, 반드시 실행해야 할 수칙이 있다. 첫째로 마사코 본연의 체질로 돌아가기 위해서는 가능한 순수한 몸만들기를 실천해야 한다. 순수한 몸으로 돌아가기 위해서는 지금까지 사용해 온 현대 의학의 인위적인 약물 요법을 금해야 한다. 약은 또 다른 약을 먹게 만드는 악습의 원인이기 때문이다.

과학이 아닌 곳에 비과학이 있는 것은 아니다. 순수한 것과 자연의 법칙이 주는 선물이 더 큰 과학임을 인식해야 한다. 의약품에 길들여진 몸은 내성으로 인해 슈퍼박테리아의 온상이 되고, 내성으로 인한 부작용과 후유증은 우리 몸을 어떤 약에도 반응하지 않는 몸으로 만들어 버린다. 더 이상의 약이 존재하지 않는 것이다.

인체 내 각 장기는 유익한 미생물과 유해한 박테리아가 공생하고 있다. 대부분의 박테리아는 인체를 비롯해 날(물)고기, 죽은 나뭇잎, 사람의 피부, 동물(개, 소, 돼지 등)의 위장처럼 살아 있는 생물체를 먹고 살지만, 일부 박테리아는 태양에너지의 광합성을 통해 양분을 섭취하며 살기도 한다. 박테리아는 자신의 DNA를 복제한 뒤 이분법이라는 과정을 통해 자신과 똑같은 세포 두 개로 분열된다. 적당한 온도와 영양이 갖춰지면 20분마다 그 수가 기하급수적으로 불어나는데 박테리아 한 마리가 24시간 동안 약 50억 마리의 또 다른 박테리아를 만든다는 것을 증명한 미생물학자도 있다. 그 중 오스트리아의 과학자들은 2000년도에 또 다른 사실을 발표하기에 이르렀다.

박테리아는 지구 표면의 물과 흙, 식물과 동물에서 생겨나 구름을 만들고 비를 내리는데 영향을 미치며 구름 속에서도 번식이 가능하다고 한다. 그 중에는 인간이 살아남을 수 없는 방사능 농도의 3,000배 이상에서도 살아남는 '방사선을 견디는 이상한 열매' 라는 뜻의 '데이노코쿠스 라디오두란스' 라는 이름의 슈퍼 박테리아도 존재한다고 하니 놀라운 일이 아닐 수 없다.

먼 옛날 원시인들이 먹을거리로 애용했던 식물성 프랑크톤은 엽록소와 기타의 색소를 가지고 있다. 원생, 초, 소형동물인 조류(藻類)에 기생하는 시아노 박테리아는 태양에너지를 이용해 광합성 작용을 하면서 해양생물의 먹을거리와 현대인의 기능성 건강식품으로 발전해 소개되고 있는데 문제는 지구의 환경이다. 오염된 환경 속의 시아노 박테리아 속에 어떤 유해한 박테리아가 숨어 있을지 의심하지 않을 수 없는 것이다. 이러한 유해 미생물들의 번식이 문제가 되는 것은 슈퍼 박테리아와의 전쟁이 언제 끝날지 모를 뿐만 아니라 지구 전체의 생명력과 인간과 동·식물계의 건강과 수명까지 좌지우지할 수 있기 때문이다.

마사코는 절식요법으로
몸 안의 병균을 버려야 한다

인간은 누구나 내성포자를 가진 박테리아로부터 자유로울 수 없기 때문에 그것을 쓸어내는 과정이 필요하다. 그 과정에는 한 알의 약도 필요하지 않다. 오히려 약은 방해가 될 뿐이다. 오직 자연적인 방법으로 박테리아를 퇴출하라고 전문가들은 말한다. 철새들의 이동 경로가 박테리아의 이동 경로가 되는 현실에서 우리는 어떻게 살아가야 하는가를 고민해야 한다.

두 번째로 마사코가 지켜야 할 것은 남편인 나루히토씨와 최소 100일 이상은 부부 관계를 비롯해 식사도 함께 하지 않으면서 떨어져 지내야 한다는 것이다. 부모의 유전인자를 안고 태어난 아이코 공주 역시 체질에 많은 문제점이 있을 것이다. 시간이 흐른 뒤 체질에 맞는 양생법을 써야 할 것이다.

세 번째는 그 기간 동안 체질에 맞는 양생요법(養生療法)으로 물을 비롯해 질 좋은 소금(죽염)을 섭취하고, 그 밖의 몇 가지 중요한 먹을거리와 함께 전문가와 합숙(체질의학자)하며 절식요법(節食療法)을 시행해야 한다.

절식은 끊을 절(切)이 아닌 조절한다는 뜻의 조절식(調節食)을 말한다. 단순하게 절식요법이라고 했지만, 각각의 체질 유형이 있으므로 고유한 체질에 맞는 방법으로 시행해야 한다. 그렇게 하는 동안 오랜 시간 쌓여 있던 온갖 불순물과 체질에 맞지 않게 잘못 먹어 생긴 독소, 박테리아, 잡균, 세균, 이물질 등이 몸 밖으로 빠져나가는 것을 직접 목격하게 된다.

이때 자신의 몸 안에 셀 수 없을 미물(微物)과 온갖 잡균들이 가득 차 있었다는 것에 놀라지 않을 수 없을 것이다. 각 나라의 대체의학자나 체질학자들이 정립해 놓은 방법들을 병행하면 더욱 효과적이다.

그리스도의 손바닥이라는 학명을 가진 한국산 피마자유(Palma Christi)로 몸과 복부 마사지(마사코의 경우는 한국산 된장찜질)로 효과도 경험하고, 중탄산수(重炭酸水)로 오물을 씻어 낸 후 체질학자들에 의해 연구된 보호식을 약 100일 정도 철저하게 시행한다. 그러면 불순하고 복잡했던 체질이 순화되어 마사코의 몸은 아이를 전혀 낳은 경험이 없는 처녀성을 간직한 예전의 몸과 유사한 상태로 돌아갈 수 있다. 그렇게 새롭게 다음어진 마사코의 몸과 의식은 아이를 잉태할 수 있는 힘을 갖게 된다. 나 역시 이러한 방법으로 4번의 자연유산과 온갖 질병을 물리치고 건강한 아이를 낳을 수 있었다.

금수강산의 물만으로도
건강을 다스릴 수 있다

'인간은' 먹어야 사는 동물이지만, 사실 인간은 그 이상의 것이
다' 라고 역사학자 아놀드 토인비는 말했다. 인간은
자의식과 이성, 양심과 의지를 부여받은 존재이자 이러한 정신적인 자질은
인간 스스로 자신이 태어난 우주와 자신을 일치시키기 위해 평생을 발버둥
치게 만든다. 그 가운데 과학이 있고, 먹을거리가 있는 것이지 과학은 인간
진화와 지혜의 유일한 근원이 아니라는 것이다. 록펠러 대학의 하인즈 파
겔스 물리학자는 우주관의 깊이에 대해 '우주는 인류가 편안하게 살아갈
수 있도록 섬세하고 정교하게 조율되어 있다. 그 열쇠는 바로 나 자신이 창
조하는 또 다른 내가 아닐까?' 라고 말한 바 있다.

여기서 물에 대해 잠시 언급하면 우리가 마시는 물은 보통의 물이 아닌
신선한 물이어야 한다. 우리나라는 예로부터 풍(風), 수(水), 지(地), 화(火)
가 탁월해 금수강산이라 불렸다. 식수 문화를 이끌었던 옛 선비들은 물을
마실 때도 비상한 지혜를 동원했다고 한다. 『동의보감』에서 말하는 체질에
따라 음양탕(뜨거운 물 2/3컵, 찬 물 1/3컵을 혼합)을 마셨는데, 찬물과 뜨
거운 물이 만나 순환의 법칙인 대류기질로 물이 매끄러워 약이 된다고 했

다. 청정지역에서 나는 황토에 우린 물은 몸 안의 독소를 제거하는 지장수(地漿水)라 했고, 율곡 선생은 중수(重水), 경수(輕水)라고 하여 물의 경·중을 가려 마셨으며, 암·수를 가려 물을 마신 학자도 있었다. 심지어는 풍수지리를 따져 한강의 제일 가운데 물인 우중수(牛重水)를 비싸게 사서 먹었다는 기록도 있다.

눈 녹은 물이 오대산을 거쳐 굽이 흐르는 물줄기가 신선의 경지라는 인왕산의 백호수(白虎水) 물로 한약을 달이고, 삼청동의 청룡수(靑龍水)로 집안의 장을 담갔으며, 남산의 주작수(朱雀水)로 몸을 씻어 깨끗이 했다는 기록은 선조들의 물에 대한 사상과 철학을 말해준다. 나라마다 물을 사랑하는 방법은 다른데 중국에서는 우물을 더럽히면 엄한 형벌에 처했으며, 우물 정(井)자가 생긴 유래도 이 형벌의 형(刑)자에서 따온 것이라고 한다.

내가 투병생활을 할 때 프랑스 광산의 루르드 게르마늄 물로 단식을 한 적이 있다. 그곳의 물과 소금, 태양과 공기의 힘은 자연의 위대한 섭리라는 말 외에는 달리 표현할 방법이 없다. 일본의 파동학자들이 수입해 갈 정도의 게르마늄 함량과 자성이 강한 물이 우리나라에도 있다. 그 물은 천혜의 자원으로 소중할 뿐만 아니라 그러한 물이 솟는 이 나라의 자연환경은 자랑스러운 일이다.

마사코는 바로 그러한 물을 마셔야 한다. 그 다음에야 비로소 나루히토 왕세자와 합방이 가능해진다. 물론 왕세자 또한 자신의 체질에 맞는 식이요법을 철저히 해두어야 한다. 좋은 씨와 좋은 밭이 만나면 결실 또한 좋지 않겠는가?

자연치유 방법을 알면
병균이 보인다

세상에 존재하는 모든 생명체는 고유의 주파수를 가지고 있다. 우리는 극, 초, 소, 미립자의 응집체(凝集體) 각각의 주파수를 분석(Bio Active Frequency Research)하는 첨단 에너지 응용의학을 통해 미세에너지 응용치유 메커니즘을 제시한다.

내재된 체질과 기질은 부모의 유전자, 즉 부모의 혈액형을 통해 분석하고 본인만의 고유 체질과 기질은 혈액형과 홍채분석, 생체 에너지 분석을 통해 스스로 몸을 치유할 수 있도록 교육하는 방식을 채택하고 있다. 누구나 조금만 학습하면 스스로 할 수 있는 자연치유 의학의 본질을 공유하고자 하는 목적인 것이다.

참고로 세균학자, 균류학자, 기생충학자, 원생동물학자, 현미경학자들이 연구한 각종 미생물(박테리아, 바이러스, 진균류, 원생동물, 초소형 동물류-머릿니 쌰)들 가운데 어떠한 미생물이 관절염, 근육염의 원인을 제공하는가에 대한 조사 자료가 있다.

- 인플루엔자(여러 변종 바이러스)

- 폐렴
- 결핵
- 이질
- 라임병
- 매독 스피로헤타균
- 콕사키 바이러스
- 건선의 프리온
- 궤양성 대장염 환자의 대장 점막에서 발견되는 미분류 바이러스
- 신경장애에서 발견되는 바이러스
- 연쇄상구균에 의한 류머티스 열 좌상
- 섬유종에서 발견되는 바이러스
- 마이코박테리움(결핵균, 나균)
- 미확인 아메바

이 외에 인간의 몸에 관여하는 세균들은 다음과 같다.

그람양성구균(gram positive cocci), 포도상구균 (genus Staphylo coccus), 연쇄상구균 (genus Streptococcus), 그람음성구균(gram negative cocci), 나이세리아속(임균, 수막염균), 그람음성간균(gram negative baci lli), 장내세균과(대장균속, 살모넬라속, 이질균속, 예르시니아속), 비브리오과(콜레라균, 장염비브리오균), 포도당 비발효 그람 음성간균(녹농균), 그람양성간균(gram positive bacilli), 클로스트리디움속(파상풍균, 보툴리누스 식중독균), 코리네 박테리움속(디프테리아균), 스피로헤타, 트레포네마속(매독균, 구강 스피로헤타), 보렐리아속(재귀열 보렐리아), 렙토스피라속, 마이코플라즈(폐렴 마이코플라즈마), 리케차, 클라미디아

위의 세균들은 지금까지 밝혀진 것들이다. 앞으로 얼마나 많은 유기체가 얼마나 많은 요인과 통로를 거쳐 인간을 공격할지는 아무도 모른다. 더 큰 문제는 마사코가 살고 있는 궁을 둘러싼 돌 벽과 그 안에 갇혀 있는 물은 A형의 사람들에게 음하고, 습한 에너지(氣運)를 제공할 뿐만 아니라 그러한 기운은 생명을 잉태하고 생산해야 하는 여성의 생식기에 해롭게 작용한다.

박테리아는 공기 중의 수분에 흡수되어 떠돌다가 수많은 박테리아와 진균류의 서식지인 인간의 피부와 눈·코는 물론 입과 대장을 비롯한 내장 전체의 곳곳에 침투해 번식한다. 장 내의 유익한 미생물이 공격한다 해도 끈질긴 박테리아와 바이러스는 상상을 초월하는 번식력과 내성을 가지고 있다. 그것들은 마사코가 살고 있는 궁을 둘러싸고 있는 돌 벽과 이끼, 물속에서 사람의 몸으로 들어가 공격할 준비를 하고 있을 것이다. 사람들은 결코 그것이 마사코의 불임에 원인을 제공했다고는 생각하지 않을 것이다. 해악을 인식하는지 못하는 것은 대부분 알지 못함에 기인한다. 어쨌든 궁에 사는 사람들은 그 사실을 하루라도 빨리 알아야 한다.

또 하나 중요한 것은 물속에 서식하는 물고기 중 생태계를 교란시키는 블루길이라는 어종에 관한 문제다. 블루길은 사나울 뿐만 아니라 우리 토종의 어류를 닥치는 대로 포식해 생태계에 불균형을 가져온다. 이 어종을 한국에 들여온 사람은 1960년 당시의 황태자이자 현재의 일왕으로 미국 방문 기념으로 받아온 것을 일본에 귀화시켜 전국에 분양하고 한국에까지 들어오게 된 것이다.

식양생학자(食養生學者)인 Dr.다데모가 블루길(블랙베스)이 가지고 있는 영양학적인 성분과 구조가 인체에 미치는 영향을 연구한 결과 A형, B형, AB형의 먹을거리로 매우 부적합하고 해롭다고 발표한 바 있다. 단순히 선물로 주고받은 물고기가 생태계뿐만 아니라 인간에게도 해로울 것이라고 누가 상상했겠는가? 1969년 일본에서 들어온 블루길과 1973년에 들어온 황소개구리, 기타 붉은 귀 거북이는 우리의 상상을 초월하는 생태계 교란을 가져왔다. 결국 해양부에서는 불교의식에 쓰이는 물고기, 개구리, 거북이의 방생을 금했고, 우리의 생태계를 찾기 위해 지방자치 단체들이 쏟아 붓는 예산도 만만치 않다.

질병은 출생 시 출생 통로를 거치는 동안 얻을 수도 있고, 동물과 사람 간의 접촉으로 인한 바이러스 전염에서도 올 수 있다. 몸속에 내재되어 있는 병원균이 원인일 수도 있고, 섭취한 음식의 부산물이 썩거나 정체로 인한 것일 수도 있다. 질병의 원인이 세균으로 인한 것이든 내적·외적인 환경에 의한 것이든 한의학에서 얘기하는 풍, 한, 서, 습, 조, 화의 6가지 때문이든 건강을 되찾고 싶다면 순수한 체질 만들기에 소홀해서는 안 된다.

러시아 황실요법은
수신제가치국평천하

질병을 연구하는 학자들에 의하면 고대의 사람들은 순수한 개념으로 질병의 원인을 악령(惡靈)의 저주로 생각했다고 한다. 철학과 종교가 생겨나 신벌설(神罰說 ; theurgical theory)을 믿게 되면서부터 신에게 제사를 올렸고, 질병을 신이 내린 벌로 여겨 양심을 생각하고 선한 마음으로 살 것을 다짐했다.

사람들이 점성설(占星說 ; astrology)을 믿게 되면서부터는 별자리의 위치로 전쟁이나 질병이 발생한다는 것에 심취하기 시작했다. 점차 과학이 발달하고 지구가 오염되자 유독 물질이 질병의 원인이라고 믿는 독기설(毒氣說 ; miasma theory)이 사람들을 지배했다. 16세기 무렵부터 사람들은 질병이 사람과 사람 간의 접촉에 의한 것이라는 접촉 전염설(접촉 ; contagium theory)을 믿게 된다. 그 후 모든 동·식물이 부패한 유기물에서 질병이 자연적으로 발생한다는 자연발생설(spontaneous generation), 생물은 생물을 통해 질병이 발생한다는 생물 속성설(theory of biogenesis)까지 이어져 왔다.

모든 질병에 관한 설은 그 나름대로 타당성이 있다. 악령의 저주라면 기도의 힘인 언령(言靈)과 신앙을 통해 악령을 물리쳐야 할 것이고, 별자리

이동에 의한 점성설이 타당하다면 절기별 체질론을 마땅히 인식해 실행에 옮겨야 할 것이다.

그러나 외적인 요인이든, 내적인 요인이든 미생물의 존재를 생각해 보자. 생명이 존재하기 어려운 환경이 아니라면 미생물은 어디서든 서식하게 되어있다. 90℃가 넘는 온천물에도, 강한 알칼리성의 환경이나 강한 산성의 환경에서도 미생물은 살아간다. 또 30% 이상의 염도를 지닌 물속에서도 그에 적응하는 미생물은 자라게 되어 있다. 인간에게 유해한 미생물이라면 미생물이 살아갈 수 없는 인체 환경을 만들어 미생물이 존재할 수 없게 하는 노력을 기울여야 할 것이다.

그러나 된장, 고추장 등의 발효 식품에서 살아가는 유산균은 인간과 상생하는 공리적(公利的)인 미생물이다. 이익도 불편도 없는 미생물은 가장 적합한 서식처인 이상적인 토양을 살려 가꾸는데 주력하면 된다. 물과 공기, 그 속의 미생물 또한 우리 인간들이 어떻게 살아가느냐에 따라 그에 상응하는 것을 우리에게 돌려 줄 것이다.

모든 질병의 발생 원인을 단시간에 해결할 수 있는 답을 찾기 위해 지금 당장 자신을 들여다보라고 제안하고 싶다. 체질을 바로 잡아 면역력을 높이는 방법이 가장 이상적인 해결 방법이기 때문이다. 양생학자들이 권유하는 소식과 1일 2식을 권장하는 까닭도 그러한 의미를 담고 있다.

현대인들은 지나친 영양 상태로 인한 과부하로 질병의 원인을 안고 살아간다. 이제는 '어디서 무엇을 먹을까?'를 고민하기보다는 '얼마만큼 체외로 빼내 주느냐?'가 더 중요한 시대가 온 것이다. 넘치는 먹을거리와 그와 비례해 늘어가는 몸무게만큼 세균과 질병의 요인도 늘어나기 때문이다.

이제 영양학을 다시 써야 한다. 헐벗고 굶주린 때의 기준이 된 영양학은 넘쳐나는 먹을거리로 골치를 썩고 있는 21세기 현대인들에게 어불성설이다. 그렇게 해서 자신의 체질에 부합하는 먹을거리를 찾고, 영양이 지나쳤다고 판단되면 부정적인 세력을 주저 없이 빼내는 네거티브 요법을 실행해야 할 것이다.

천황가는 실증주의 의학(integrative biology medicine)협회를 설립해 사람의 몸에 무엇이 유익한 것인지를 중시하는 영국 황실의 유전자 재조합 식품거부운동(1999년도 비공식적인 자연의학에 쓴 비용 1,800만 파운드)과 그에 걸맞는 황실 건강법을 도입해 보는 것이 어떨까? 자연주의를 실천하는 러시아의 황실요법인 주파수 파동의학을 실천해 보는 것도 좋을 듯하다. 아니면 우리 셀프 힐링 연구소의 연구진과 함께 식이요법이라도 시행해보면 어떨까? 수신제가치국평천하(修身齊家治國平天下)를 되새길 일이다.

건강한 체질을 만들기 위한 설문

본인의 정확한 체질 판단을 위해 필히 체크해 주시기 바랍니다. 본인의 이메일과 함께 홈페이지(http://funtv.kbs.co.kr/@bang)로 보내주시면 전문 연구진들이 회답하도록 시스템화되어 있습니다. 설문에 모든 것을 빠짐없이 기록해야 정확한 체질과 인성, 적성을 파악할 수 있습니다.

- **이름** :
- **자신의 혈액형** :
- **부모의 혈액형** : 부   모
- **형제의 혈액형(부모의 혈액형을 모르는 경우)** :
- **키** :   cm
- **몸무게** :   kg
- **주소** :
- **생년월일(음 · 양)** :
- **연락처** :
- **이메일** :
- **학력** :   지방   학교   전공
  졸(   ) (   )년 중퇴
  성적(참고가 되므로 기록 요망)
- **직업(구체적으로 기록)** :
- **현재 하고 있는 일에 대한 만족도는?**
  (   )최상이다.   (   )만족한다.   (   )괜찮은 편이다.
  (   )그저 그렇다.   (   )불만족이다.   (   )실망하고 있다.
- **현재의 직업은 어떤 경로로 선택하게 되었는가?**
  (   )본인이 선택   (   )부모의 권유   (   )친지의 권유
- **왜 살고 있나?**

• 가장 큰 고민이 있다면?

• 과거 병력이 있나?(있을 경우 기재)
      년 월 일 발병했음
 약물이름 : 수술 회   치료받은 적 있음

• 예방 접종 기록은?

• 알레르기가 있는 경우 다음에 구체적으로 답하시오.
 계절 봄( ) 여름( ) 가을( ) 겨울( )
 꽃가루, 음식, 먼지, 화학물질, 곰팡이, 세균, 병원성 독소, 생활 속 독소
 선천성 독소

• 과거에 즐겨 먹었던 음식은?(구체적으로)
 외식(몇 년간?)   한식(몇 년간?)
 양식(몇 년간?)   가정식(몇 년간?)
 ( )식단은 본인이 준비한다. ( )아내나 남편이 한다.
 ( )가정부가 한다.   ( )전자 렌지를 사용한다.
 ( )가스 렌지를 사용한다. ( )기타

• 음식을 만들거나, 야채를 씻을 때 사용하는 물은?
 ( )수돗물 ( )정수 된 물(   )로 한다. ( )기타

• 어떤 물을 먹나? (먹는 물, 즐기는 음료수, 하루 흡연량, 음주량)

• 현재 즐겨먹는 음식은(주식, 끼니, 술안주)

• 선호하는 음악은?(팝송, 가요, 클래식, 국악)

• 하고 있는 운동이 있다면 몇 년 째 하고 있는지, 좋아하게 된 계기를 상세히 기록하시오.

• 미용실(퍼머, 이발, 염색)을 얼마나 자주 이용하는가?

• 결혼 여부는?
 했음( ) 안했음( )

초혼(년째)   이혼(년째)   재혼(년째)
부부

• **관계(섹스)는 얼마나 어떠한 태도로 하는가?**
  일   마다   분간
  (   )상대를 진실로 사랑한다.
  (   )의무 방어적이다.
  (   )가끔 외도를 한다.

• **의복－내의류**   (   )만 입는다.
  겉 옷 류   (   )인조(화학섬유)로 된 것을 주로 입는다.
                   (   )순면이나 실크 위주로 입는다.
                   (   )벌 정도 있다.
                   (   )장신구를 좋아 한다.

• **거주하는 집의 형태는?**
  (   )아파트, (   )단독, (   )소재, (   )목조 벽돌, (   )스틸하우스 (   )기타

• **생활환경은 어떠한가?**
  (   )집 근처에 수목이 있다.   (   )없다.
  (   )집 근처에 강(냇물)이 있다.   (   )없다
  (   )도심 한복판이다.   (   )외곽지역이다.
  (   )친부모와 같이 산다－이유
  (   )시 부모와 같이 산다－이유
  (   )관계가 좋다－이유
  (   )보통이다－이유
  (   )별로 좋은 사이가 아니다－이유
  (   )자녀와 같이 산다.   (   )따로 산다(이유를 구체적으로 기록)

• **제일 가보고 싶은 여행지는?(구체적으로 기록)**

• **다시 태어난다면 무슨 일과 상대는 어떤 사람을 만나고 싶은가?**

참고 문헌

Roger Lewin, 『In the Age of Mankind』, Smithsonian Books, 1989

Peter J. D' ADamo, 『Eat Right 4 Your Type』, Riverhead Books, 2002

Stewart Lee Allen, 『IN the Devil' s Garden』, McGraw−Hill Companies, 2003

Sidney Mac Donald Baker 김광익 역, 『Detoxification and Healing』

부루스터 닌, 『누가 우리의 밥상을 지배하는가?』, 시대의창, 2004

Ralph W. Moss, 『CANCER, THERAPY』, Equinox Press, 1992

와타나베유지, 『유전자 변형식품의 실체』, 농민신문사, 2000

바바라 안 브레넌, 『기적의 손 치유』, 대원출판, 2000

김달래, 『중의 체질학』, 정담, 1999

딘 라딘, 유상구 · 전재용 역, 『의식의 세계』, 양문, 1999

노미 마사히코, 『혈액형 인간학』, 동서고금, 2000

미호리 마리, 『혈액형 비즈니스』, 열매출판사, 2004

이서래, 『한국의 발효식품』, 이화여자대학교출판부, 1997

한스 울리히 · 예르크 치틀라우 · 유태우, 『비타민 쇼크』, 21세기북스, 2005

방세미, 『첨단파동요법으로 200세 젊음에 도전한다』, 정신문화사, 1995

방세미, 『파동건강과 성공비즈니스』, 정신문화사, 1996

구시 미치오, 『마크로 비오틱 건강법』

에모토 마사루, 『 식품파동, 물의 메시지』, 나무 심는 사람, 2003

에모토 마사루, 『물은 답을 알고 있다』, 나무 심는 사람, 2003

존 G.풀러, 『삶의 열 가지 해답』, 초롱출판사, 2001

이종택, 『고사숙어 사전』, 유한, 1995

정병채(정암 의역학회), 『정암 체질학』

최홍식, 『한국인의 생명 김치』, 밀알, 1995

주춘재, 『황제내경』, 청홍, 2004

야스다세츠코, 『유전자조작식품』, 교보문고, 2000

히사시 야마우치, 『터부의 수수께끼』, 사람과 사람, 1997

인지학연구센터, 『행동하는 정신』, 2002

최양수, 『산야초로 만드는 효소발효액』, 하남출판, 2005

와타나베 미노루, 『일본 식생활사』, 신광출판사, 1998

하야시 마사하루(林正春編), 『하치코 문헌집(ハチ公文獻集)』

아야노 마사루(綾野まさる), 『진실된 하치코 이야기(ほんとうのハチ公物語)』

이케다 히로시, 오히옥 역, 『채소, 약이 되게 먹는 방법 40』, 동도원, 2005

메이 램버트, 유영석, 『색다른 색 이야기』, 나들목, 2003

로버트 S. 멘델존, 남정순, 『나는 현대의학을 믿지 않는다』, 문예출판사, 2000

참 생명과 건강을 찾는 '파동 속의 셀프 힐링'
〈韓國 셀프 힐링 파워 연구소〉의 정규 프로그램

심신(心身)의 건강과 삶의 질을 높이는 한국 셀프 힐링 파워 연구소의 건강 캠프

자연건강요법의 실용화를 위해 기존의 의학체계와는 다른 자연치료의학(Naturopathic Medicine)을 바탕으로 먹을거리를 통한 새로운 각도에서 건강과 질병에 접근을 한다. 전인적 건강관리(Holistic Health Management)의 개념으로 인체의 자연 치유력 개선, 면역체계의 복원, 신체 기능의 극대화를 유도하며, 그간 민속의학이나 전통의학 또는 대체의학의 이름으로 존재해 오던 각종 치료법들의 실체를 파동 과학적으로 검증하여 적극적으로 활용할 방안을 모색한다.

조화로운 먹을거리, 몸, 마음을 위한 프로그램
체질 진단으로 체질식이요법
절식과 소식으로 심신정화
자연, 유기농 식으로 체질개선
자연건강 특수 온천요법
산책과 산림욕
생활습관 바꾸기
마음 수련, 생활기공 전수
요가와 명상 기수련
치유 레크리에이션, 신체밸런스 조절
양자의학(파동의학)
카이로프락틱, 아로마요법
수기요법과 각종 자연요법으로 몸 다스리기

● 건강캠프 참가신청
  02) 3295-4055 http://funtv.kbs.co.kr/@bang

〈한국 셀프 힐링 파워 연구소〉의 회원 자격

『164체질에 따른 자연치유, 혈액형과 체질별 식이요법』 또는 본서를 읽고 후기를 올린 사람

↕

파동전사(波動轉寫)기법과 혈액형별 식단 시스템 메커니즘 전개 에너지 응용의학과 혈액형별 식단시스템 특허에 의한 기법을 응용한 본인만의 체질 죽 또는 물 중 한 가지 선택

↕

- 혈액형별 식단 시스템에 의한 비만대책(164 체질 분류)
- 뇌파 에너지(Sprit Energy)조절 식이요법
- 음악치료로 심신 단련, 성인(주부)대상 건강캠프
- 첨단파동요법으로 본인만의 물과 죽 만들기
- 영재 만들기 건강캠프(방학 중 택일)
- 암(당뇨, 고혈압) 진단 후의 혈액형별 식이요법과 독소제거(MOR 시스템)
- 공해시대에 젊음을 유지하는 법(예비부부를 위한 완전한 몸만들기 캠프)

본 셀프 힐링 파워 연구소는 자연 치료학의 핵심을 발명, 특허에 의한 혈액형별 식단 시스템으로 차별화된 자연치유 식이요법을 실천하는 데 그 목적을 두었습니다.

체질에 맞는 식생활 길들이기

2006년 8월 5일 인쇄
2006년 8월 10일 발행

저 자 : 방주연
펴낸이 : 남상호

펴낸곳 : 도서출판 **예신**
140-896 서울시 용산구 효창동 5-104
대표전화 : 704-4233, 팩스 : 715-3536
등록번호 : 제03-01365호(2002. 4. 18)
http://www.yesin.co.kr

값 15,000원

ISBN : 89-5649-042-2